제품모델링 & 모형제작 실습
제품응용모델링기능사 실기 대비서   NCS 1~5기준

윤 범 규

구민사

머리말 | preface

오늘날의 사회는 제품 수명주기(Life cycle)의 속도가 빨라지고 기술발달에 따라 소비자의 패턴이 다양화 되었다. 미래의 산업 사회는 신제품 모형디자인 기술이 각광을 받을 것으로 본다.

따라서 창의적이고 실용적인 아이디어를 창출하여 신제품 조형디자인 기술을 이끌어내야 한다. 보기 좋고 품질이 좋은 제품을 개발하기 위해서는 디자인 방법과 실습과정을 통해 배우고 익혀야 한다.

이에 본 교재는 산업디자인의 분류의 내용 중 제품디자인 축의 제품응용모델링 실기를 통해서 학습자 스스로 창의적인 실력을 이끌어 내는 데 그 목적이 있다.

이 교재 편성의 구분은

컴퓨터 소프트웨어 프로그램을 활용한 **'제1장 3D 모델링'**, **'제2장 2D 도면'**, 모형작업을 위한 **'제3장 제품모형제작(기초)'**, **'제4장 제품모형제작(응용)'**, 제품보수와 심미성을 적용시킨 **'제5장 제품흠집 보수'**, **'제6장 제품도장(도색)'**, 신기술을 응용한 **'제7장 레이저 가공기를 활용한 제품모형제작'** 총 7장으로 각 장마다 체계적인 실습과제 및 이미지를 풍부하게 추가하였다.

교재 편성의 실습과제 선정은 서로 상호연관성이 있으며, 과제 수행과정에서 실습 따라하기 및 결과물을 산출할 수 있도록 전개하였다.

특히, '제7장 레이저가공기를 활용한 제품모형제작'은 레이저기술의 발달로 인해 앞으로 신제품 조형디자인 분야에 많이 적용할 것으로 보고 산업사회에 빠른 흐름에 맞춰 응용해서 집필하였다.

본 교재는 제품응용모델링 실습에 꼭 필요한 기초적인 내용과 응용을 통해 다양한 기능과 기법을 터득할 수 있도록 하고 학습자의 창의적인 아이디어와 실기 실력을 창출시키기 위해 노력하였으나 다소 미흡한 부분이 있으리라 보고, 향후 계속 수정·보완해 나갈 것을 약속드리오며 이 분야에 대한 지식과 기술을 습득하는 데 좋은 밑거름이 되었으면 한다.

이 책의 출판을 위해 적극적인 도움을 주신 도서출판 구민사 조규백 대표님과 직원여러분께 깊은 감사를 드린다.

저자 씀

차례 | contents

chapter 01 _ 3D 모델링(SolidWorks)

제1절_ SolidWorks 구성과 준비 … 28
    1. 시작하기 … 28
    2. 기본 메뉴 표시줄 알아보기 … 29

제2절_ SolidWorks를 이용한 제품 모형 3D 모델링 … 31
    1. 모델링의 기초 … 31
    2. 디지털카메라 제품모형 실기 따라하기 … 31
    3. 액정시계 제품모형 실기 따라하기 … 48
    4. 전자레인지 제품모형 실기 따라하기 … 64
    5. MP3 제품모형 실기 따라하기 … 82
    6. 냉장고 제품모형 실기 따라하기 … 95

chapter 02 _ 2D 도면(SolidWorks Drawing)

제1절_ 도면 시작하기 … 113
제2절_ 도면 시트 설정하기 … 114
제3절_ 도면 윤곽선 만들기 … 116
제4절_ 표제란 만들기 … 119
제5절_ 중심마크 그리기 … 120
제6절_ 완성된 도면 템플릿 … 120
제7절_ 2D 도면 불러오기 … 121
제8절_ 치수 기입하기 … 122
제9절_ 치수 텍스트 편집하기 … 123
제10절_ 모서리 선 숨기기 … 123

chapter 03 _ 제품모형제작(기초)

제1절_ 측정기 사용하기 … 127
제2절_ 수공구 사용하기 … 149
제3절_ 펀칭 및 드릴링 … 170
제4절_ ABS수지판 재단 기초 실습 … 192
제5절_ 플라스틱 열가공 … 200
제6절_ 피라미드 조형 … 209
제7절_ 보관함 만들기 … 217
제8절_ 정육면체 조형 … 225
제9절_ 다용도 꽃이함 만들기 … 235
제10절_ 석탑모형 만들기 … 241
제11절_ 명패 제작하기 … 249

chapter 04 _ 제품모형제작(응용)

제1절_ 디지털카메라 모형 제작하기 … 259
제2절_ 탁상시계 모형 제작하기 … 276
제3절_ 전자레인지 모형 제작하기 … 287
제4절_ MP3 모형 제작하기 … 298
제5절_ 냉장고 모형 제작하기 … 313

chapter 05 _ 제품흠집 보수

제1절 _ 퍼티 바르기 … 325
제2절 _ 연마 작업하기 … 334

chapter 06 _ 제품도장(도색)

제1절 _ 스프레이 락카 도장하기 … 345
제2절 _ 분무 도장하기 … 349

chapter 07 _ 레이저가공기를 활용한 제품모형제작

제1절 _ 액정시계 모형 제작하기 … 363
제2절 _ 도어락 모형 제작하기 … 378

출제경향

직무 분야	문화·예술· 디자인·방송	중직무 분야	디자인	자격 종목	제품응용모델링기능사	적용 기간	2021.1.1.~ 2024.12.31.

[직무내용] 제품에 대한 기능, 구조, 재질, 계장치 등 기술적 원리를 이해하고 디자인 의도를 반영한 실제품과 같은 모델을 각종 기기, 공구류 및 컴퓨터 등을 사용하여 제작하는 직무이다.

[수행준거] 1. 컴퓨터를 사용하여 3D 모델링 작업을 할 수 있다.
2. 컴퓨터 주변기기를 사용할 수 있다.
3. 공구를 사용하여 모형제작을 할 수 있다.
4. 모형 마감작업을 할 수 있다.

실기검정방법	작업형	시험시간	7시간 정도

실기과목명	주요항목	세부항목	세세항목
제품응용 모델링 실무	1. 모형제작 계획수립	1. 고형제작 검토하기	1. 제품의 부품구성과 파트 리스트를 숙지하여 개발 아이템 구현 가능성을 사전에 검토하고 파악할 수 있다. 2. 외관 구조해석을 통한 금형 구현을 이해하여 CMF에 따른 가공방법을 선택할 수 있다.
	2. 디자인 구체화 모델링	1. 모델링하기	1. 선정된 아이디어 스케치를 기반으로 디자인 소프트웨어를 이용하여 표현할 수 있다. 2. 디자인 소프트웨어를 이용하여 정확하고 구체적인 사실감 있는 변형작업과 다양한 표현을 구사할 수 있다.
	3. 모형 제작	1. 도면작업하기	1. 구체화된 디자인 계획에 따라 렌더링 디자인을 3D 도면으로 제도할 수 있다.
		2. 모형제작하기	1. 도면 완료 후 주어진 재료 및 공구를 사용하여 모형제작을 할 수 있다.
		3. 모형 마감하기	1. 모델의 표면을 완벽하게 정리하여 칠바탕을 정리할 수 있다. 2. 흠집이나 구멍 등은 퍼티(putty)로 메우고 샤포 작업을 할 수 있다. 3. 마무리 후가공을 할 수 있다.

공개문제지

2021년도 제품응용모델링기능사 공개문제 공지

2021년도 기능사(2021.1.1.~2024.12.31) 시행되는 제품응용모델링기능사 종목의 공개문제를 공지합니다. 상세사항은 아래를 참고하시기 바랍니다.

- 아 래 -

	현 행	평가방법개선 (2016년 기능사 제5회~)	비 고
시험시간	6시간 30분 (컴퓨터작업 2시간, 모형제작 작업 4시간 30분)	5시간 30분 (컴퓨터작업 1시간 30분, 모형제작작업 4시간)	컴퓨터작업, 모형제작작업 각30분 단축

작업내용	1. 컴퓨터작업
	2. 모형제작작업
	  1) 모형제작
		1. 컴퓨터작업
		2. 모형제작작업
		  1) 모형제작	

- 신규과제 적용 목적
  국가직무능력표준(NCS) 능력 단위 기반의 산업현장 실무능력 평가 강화

- 신규과제 적용 시점
  2021년 기능사 실기시험부터(2021.1.11.~2024.12.31.)

제품응용모델링 _ 1

자격종목	제품응용모델링기능사	과제명	도면참조	척도	NS

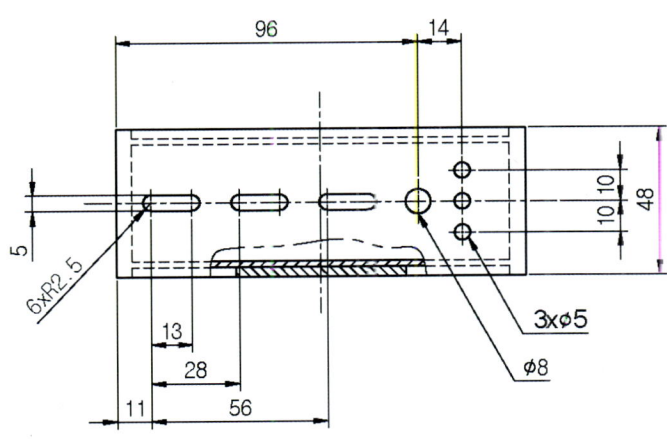

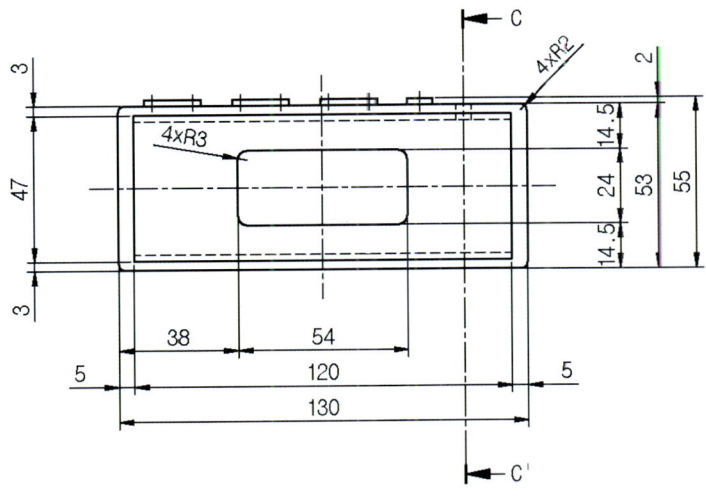

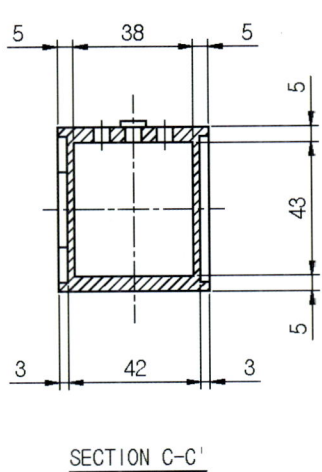

SECTION C-C'

제품응용모델링 _ 2

자격종목	제품응용모델링기능사	과제명	도면참조	척도	NS

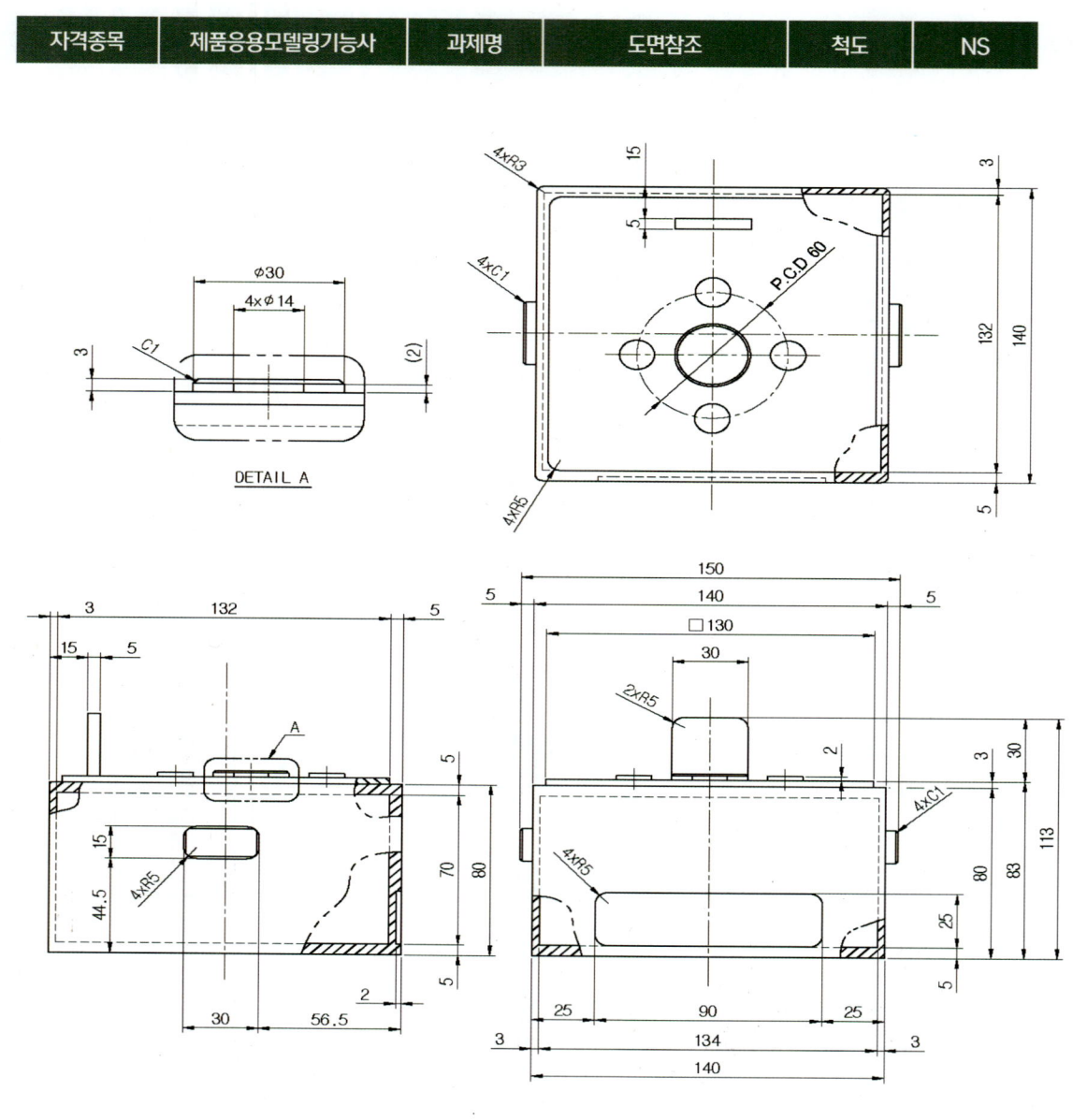

제품응용모델링 _ 3

| 자격종목 | 제품응용모델링기능사 | 과제명 | 도면참조 | 척도 | NS |

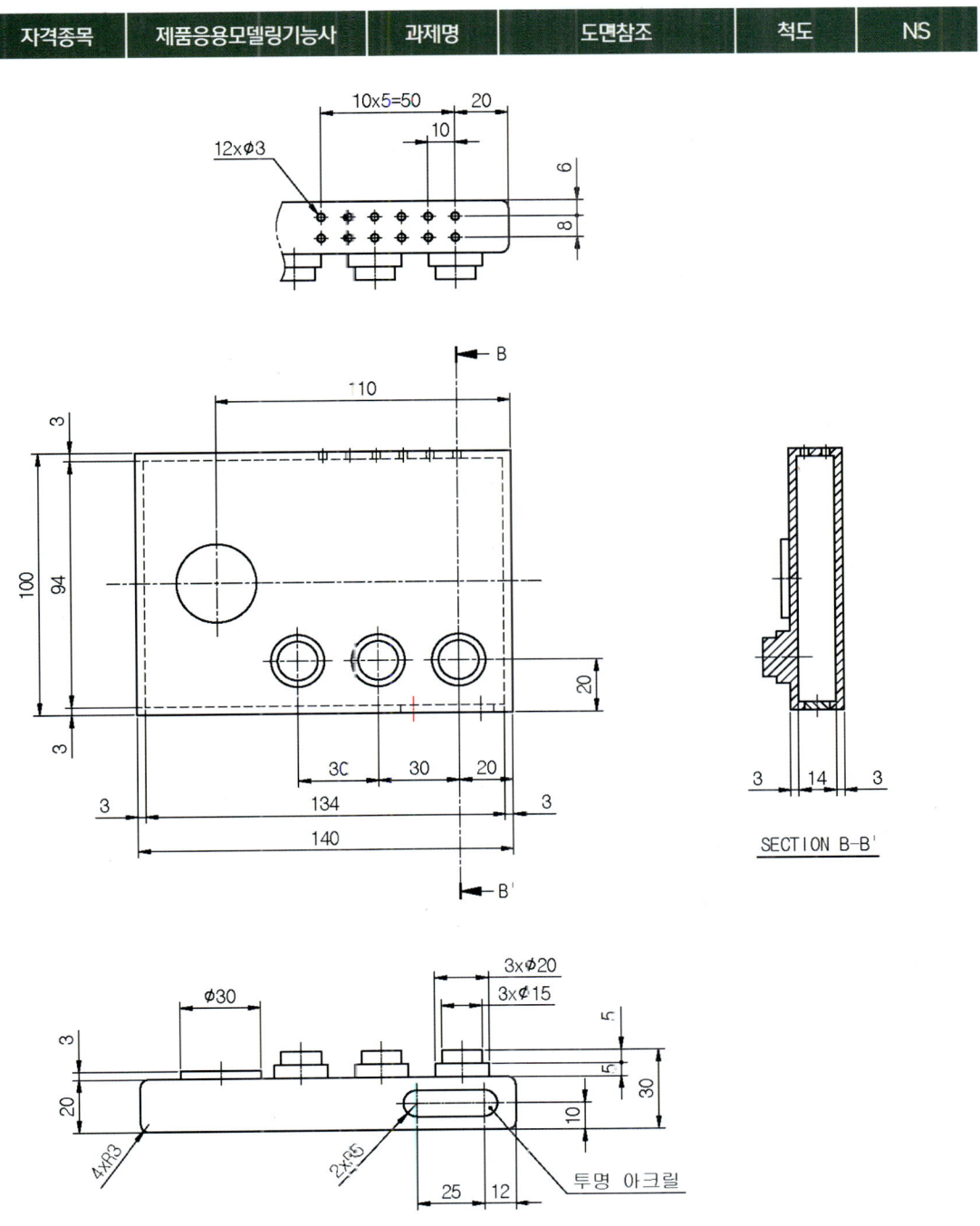

제품응용모델링 _ 4

| 자격종목 | 제품응용모델링기능사 | 과제명 | 도면참조 | 척도 | NS |

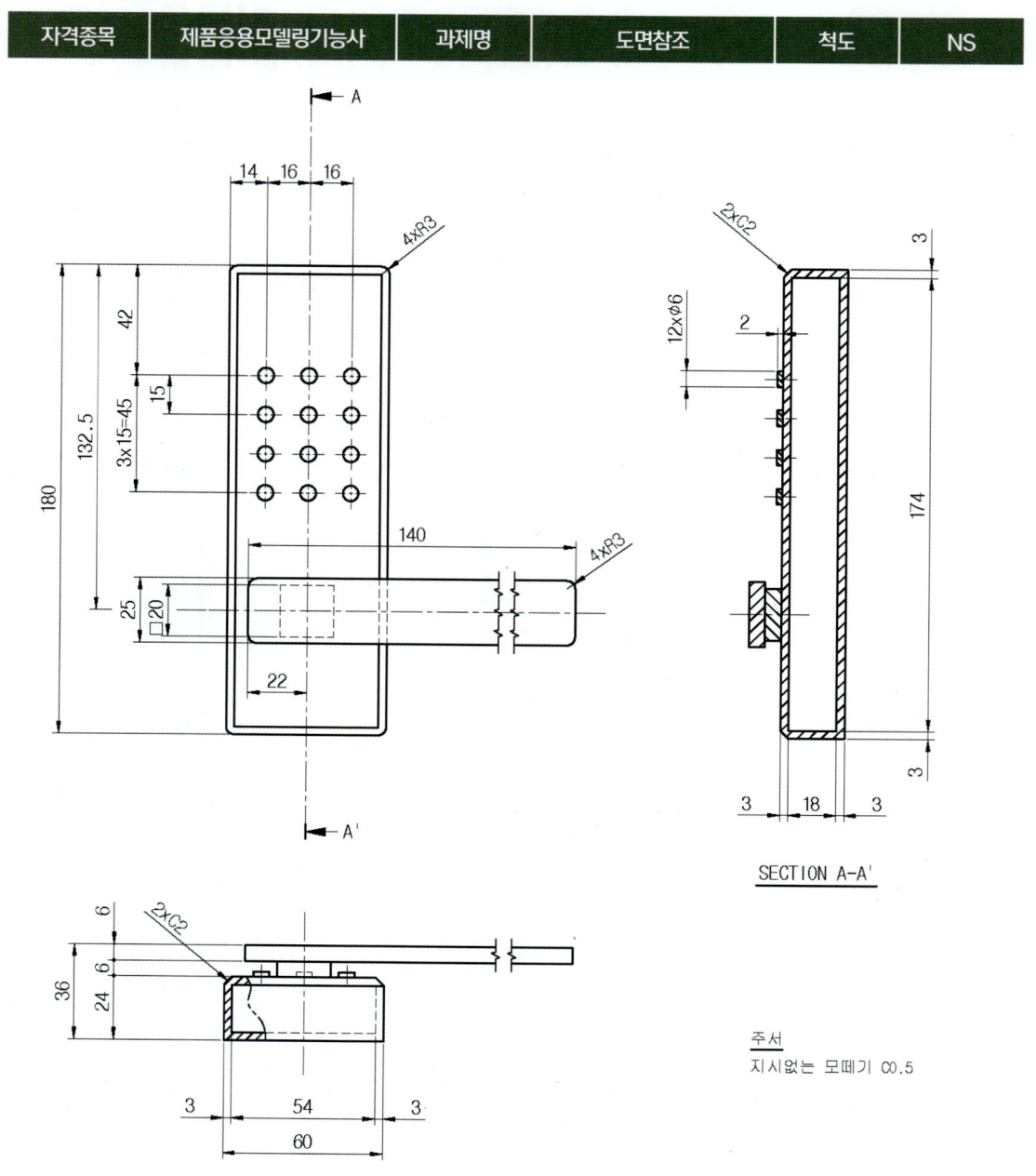

제품응용모델링 _5

| 자격종목 | 제품응용모델링기능사 | 과제명 | | 도면참조 | 척도 | NS |

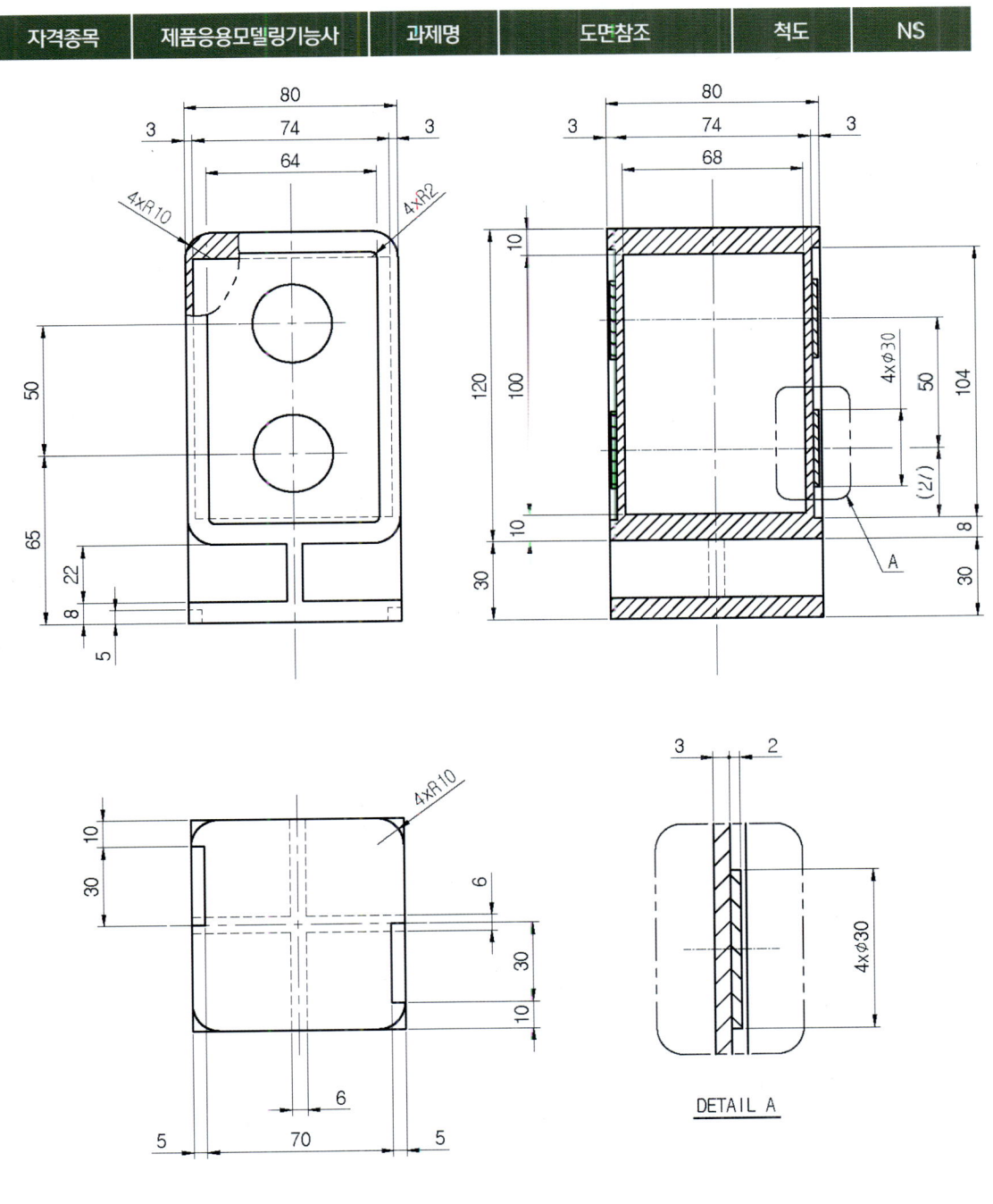

제품응용모델링 _6

자격종목	제품응용모델링기능사	과제명	도면참조	척도	NS

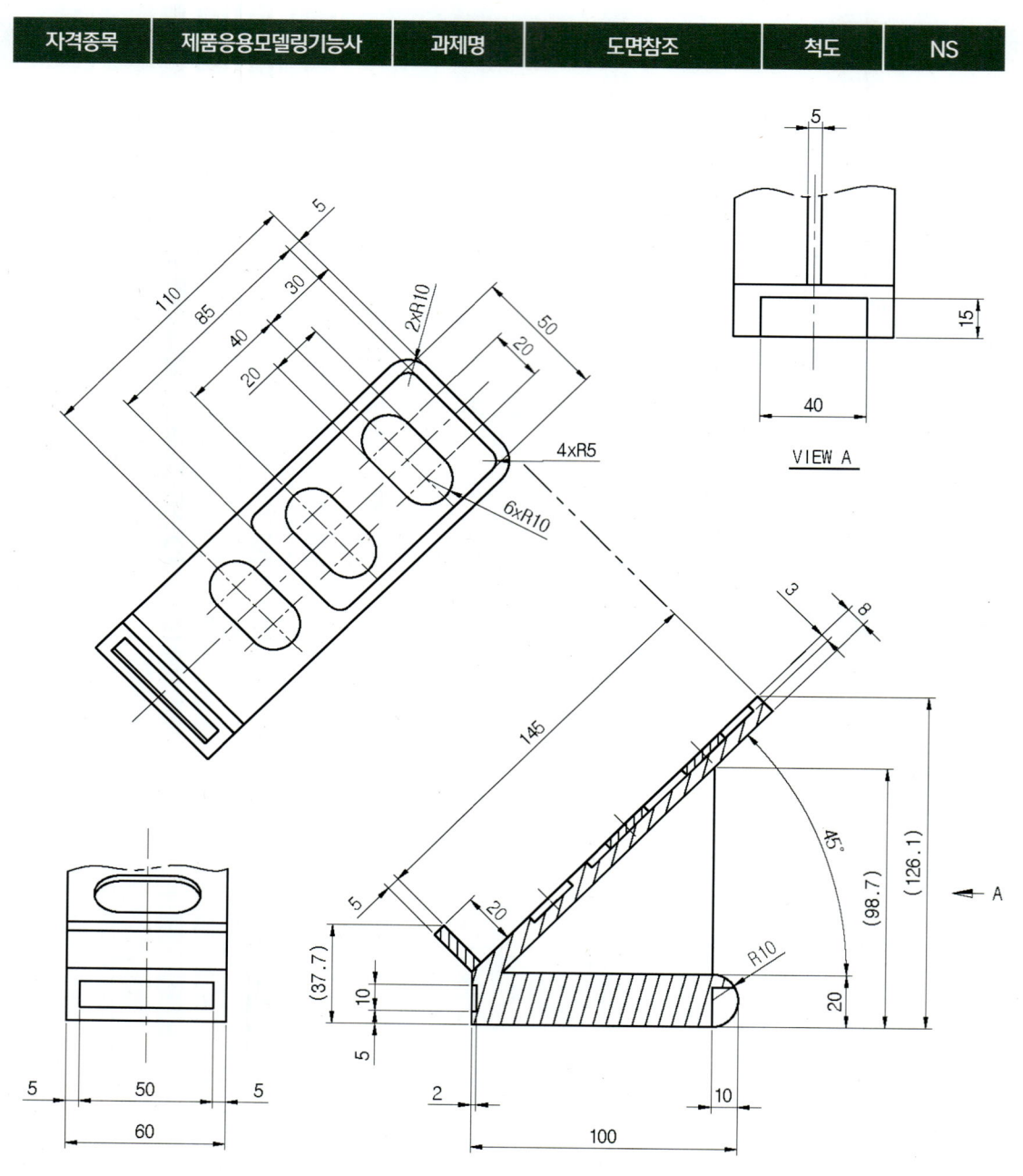

제품응용모델링 _7

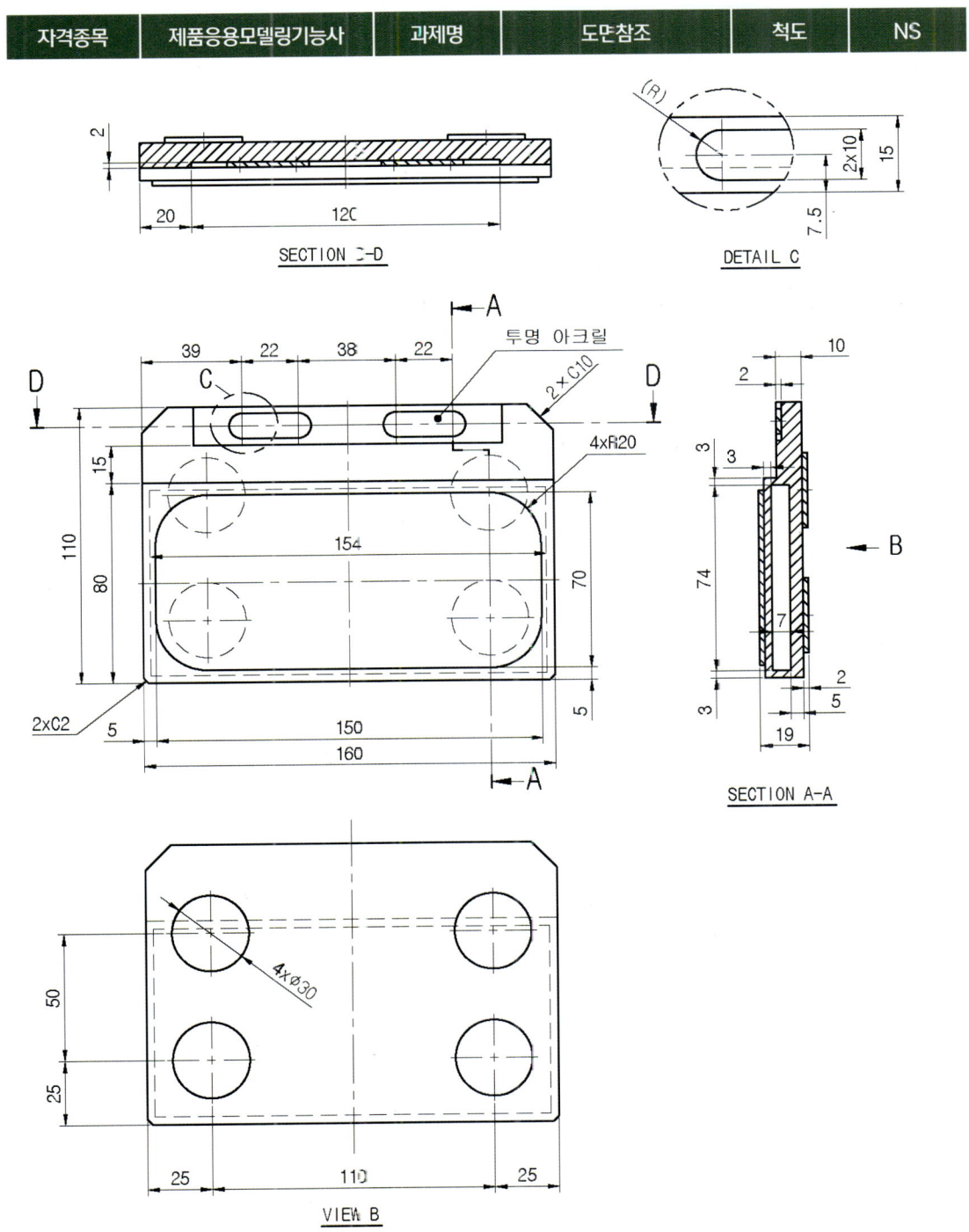

제품응용모델링 _8

| 자격종목 | 제품응용모델링기능사 | 과제명 | | 도면참조 | | 척도 | NS |

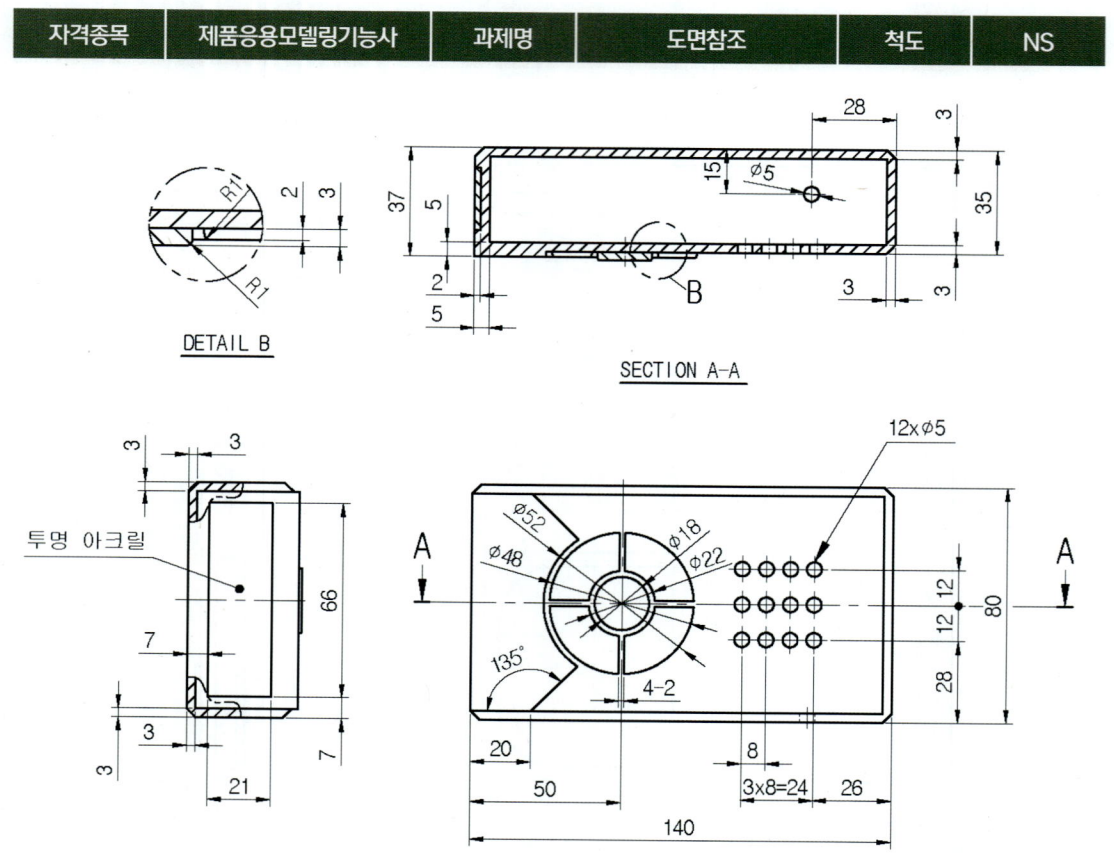

주서
1) 도시되고 지시없는 C=3

제품응용모델링 _9

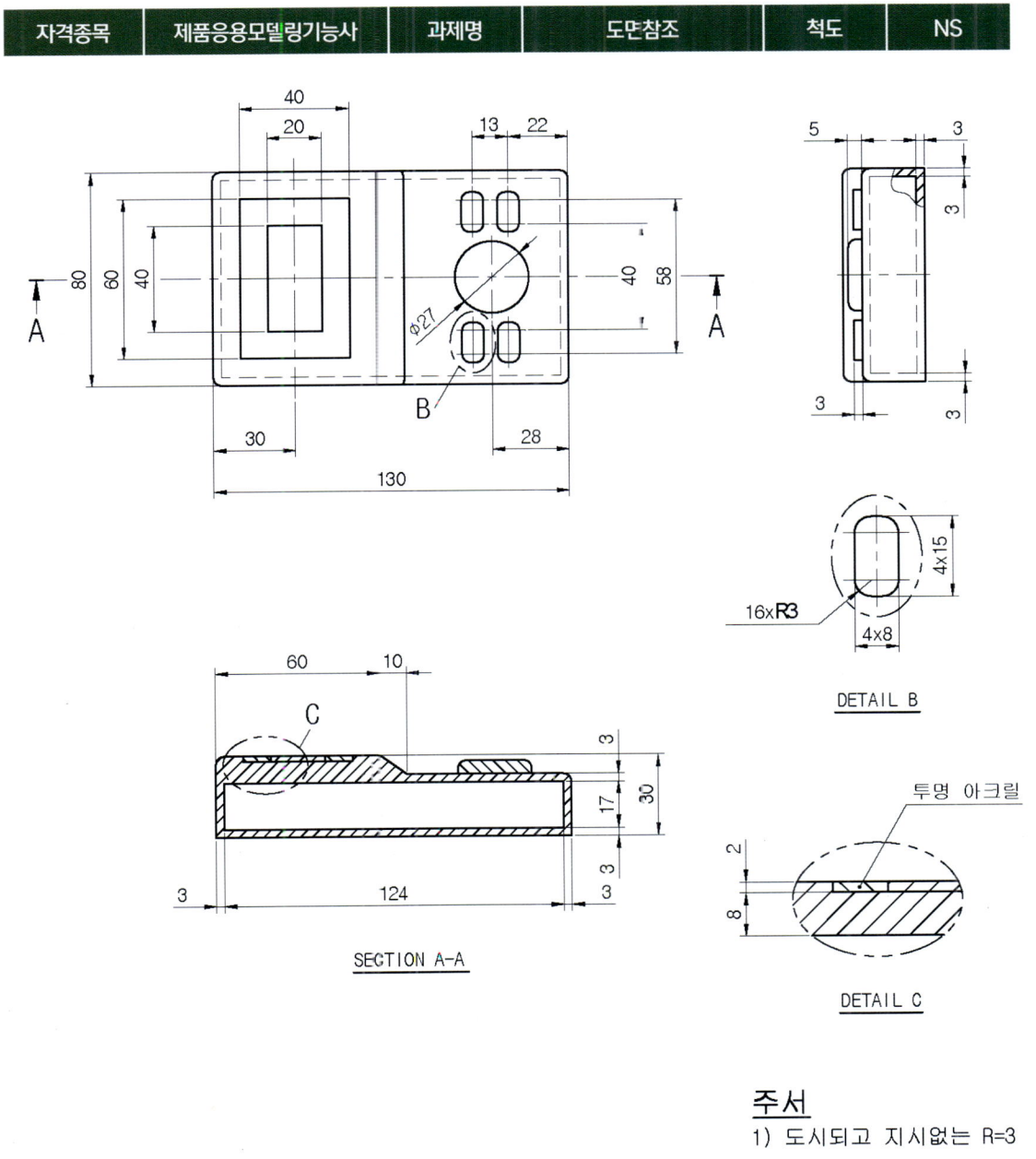

주서
1) 도시되고 지시없는 R=3

제품응용모델링 _10

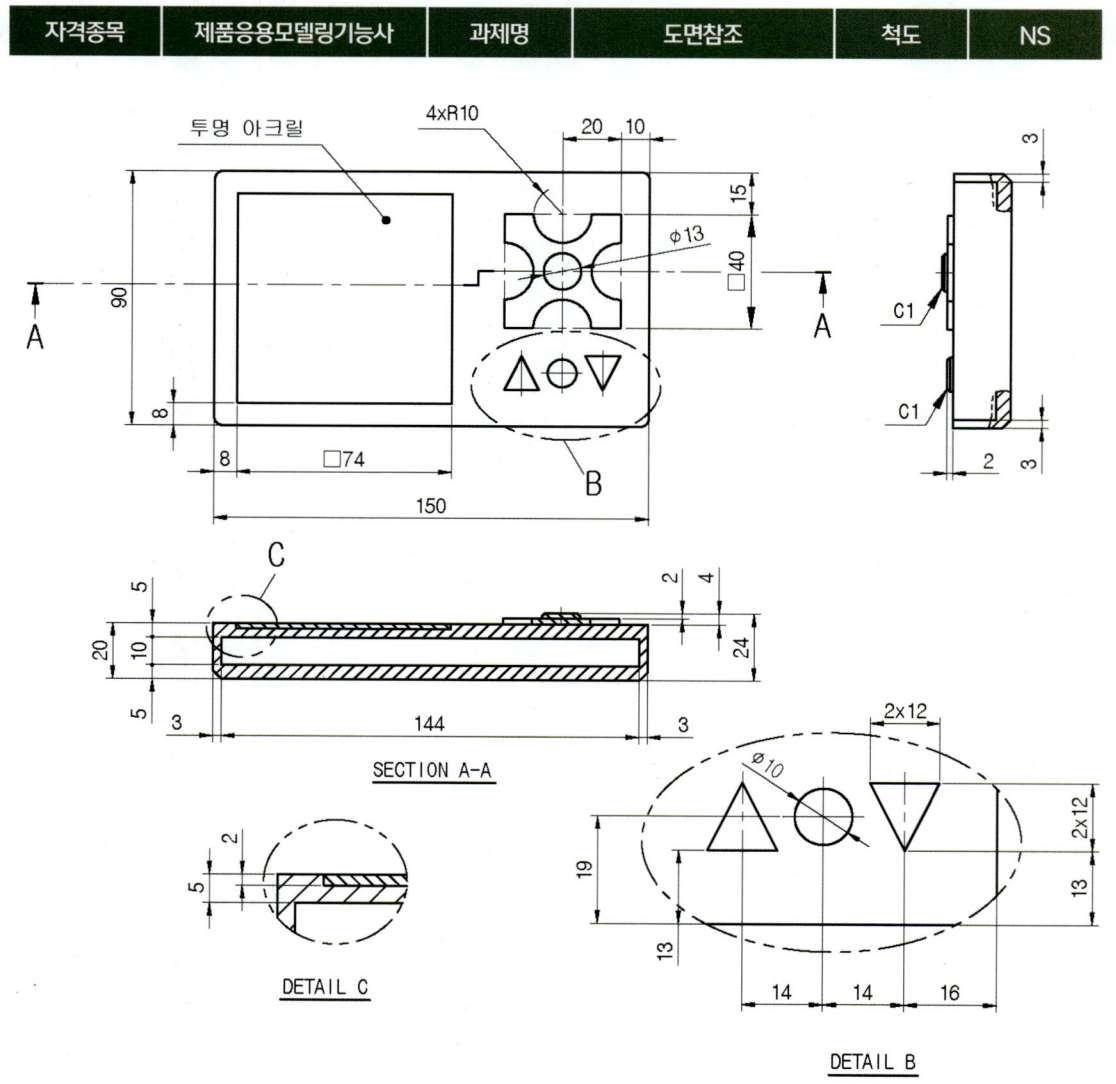

주서
1) 도시되고 지시없는 R=3
2) 도시되고 지시없는 C=3

# NCS 및 학습모듈(능력단위) 모형 제작

분류번호 : 0802010206_16v2

능력단위 명칭 : 모형 제작

능력단위 정의 : 모형 제작이란 2D 또는 3D 컴퓨터모델링이나 도면 작업 후 최종디자인을 확정하는 단계로서 다양한 제작 기법을 통해 소재, 색상, 구조, 동작 등을 확인하고, 기구 설계, 금형 설계 및 마케팅 프로모션을 위한 모형을 제작 및 관리하는 능력이다.

능력 단위 요소	수행준거
0802010206_16v2.1 도면작업하기	1.1 구체화된 디자인 계획에 따라 렌더링 디자인을 2D·3D 도면으로 제도할 수 있다. 1.2 KS규격 등 각종 규격과 형식승인을 위한 사전 점검과 도면 작업을 진행할 수 있다. 1.3 각종 부품의 점검 시 신규와 공용 부품을 구분하여 진행할 수 있다. 1.4 가공방법·조립공정을 고려한 도면에 따라 최종 디자인안의 개발효율성을 높일 수 있다. [지식] • KS규격에 의한 제도법 지식 • 모형제작 지식 • 모형제작에 관한 후가공 방법 • 적용부품 지식 [기술] • CAD 소프트웨어 사용·활용 기술 • 형상 구체화 기술 • 모형제작 방법에 관한 설계 기술 [태도] • 정확한 도면 작업 태도 • 디자인 콘셉트의 정확한 시각적 표현을 위한 태도 • 디자인, 생산, 마케팅 등 전 단계와 관련한 전체적 사고를 위한 태도
0802010206_16v2.2 모형 제작 감리하기	2.1 도면 완료 후 모형제작자·설계자에게 이관하여 모형제작을 할 수 있다. 2.2 디자인 외곽의 기본 방향에 따라 모형제작 사양을 결정할 수 있다. 2.3 모형제작 의뢰 시 각종 후가공 방법과 디자인 사양서를 정확히 전달할 수 있다. 2.4 모형제작 감리 시 양산적용에 따른 후가공 문제점을 사전에 파악·점검할 수 있다. 2.5 작업 지시어 따라 디자인 의도의 정확한 반영 여부와 양산시 예측되는 문제를 정확하게 점검할 수 있다. [지식] • 트렌드 변화에 따른 컬러·재질변화 분석 지식 • 제작 공정 방법 • 재질 표현 방법 • 색의 표시 방법 • 배색 이론 • 색의 시각적 균형과 조화

0802010206_16v2.2 모형 제작 감리하기	**[기 술]** • 형상 구체화 기술 • 모형제작 기술 • 모형제작의 후가공 기술	
	[태 도] • 트렌드 변화에 준비하는 태도 • 디자인, 생산, 마케팅 등 전 단계와 관련한 전체적 사고를 위한 태도 • 원활한 커뮤니케이션을 위한 적극적 태도	
0802010206_16v2.3 최종 디자인 점검하기	3.1 여러 디자인 제안 중 양산할 디자인을 결정하고 최종 수정 보완·점검할 수 있다. 3.2 양산을 위해 부서간의 최종 협업을 위한 진행 점검을 할 수 있다. 3.3 기구설계와 디자인이관을 위해 최종 문제점들을 정리할 수 있다. 3.4 클라이언트가 요구하는 디자인경영 방침에 따라 마케팅과 디자인 방향을 최종적으로 점검할 수 있다.	
	[지 식] • 개별 물품 지식 • 제품 개발 지식 • 프레젠테이션 지식 • 렌더링 기법 • 기구설계 지식	
	[기 술] • 프레젠테이션 기술 • 프레젠테이션 소프트웨어 활용 기술 • 시청각기자재 활용 기술	
	[태 도] • 다수의 의견을 합리적으로 받아들이는 태도 • 객관적인 시각과 기준으로 평가·선정하려는 태도 • 품평의 의견을 객관적으로 수렴하는 태도 • 수정 보완 지시에 합리적으로 대응하는 태도	

적용범위 및 작업상황

고려사항

- 이 능력단위는 모형을 제작하는 업무에 적용한다.
- 가공방법과 조립공정 등 절차에 대한 명확한 이해를 바탕으로 진행한다.
- 디자인의도가 정확히 반영이 되어 있는지 양산시 문제로 예측되는 부분이 있는지를 유념하면서 진행한다.
- 양산 뿐 아니라 마케팅단계까지 멀리 내다보고 작업을 진행하도록 한다.
- 모형제작을 적용하기 위해서는 기본컬러, 재질, 그래픽, 후가공, 마감 사양을 확인한다.

자료 및 관련 서류

- 가공 조립방법 관련 지침서류
- 작업의뢰서
- 최종 3D 모델링 도면
- 참고할만한 샘플 제품 사진
- 컬러 샘플

장치 및 도구

- 가공재료(고압축 스티로폼, 찰흙, 종이, 목재 등)
- 공구(칼, 사포, 실톱 등)
- 마스크, 청소도구 등
- 컴퓨터, 캐드 소프트웨어, 프린터, 플로터(plotter)
- 디지타이저 등의 입력장치, 버니어 캘리퍼스
- 컬러 샘플, 그래픽 소프트웨어
- 프레젠테이션용 프로젝터, 보드, 포스트잇

재료

- 해당 없음

평가지침

■ 평가방법

- 평가자는 능력단위 모형 제작의 수행준거에 제시되어 있는 내용을 평가하기 위해 이론과 실기를 나누어 평가하거나 종합적인 결과물의 평가 등 다양한 평가 방법을 사용할 수 있다.
- 피 평가자의 과정평가 및 결과평가 방법

평가방법	평가유형	
	과정평가	결과평가
A. 포트폴리오		
B. 문제해결 시나리오		
C. 서술형시험		
D. 논술형시험		
E. 사례연구		
F. 평가자 질문		
G. 평가자 체크리스트		√
H. 피평가자 체크리스트		
I. 일지/저널		
J. 역할연기		
K. 구두발표		√
L. 작업장평가		

평가시 고려사항

- 수행준거에 제시되어 있는 내용을 성공적으로 수행할 수 있는지를 평가해야 한다.
- 평가자는 다음 사항을 평가해야 한다.
  - 모형제작을 적용하기 위한 기본컬러, 재질, 마감 사양 등을 발굴, 효과적으로 제시할 수 있는 능력
  - 각종 후가공 방법 및 디자인사양서(색상, 인쇄 등)를 정확히 작성할 수 있는 능력
  - 가공방법 조립방법에 대한 명확한 이해 여부를 평가
  - 완성된 결과물에 디자인 의도가 명확히 반영되어있는지 여부를 평가(크기, 색상, 재질 등)
  - 최종 디자인에 대해 일목요연하고 설득력 있게 프레젠테이션 하는 능력 평가

직업기초능력

순 번	직업기초 능력	
	주요영역	하위영역
1	문제해결능력	문제처리능력
2	수리능력	기초연산능력
3	자원관리능력	물적자원관리능력
4	의사소통능력	경청능력, 의사표현능력
5	기술능력	기술이해능력, 기술선택능력, 기술적용능력
6	정보능력	컴퓨터활용능력, 정보처리능력

개발 이력

구 분		내 용
직무명칭		제품디자인
능력단위 보완유형		수정
분류번호	기존	0802010206_13v1
	보완	0802010206_16v2
개발연도	현재	2016
	2차	2016
	최초(1차)	2013
버전번호		v2
개발자	현재	디자인·문화콘텐츠산업 인적자원개발위원회(대표기관 : 한국디자인진흥원)
	2차	디자인·문화콘텐츠산업 인적자원개발위원회(대표기관 : 한국디자인진흥원)
	최초(1차)	한국디자인진흥원
향후 보완 연도(예정)		2019
능력단위 보완사유		능력단위요소 보완 및 수정

Chapter 01

3D 모델링(SolidWorks)

제1절 _ SolidWorks 구성과 준비
제2절 _ SolidWorks를 이용한 제품 모형 3D 모델링

제품모델링 & 모형제작 실습_ 제품응용모델링 기능사 실기 대비서
Product Modelling & Modelling Exercise

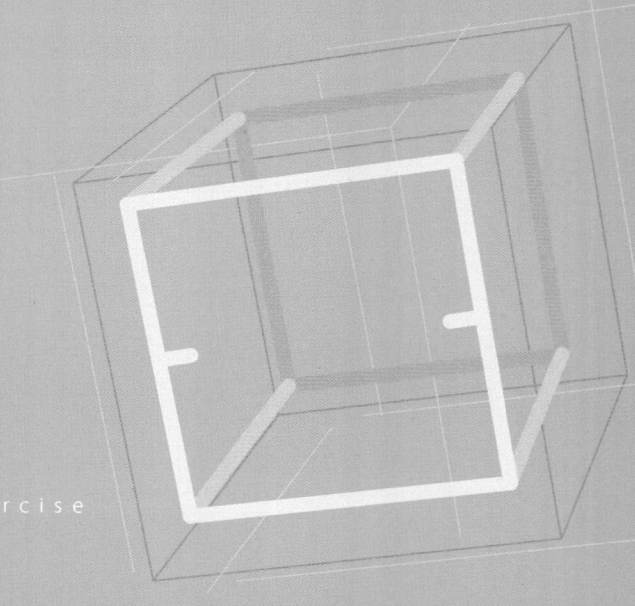

CHAPTER 01 3D 모델링(SolidWorks)

　제품응용모델링기능사의 역할은 산업 생산방식에 의하여 양산될 제품의 원형(prototype)이나 제품 모형(mock-up)을 정확하고도 경제적으로 재현할 수 있어야 하며, 제품 디자이너를 포함한 디자이너(혹은 설계자)가 제공하는 정성적인 디자인 콘셉트(concept)와 정량적인 디자인 사양(specification)을 최적화할 수 있어야 한다.

　SolidWorks를 연습하기 전에 먼저 개념과 소프트웨어에서 가능한 작업 등에 대해 알아보고 SolidWorks를 구성하고 있는 요소를 알아본다. 제품응용모델링 실기 따라 하기를 통해 모델링이 어떻게 진행되는지 배워보고 기본적으로 어떤 과정을 거쳐서 모델이 완성되는가에 대해 알아본다. SolidWorks 용어와 아이콘 및 설계 의도를 이해하도록 노력한다.

SolidWorks 소개

　SolidWorks는 3차원 형상으로 쉽게 생성할 수 있는 기본적인 Feature를 기반으로 하며, SolidWorks에서 제공하는 다양한 Feature들을 사용하여 자신이 구현하고자 하는 3차원 형상을 쉽게 표현할 수 있다. 단품 혹은 조립 품을 구성하는 모든 치수들에 연관성을 부여할 수 있으며, 이를 통해 어느 한 치수가 변경될 때 다른 치수가 자동으로 바뀌도록 설정할 수 있다. 사용이 편리하므로 기계설계자나 디자이너는 다양한 피처와 치수를 활용함으로써 구상한 설계를 빠르게 구현하여 모델 및 상세도를 만들 수 있다.

SolidWorks의 주요 특징

SolidWorks는 배우고 사용하기 쉬운 Windows GUI(Graphical User Interface)의 장점을 이용한 Feature-Based Variation Solid Modeling 설계도구이다. 주어진 설계지침을 만족하도록 하기 위하여 자동으로 또는 사용자의 정의인 Relation을 이용하여 구속조건(Constraints)을 포함하거나 또는 포함하지 않는 완전히 연관된 3차원 Solid를 Modeling할 수 있다. 이러한 Solid Modeling 기법으로는 Bottom up 방식과 Top down 방식으로 구분할 수 있으며 2가지 설계 방식을 SolidWorks는 모두 지원한다.

제1절 SolidWorks의 구성과 준비

SolidWorks는 Window 98/NT, ME/2000 Professional, XP Home Edition/Professional 이후에 나온 모든 Window 환경을 지원한다. Solidworks 2007은 window vista 이후 버전은 호환성을 설정하여 실행하여야 한다.

1. 시작하기

SolidWorks도 다른 3D CAD와 같이 실행 파일을 찾아 클릭하거나 더블클릭하여 시작한다.

1) 시작메뉴에서

Windows의 바탕화면에 있는 Taskbar에 위치한 [시작] (Window XP 시작버튼), [ ] (Window 7 시작버튼)을 클릭하고 모든 프로그램 ▶→ SolidWorks 2007 ▶→ SolidWorks 2007을 클릭하거나 윈도우 탐색기를 이용하여 SolidWorks가 설치되어 있는 폴더에서 SLDWORKS.exe 실행 아이콘을 더블클릭하는 것으로 SolidWorks를 실행한다.

또는 바탕화면에서 SolidWorks 2007 바로 가기 [ ] 아이콘을 더블클릭하여 실행한다.

2. 기본 메뉴 표시줄 알아보기

기본적인 SolidWorks의 메뉴 표시줄은 File(파일), Edit(편집), View(보기), Insert(삽입), Tools(도구), Windows(창) 및 Help(도움말)로 구성되어 있다. 여기서는 File 메뉴만을 살펴보도록 한다. File 메뉴는 기본적으로 새로운 창을 여는 New 명령과 기존의 파일을 여는 Open 명령이 들어있다.

1) New(새 문서)

메뉴 표시줄의 File(파일) → New(새 문서)…를 클릭하거나 Standard(표준) 도구모음의 (New) 아이콘을 클릭한다. 단축키로는 키보드의 Ctrl+N을 누르면 Solidworks 새 문서 대화상자가 나타난다.

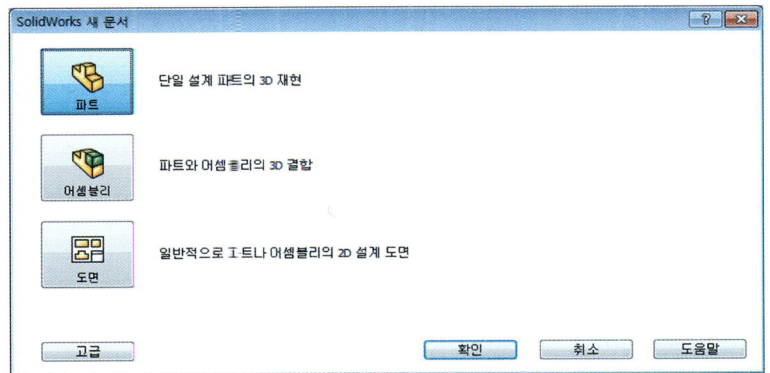

그림 1-1 《 초보모드 Solidworks 새 문서 창

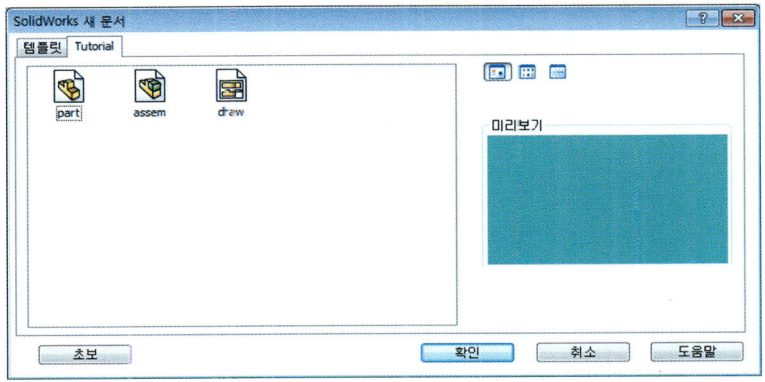

그림 1-2 《 고급모드 Solidworks 새 문서 창

Solidworks 새 문서 대화상자는 Part(파트), Assembly(어셈블리), Drawing(도면)의 세 가지로 작업 파일들이 나누어져 있다. Part는 단품을 형상화할 때 사용되는 작업 창이며 Assembly는 단품에서 작업한 형상들을 조립하거나 피처로부터 연관되는 형상의 작업을 할 수 있다. Drawing은 Part, Assembly에서 작업한 형상들을 2D 도면으로 만드는 작업 창이다.

SolidWorks는 Novice(초보)와 Advanced(고급), 이 2개의 대화상자를 제공한다.

Advanced를 클릭하면 템플릿 도면의 이름, 크기 및 수정 날짜를 확인할 수 있다.

① Novice(초보) : 단순한 대화상자를 사용하고 파트, 어셈블리, 도면 문서에 대한 설명을 표시한다.
② Advanced(고급) : 템플릿 아이콘을 표시하는 수정된 대화상자를 사용한다.
 사용자가 원하는 폴더를 템플릿 탭으로 등록할 수 있다.
 - 각 탭에 들어있는 모든 템플릿 파일이 보여진다.
 - 템플릿 파일을 선택하면 템플릿 미리보기가 미리보기 상자에 표시된다.
 - 템플릿 파일 아이콘의 모양을 Large Icons(큰아이콘), List(작은 아이콘), List Details(자세히)를 이용해서 원하는 모양으로 볼 수 있다.

2) Open(열기)

메뉴 표시줄의 File(파일) → Open(열기)…을 클릭하거나 Standard 도구모음의 (Open) 아이콘을 클릭한다. 단축키로는 키보드의 Ctrl+O를 누르면 열기 대화상자가 나타난다.

[그림 1-3]은 SolidWorks의 열기 대화상자에서 지원하는 파일 형식들을 나타내고 있다.

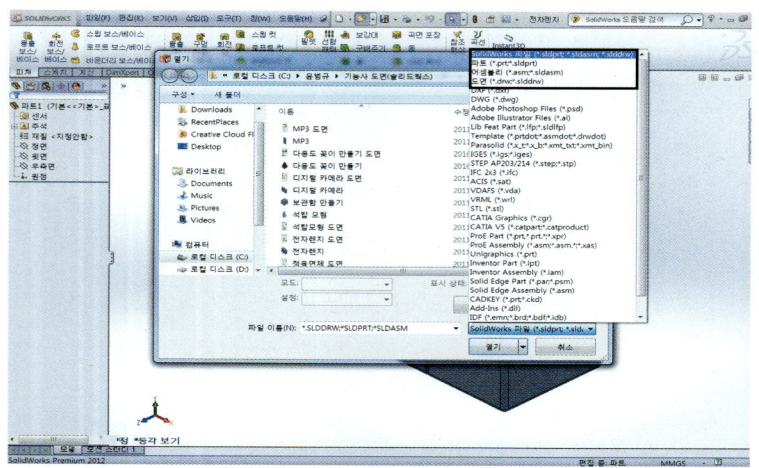

그림 1-3 《 Solidworks 2007 열기 창

3) Exit(종료)

메뉴 표시줄의 File(파일) → Exit(종료)를 클릭하거나 ❌ (Close) 아이콘을 클릭하여 현재 열려있는 SolidWorks를 종료한다.

제2절 SolidWorks를 이용한 제품 모형 3D 모델링

Solidworks의 스케치 및 모델링 도구를 사용하여 제품 모형을 합리적으로 구현할 수 있는 능력과 컴퓨터를 포함한 관련도구를 올바르게 사용 및 관리할 수 있는 능력을 길러보자.

1. 모델링의 기초

모델링을 하기 위해서는 다음과 같은 개념을 필요로 한다. 이러한 개념은 3차원 CAD 솔리드 모델링에 있어서 대부분 같은 기반이기 때문에 잘 알아두길 바란다.

우선 Base-Feature를 먼저 생각하고 Feature를 생성하는데 필요한 요소들을 생각한 다음 Feature들을 생성하기 위해 스케치할 평면을 선택하고 스케치를 보는 방향을 정한 다음 기본 프로파일을 대략적인 형상으로 스케치 한 후 구속조건을 주면서 스케치를 완성한다.

마지막으로 Feature들의 요소들을 만족시켜주는 Feature를 생성한다. Boss Feature와 Cut Feature를 추가한 다음 설계 변경에 따라 Feature들을 수정하여 모델을 완성한다.

위와 같은 모델링의 기초를 생각하면서 다음과 같은 다양한 제품 모형을 가지고 모델을 만들어 가면서 차례대로 살펴보기로 하자.

2. 디지털카메라 제품모형 실기 따라하기

SolidWorks를 사용하여 디지털카메라 제품모형을 모델링하면서 기본적으로 어떤 과정을 거쳐 모델이 완성되는지 알아보자.

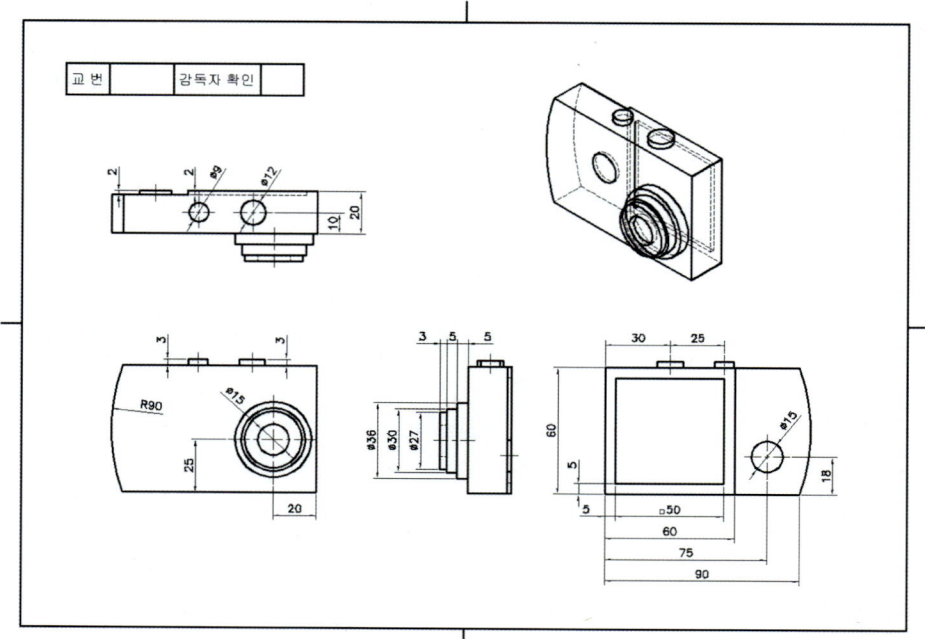

그림 1-4 « 디지털카메라 제품모형 도면

[그림 1-5]에서 새로운 모델링을 하기 위해 메뉴 표시줄의 File(파일) → New(새 문서)…를 클릭하거나 단축키로 키보드의 Ctrl+N을 누른다. 또는 Standard(표준) 도구모음의 New 아이콘을 클릭한다. 하나의 부품을 만들 것이므로 SolidWorks 새 문서 대화상자의 Part(파트)를 선택하고 확인 버튼을 클릭한다.

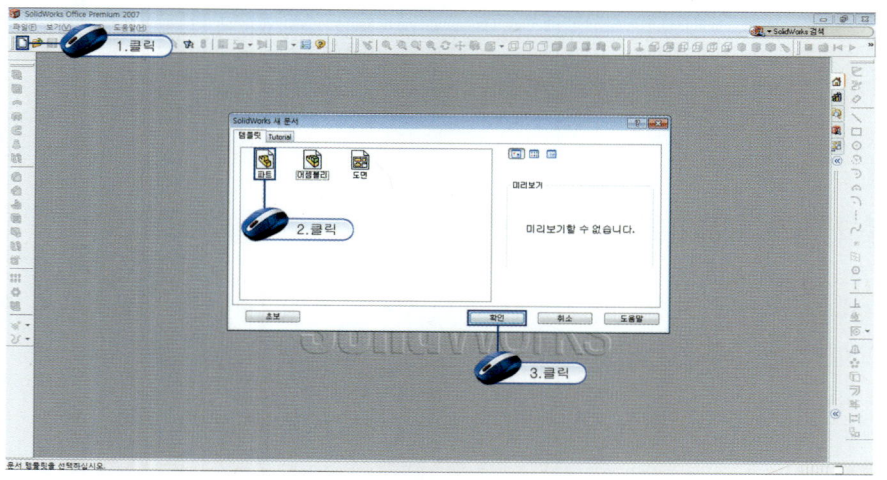

그림 1-5 « Soildworks 시작하기

[그림 1-6]에서 새로운 스케치를 하기 위해 sketch(스케치) 아이콘을 클릭한 다음 정면을 클릭한다. 옵션설정에 따라 스케치를 할 수 있는 정면이 기본 작업 평면으로 열리게 할 수도 있다.

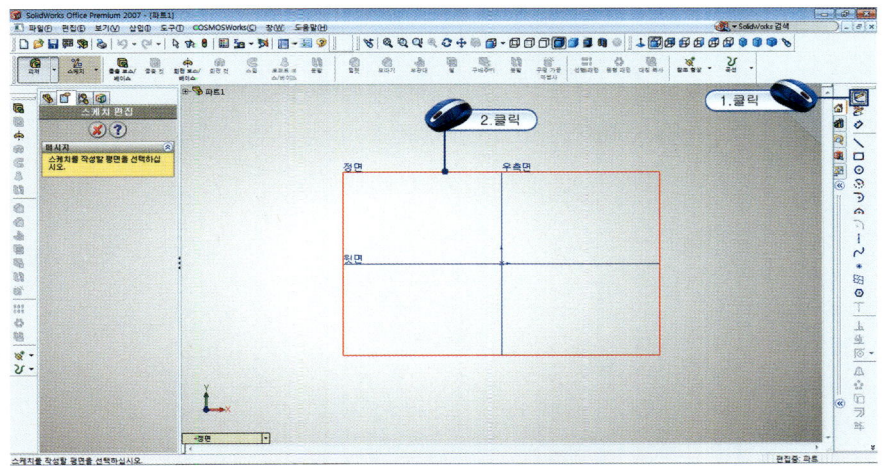

그림 1-6 《 작업 평던(정면) 선택

[그림 1-7]에서 두 점을 지정하여 사각형을 그리기 위해 Rectangle(사각형) 아이콘을 클릭한 다음 사각형의 첫 번째 구석을 클릭한 후 대각선 방향으로 두 번째 구석을 클릭한다.

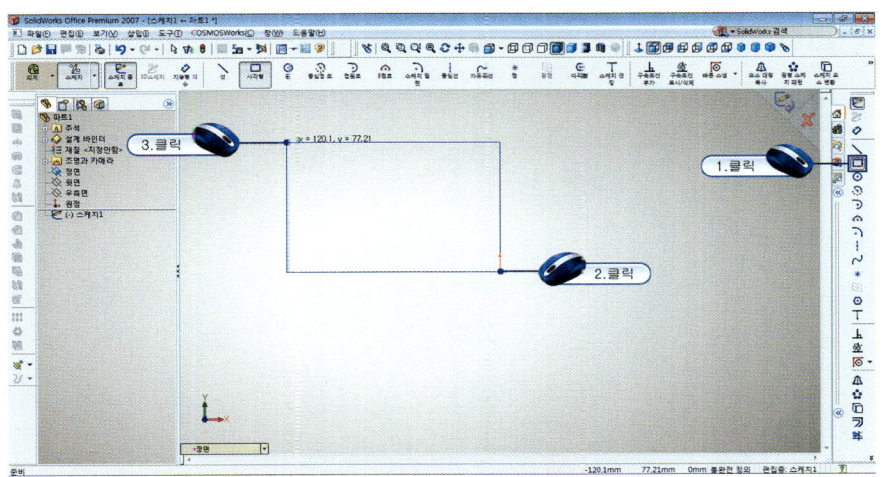

그림 1-7 《 사각형 그리기

[그림 1-8]에서 시작점, 끝점을 클릭하고 원둘레상에 점을 클릭하여 호를 그리기 위해 3 Point Arc(3점 호)아이콘을 클릭한 다음 호의 시작점을 지정한 후 끝점을 지정한다.
 호의 시작점과 끝점을 지정하면 마우스 움직임에 따라 호가 이동된다. 호를 작성할 임의의 위치를 지정한다.

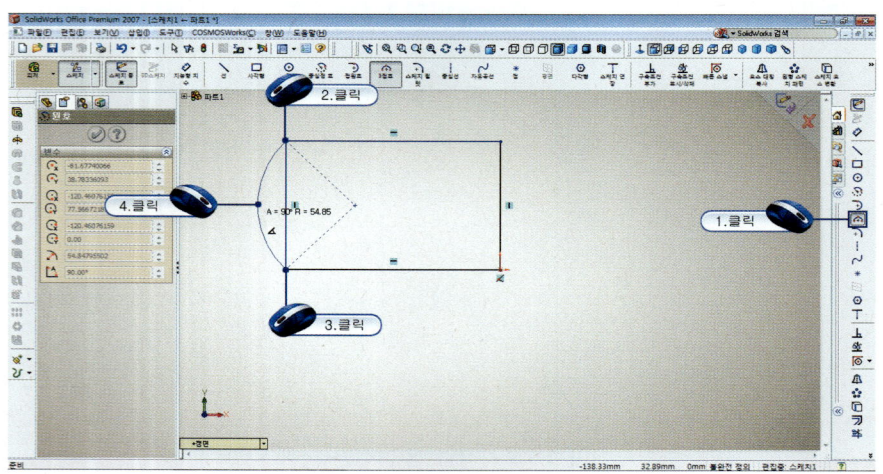

그림 1-8 ≪ 3점 호 그리기

[그림 1-9]에서 대상물의 일부분을 자르기 위해 Trim(잘라내기) 아이콘을 클릭하고 그림과 같이 드래그한 다음 대상물을 자른다.

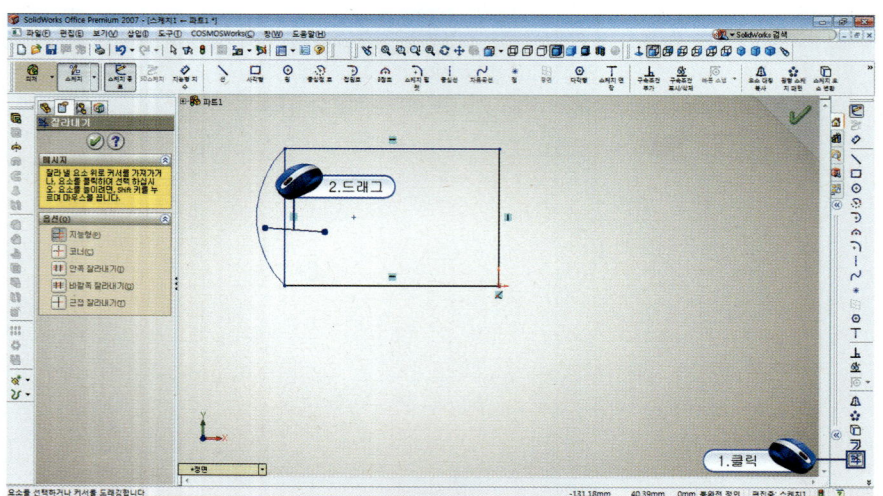

그림 1-9 ≪ 대상물 일부분 자르기

[그림 1-10]에서 스케치에 치수 구속조건을 적용하기 위해 ◇Smart Dimension(지능형 치수)을 클릭하고 대상물을 클릭한 다음 치수를 배치한다. 수정 창이 생성되면 90을 입력하고 체크 버튼을 클릭한다.

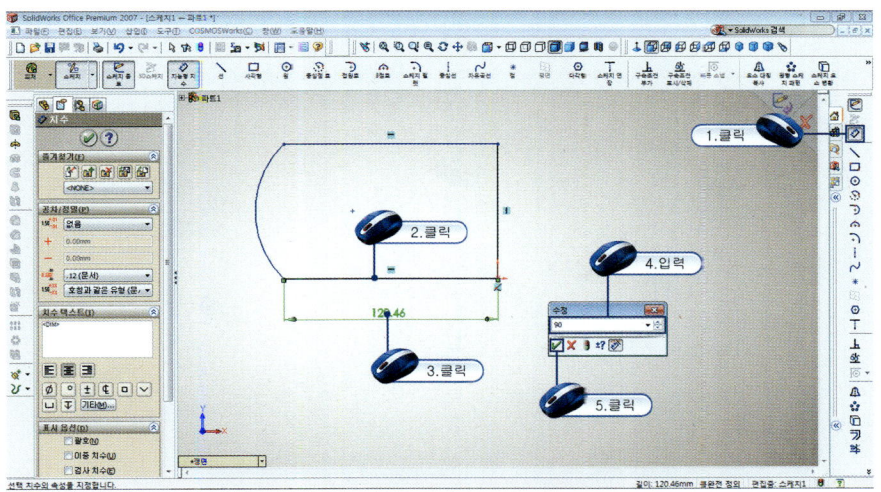

그림 1-10 ≪ 치수 기입하기

[그림 1-11]에서 ◇Smart Dimension(지능형 치수)아이콘이 활성화되어 있다. 동일한 방법으로 대상물을 클릭한 다음 치수를 배치한다.
수정 창이 생성되면 60을 입력하고 체크 버튼을 클릭한다.

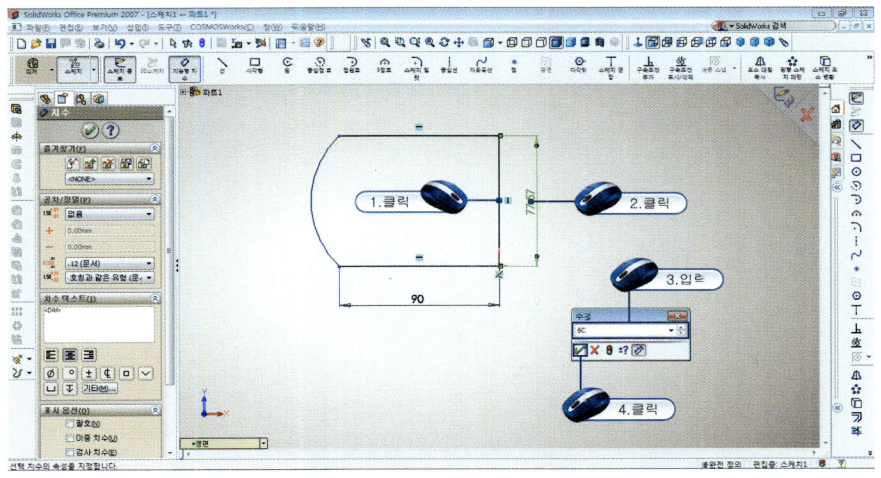

그림 1-11 ≪ 치수 기입하기

[그림 1-12]에서 동일한 방법으로 대상물을 클릭한 다음 치수를 배치한다. 수정 창이 생성되면 90을 입력하고 체크 버튼을 클릭한다. 선택한 스케치 요소들을 같은 크기가 되도록 구속을 주기 위해 Add Relations(구속조건 부가) 아이콘을 클릭한다. 그림과 같이 대상물을 클릭한 다음 = Equal(동등) 아이콘을 클릭하고 체크 버튼을 클릭한다.

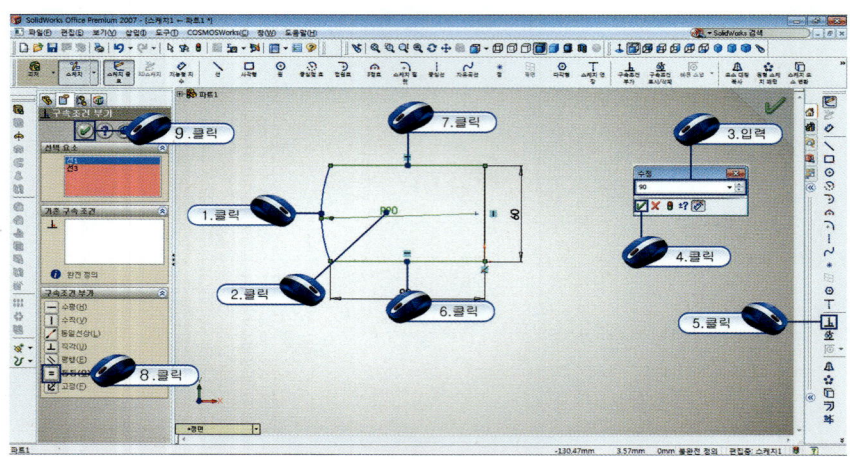

그림 1-12 « 선택한 스케치 요소 같은 크기가 되도록 구속조건 주기

[그림 1-13]에서 모든 치수기입과 구속조건을 끝마쳤다. 스케치를 종료하기 위해 sketch(스케치) 아이콘을 클릭한다. 등각 화면으로 보기 위해 Isometric(등각보기) 아이콘을 클릭한다.

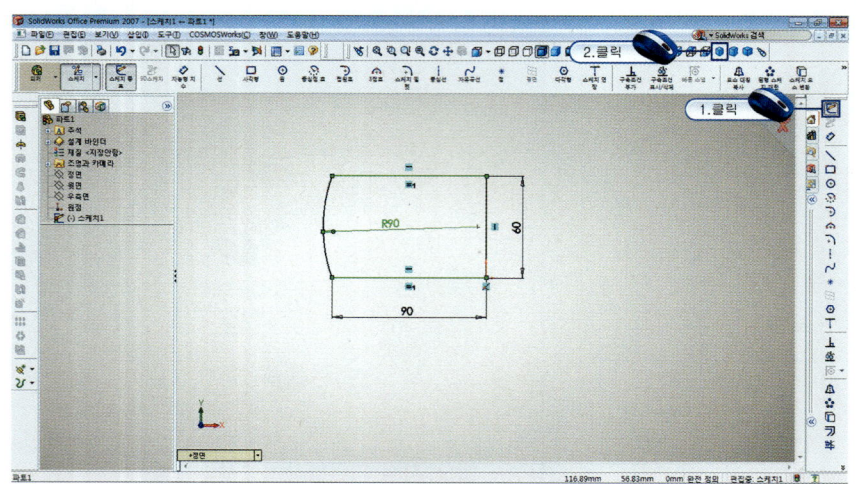

그림 1-13 « 스케치 종료하기

[그림 1-14]에서 스키치에 방향을 지정하고 두께 값을 부여하여 Feature(피처)를 생성하기 위해 Features(피처) 도구모음에서 Extruded Boss/Base(돌출 보스/베이스) 아이콘을 클릭한다. 거리 값에 18을 입력한 다음 체크 버튼을 클릭한다.

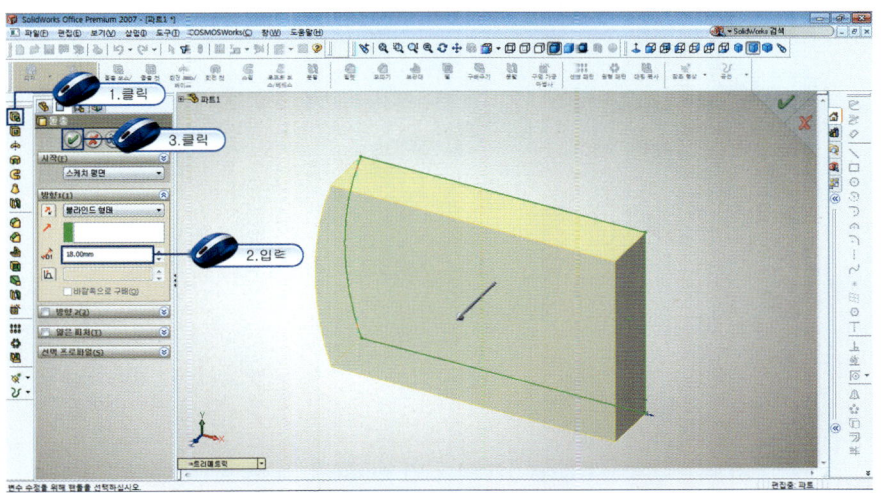

그림 1-14 « 돌출하기

[그림 1-15]에서 새로운 평면을 만들기 위해 Features 도구모음에서 Reference Geometry(참조 형상) 아이콘을 클릭하고 오프셋 할 면을 클릭한다.

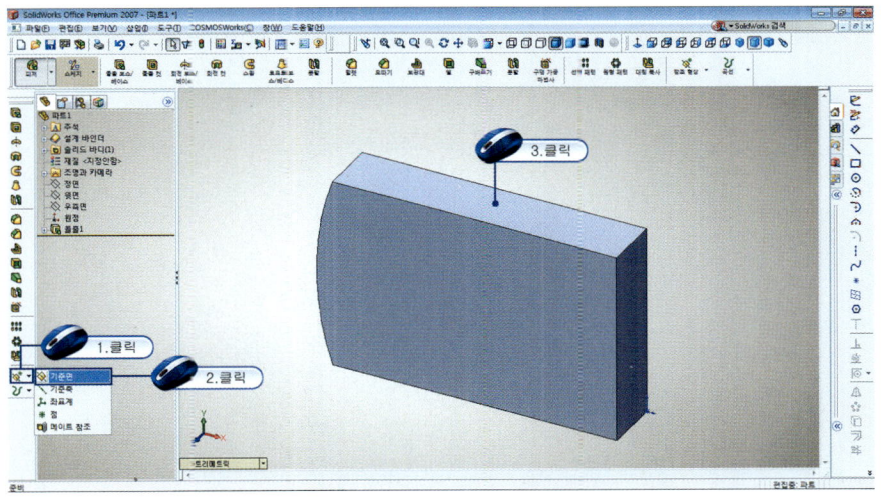

그림 1-15 « 작업평면 만들기

[그림 1-16]에서 Plane PropertyManager의 Distance(거리) 값 35를 입력하고 Reverse direction(반대 방향)을 체크한다. 설정 값을 모두 완료하였으면 체크 버튼을 클릭한다.

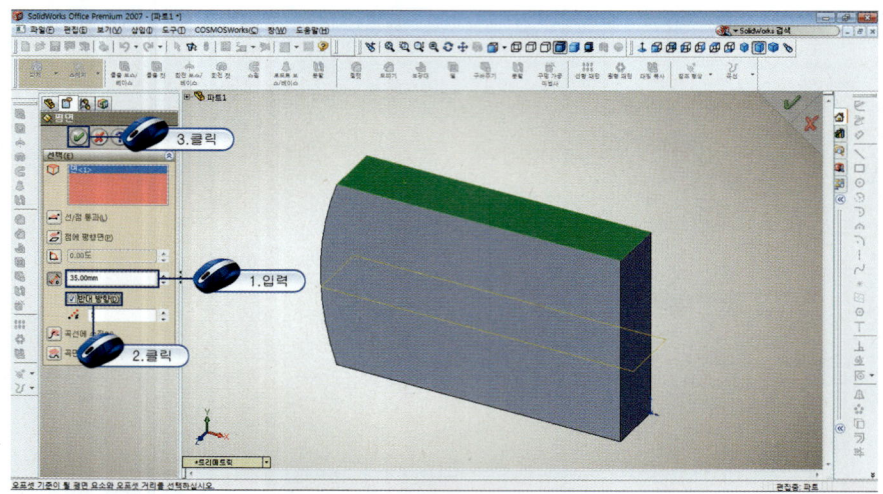

그림 1-16 « 면 선택하기

[그림 1-17]에서 새로운 스케치를 하기 위해 sketch(스케치) 아이콘을 클릭한 다음 정면을 클릭한다. 작업평면을 수직으로 보기 위해 Normal To(면에 수직으로 보기) 아이콘을 클릭한다.

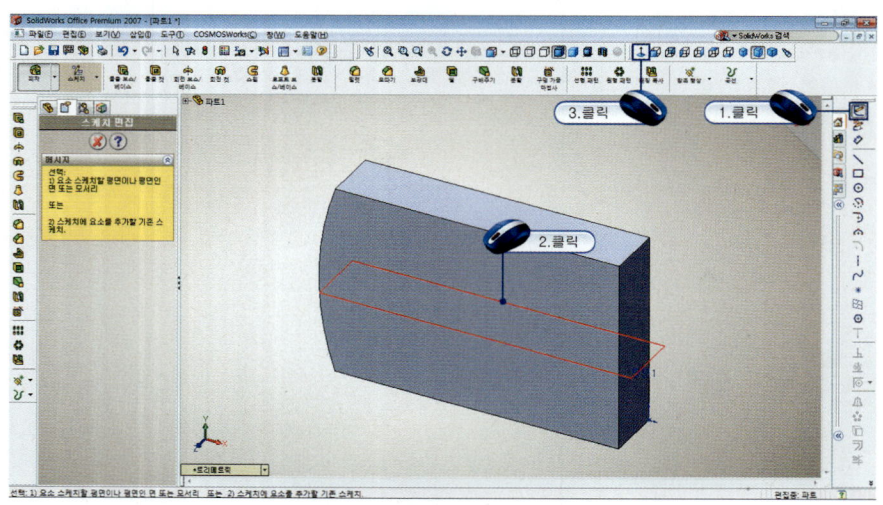

그림 1-17 « 스케치 시작하기

[그림 1-18]에서 선을 그리기 위해 ↘Line(선) 아이콘을 클릭하고 그림과 같이 선을 생성한다.

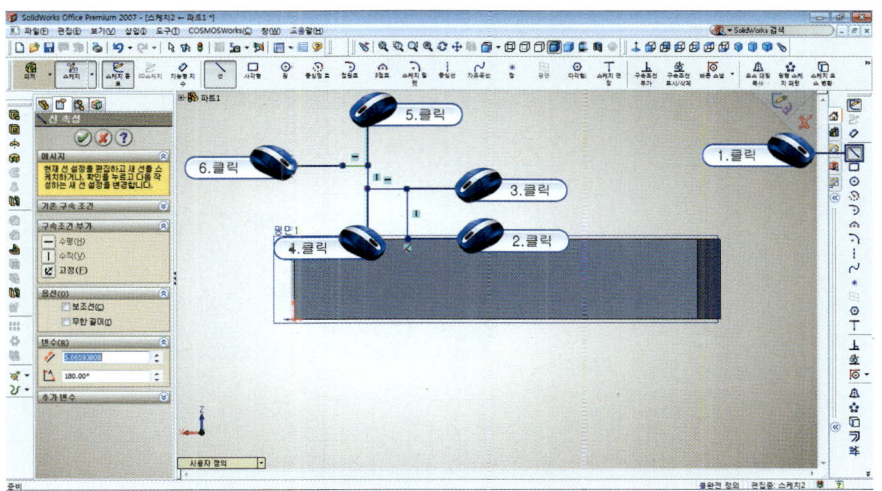

그림 1-18 ≪ 선 그리기

[그림 1-19]에서 동일한 방법으로 계속해서 선을 그린다.

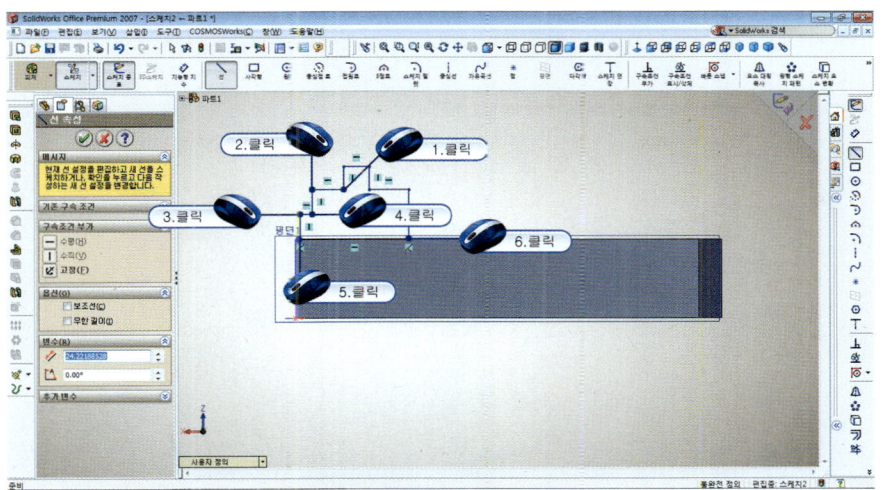

그림 1-19 ≪ 선 그리기

[그림 1-20]에서 그림과 같이 선을 완성하였으면 위에 내용과 같이 치수를 기입한다.

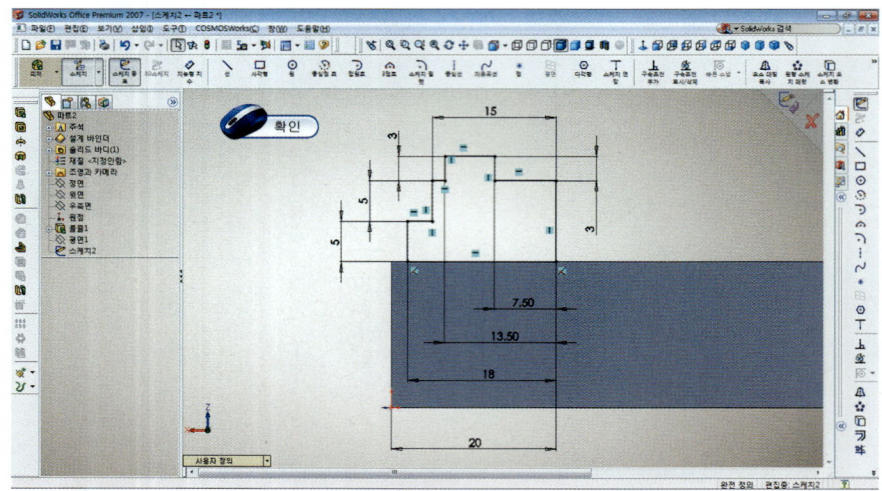

그림 1-20 《 치수 기입하기

[그림 1-21]에서 스케치한 것을 회전하기 위해 CommandManager의 Revolved Boss/Base(회전 보스/베이스) 아이콘을 클릭한다. 회전변수 값을 확인한 다음 회전시킬 축을 클릭한 후 체크 버튼을 클릭한다. 등각 화면으로 보기 위해 Isometric(등각보기) 아이콘을 클릭한다.

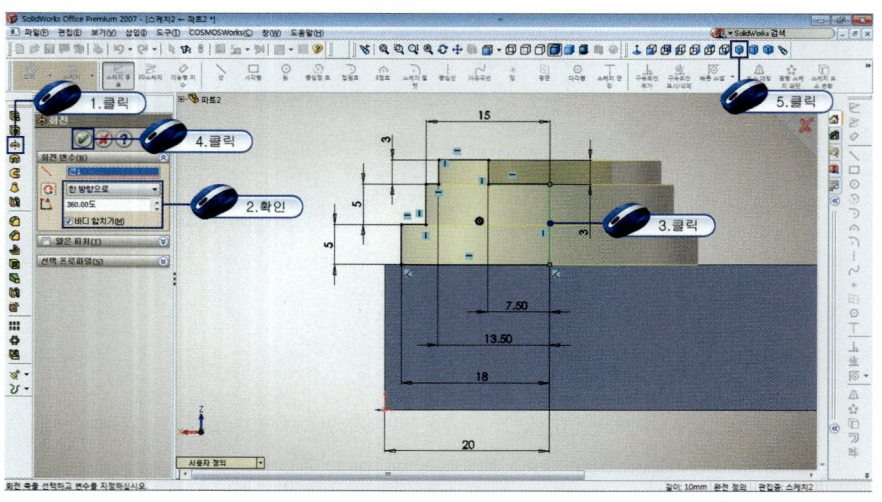

그림 1-21 《 회전하기

[그림 1-22]에서 모델을 회전시키기 위해 View Rotate(뷰 회전) 아이콘을 클릭한 다음 임의의 위치에서 마우스 왼쪽 버튼을 누른 채 화살표 방향으로 드래그한다.

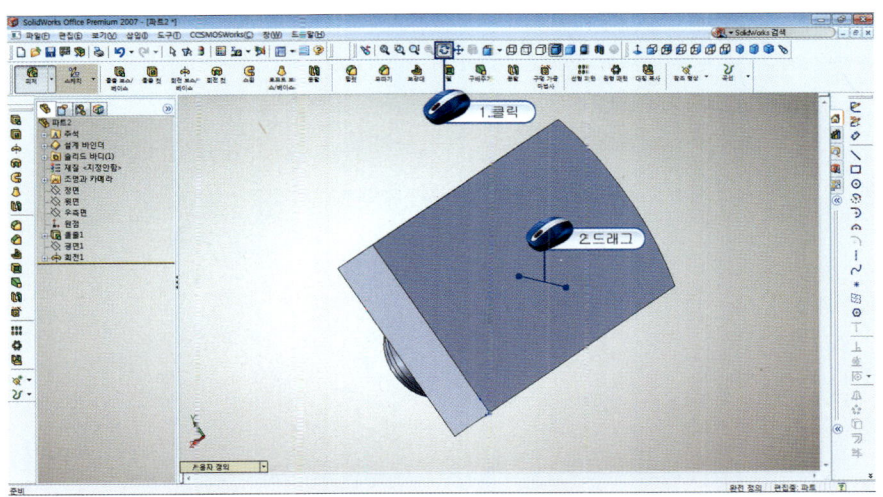

그림 1-22 « 뷰 회전하기

[그림 1-23]에서 새로운 스케치를 하기 위해 sketch(스케치) 아이콘을 클릭한 다음 정면을 클릭한다.

작업평면을 수직으로 보기 위해 Normal To(면에 수직으로 보기) 아이콘을 클릭한다.

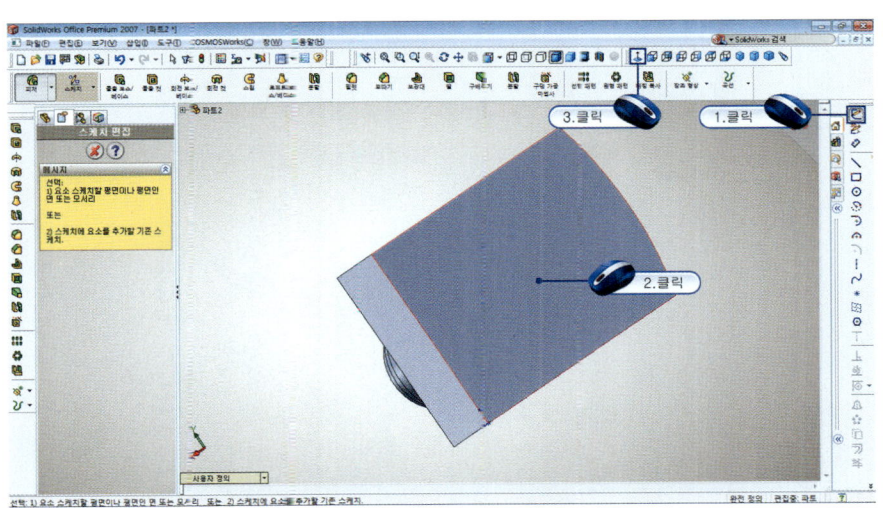

그림 1-23 « 스케치 시작하기

[그림 1-24]에서 두 점을 지정하여 사각형을 그리기 위해 ▭Rectangle(사각형) 아이콘을 클릭한 다음 사각형의 첫 번째 구석을 클릭한 후 대각선 방향으로 두 번째 구석을 클릭한다.

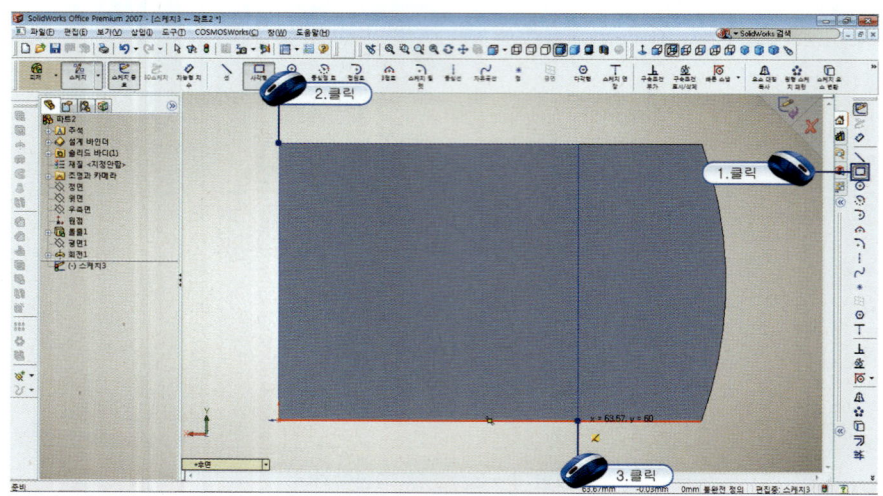

그림 1-24 « 사각형 그리기

[그림 1-25]에서 스케치 형상의 모서리를 거리 값을 주어 오프셋하기 위해 ⫐Offset Entities(오프셋) 아이콘을 클릭한 다음 변수 값 5를 입력한 후 그림과 같이 클릭한다.

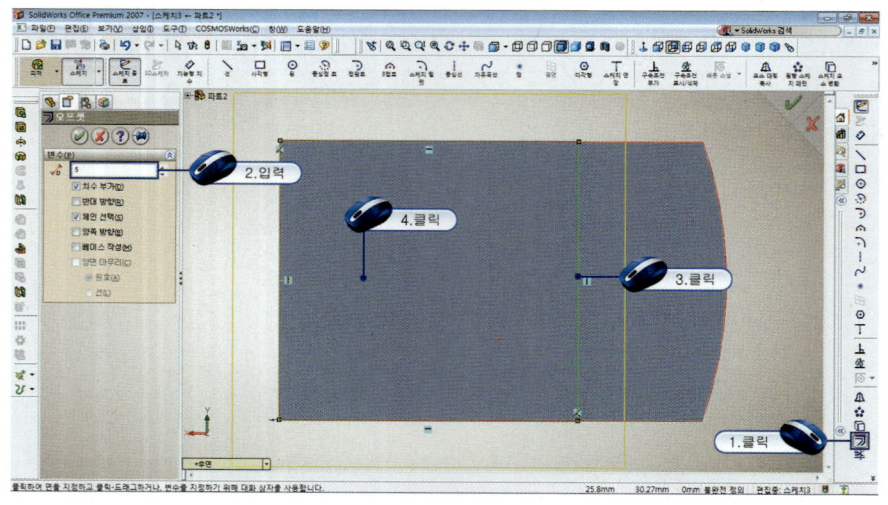

그림 1-25 « 오프셋하기

[그림 1-26]에서 중심점과 반지름 값으로 원을 그리기 위해 ⊕Circle(원) 아이콘을 클릭한 다음 중심점을 클릭한 후 임의의 지점을 클릭한다.

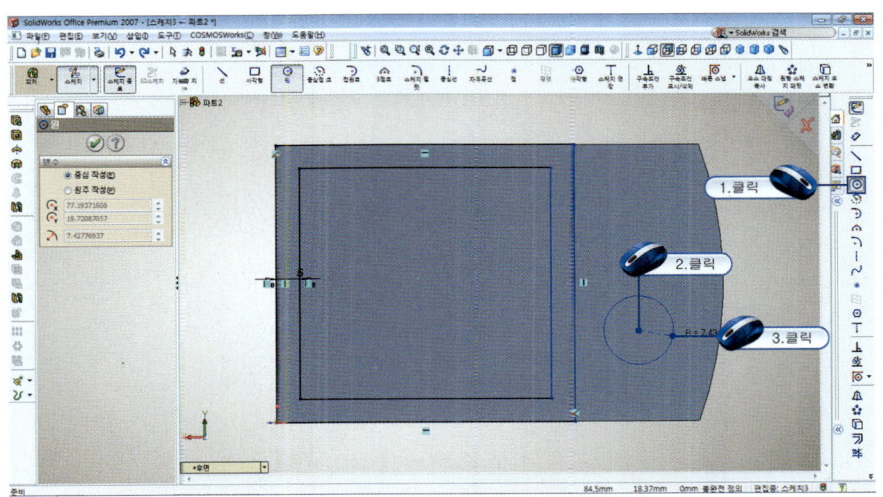

그림 1-26 《 원 그리기

[그림 1-27]에서 사각형과 원 그리기를 완성하였으면 위에 내용과 같이 치수를 기입한다. 스케치를 종료하기 위해 sketch(스케치) 아이콘을 클릭한다. 등각 화면으로 보기 위해 Isometric(등각보기) 아이콘을 클릭한다.

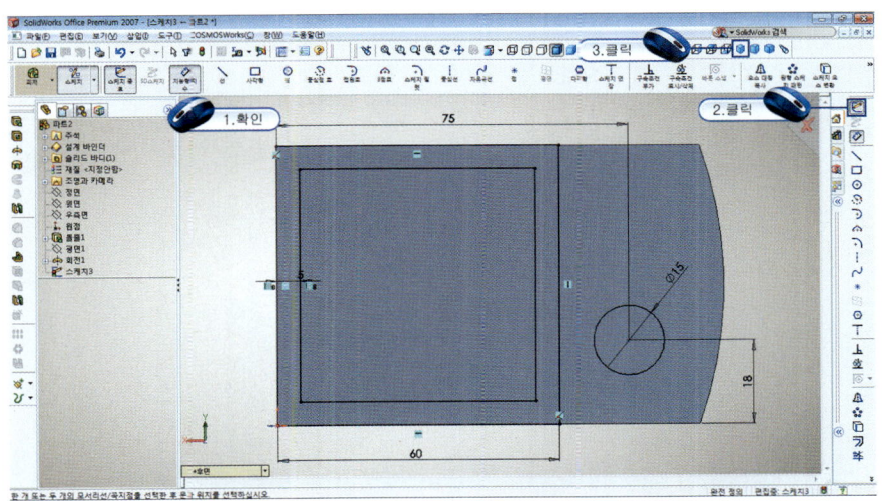

그림 1-27 《 스케치 종료하기

[그림 1-28]에서 스케치에 방향을 지정하고 두께 값을 부여하여 Feature(피처)를 생성하기 위해 Features(피처) 도구모음에서 Extruded Boss/Base(돌출 보스/베이스) 아이콘을 클릭한다. 거리 값에 2를 입력한 다음 체크 버튼을 클릭한다.

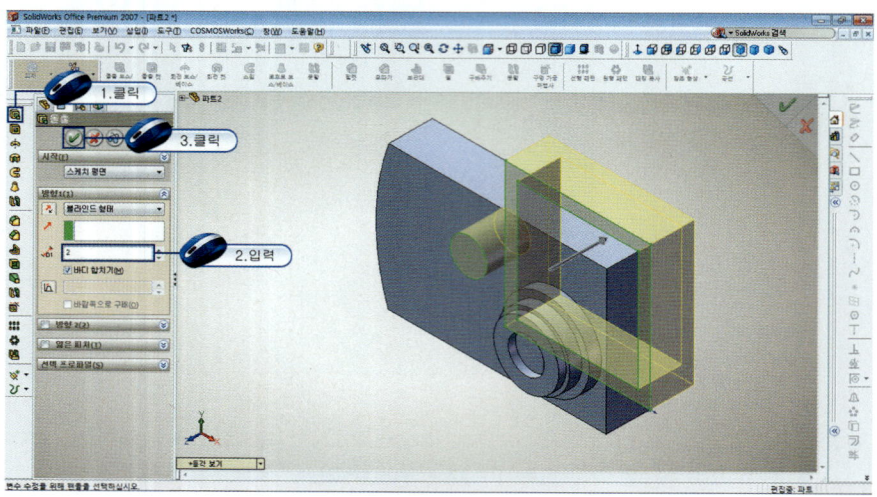

그림 1-28 《 돌출하기

[그림 1-29]에서 새로운 스케치를 하기 위해 sketch(스케치) 아이콘을 클릭한 다음 정면을 클릭한다. 작업평면을 수직으로 보기 위해 Normal To(면에 수직으로 보기) 아이콘을 클릭한다.

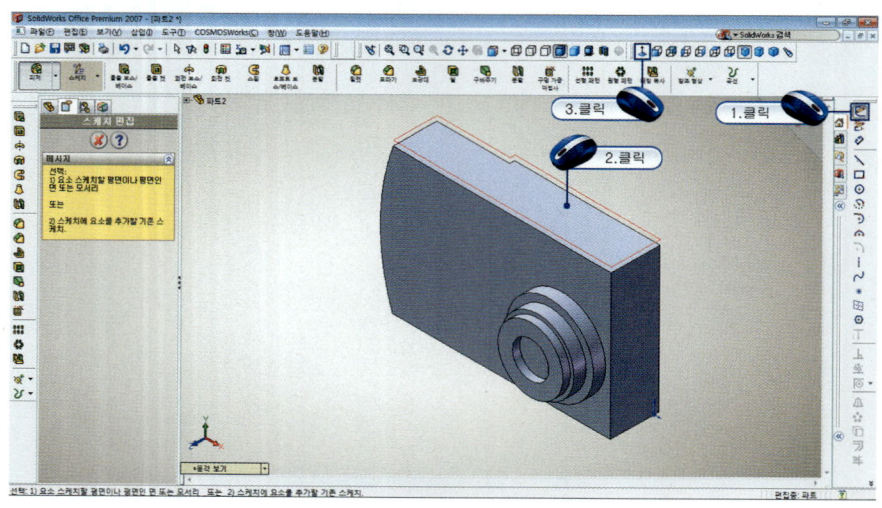

그림 1-29 《 스케치 시작하기

[그림 1-30]에서 중심점과 반지름 값으로 원을 그리기 위해 ⊕Circle(원) 아이콘을 클릭한 다음 중심점을 클릭한 후 임의의 지점을 클릭한다. 그림과 같이 원을 2개 만든다.

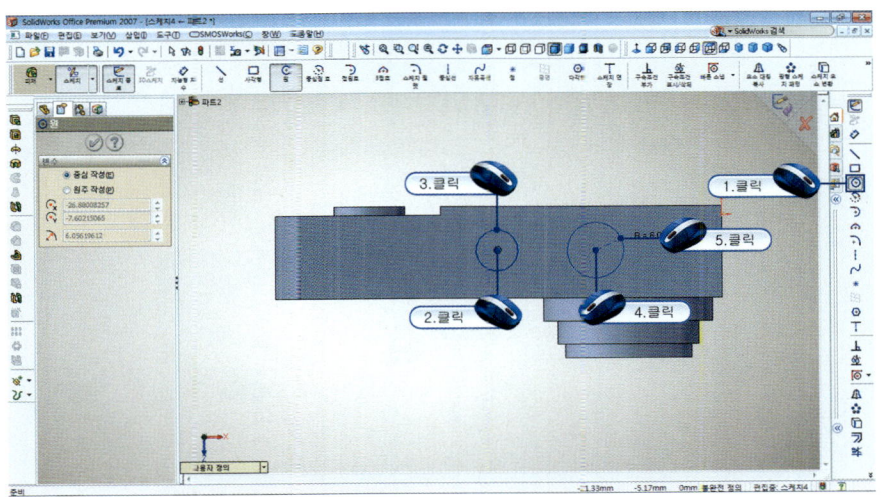

그림 1-30 ≪ 원 그리기

[그림 1-31]에서 스케치에 치수 구속조건을 적용하기 위해 ◇Smart Dimension(지능형 치수)을 클릭하고 대상물을 클릭한 다음 치수를 배치한다. 수정 창이 생성되면 9를 입력하고 체크 버튼을 클릭한다.

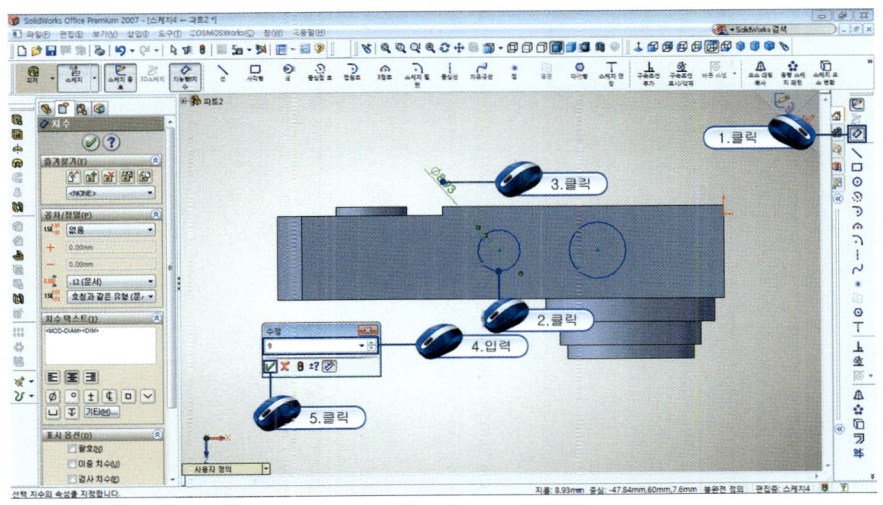

그림 1-31 ≪ 치수 기입하기

[그림 1-32]에서 동일한 방법으로 그림과 같이 치수를 입력한다. 경사선 또는 직선에 수평구속을 주기 위해 Add Relations(구속조건 부가) 아이콘을 클릭한다. 그림과 같이 대상물을 클릭한 다음 Horizontal(수평) 아이콘을 클릭하고 체크 버튼을 클릭한다.

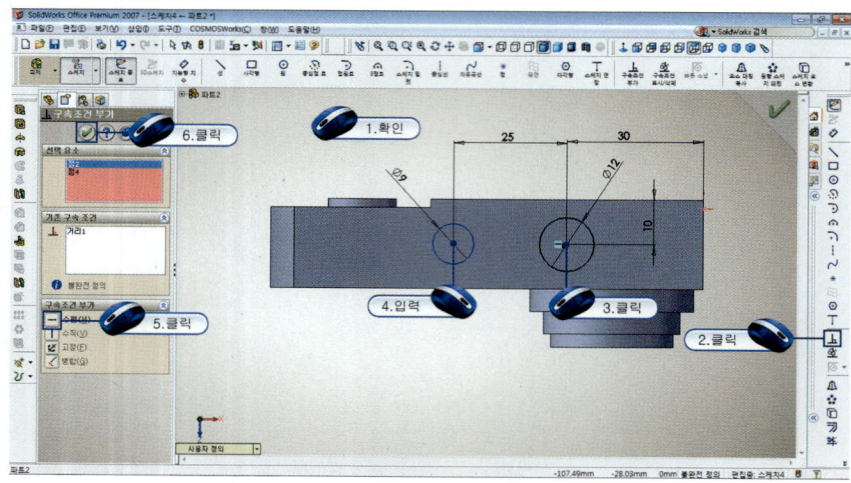

그림 1-33 ≪ 수평 구속조건 주기

[그림 1-33]에서 스케치에 방향을 지정하고 두께 값을 부여하여 Feature(피처)를 생성하기 위해 Features(피처) 도구모음에서 Extruded Boss/Base(돌출 보스/베이스) 아이콘을 클릭한 다음 스케치를 클릭한다. 거리 값에 3을 입력한 다음 체크 버튼을 클릭한다. 등각 화면으로 보기 위해 Isometric(등각보기) 아이콘을 클릭한다.

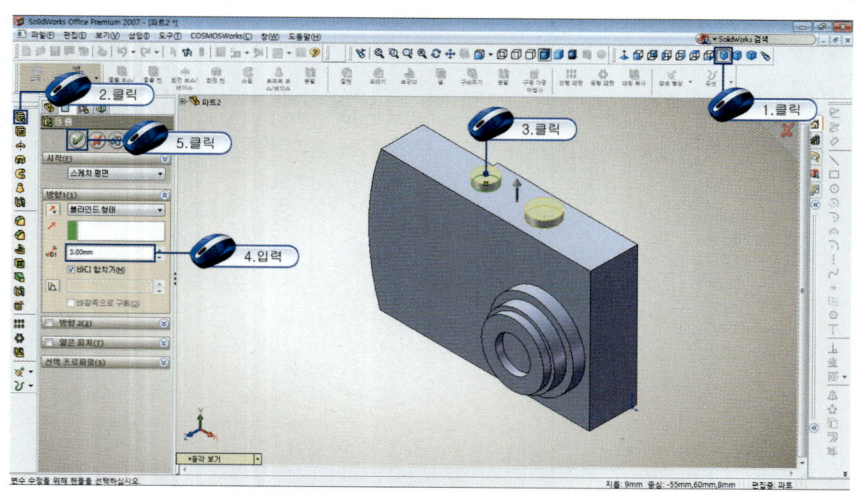

그림 1-33 ≪ 돌출하기

[그림 1-34]에서 디지털카메라 제품모형을 완성하였다.

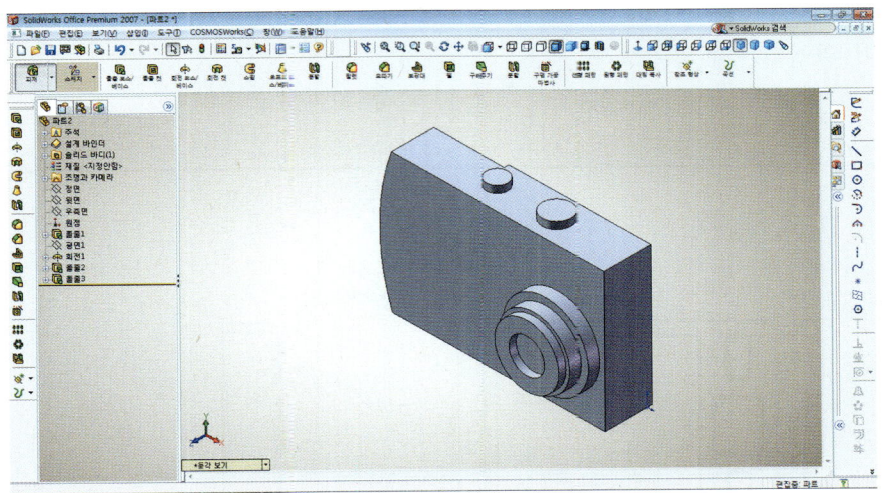

그림 1-34 ≪ 디지털카메라 제품모형 완성

3. 액정시계 제품모형 실기 따라하기

SolidWorks를 사용하여 액정시계 제품모형을 모델링하면서 기본적으로 어떤 과정을 거쳐 모델이 완성되는지 알아보자.

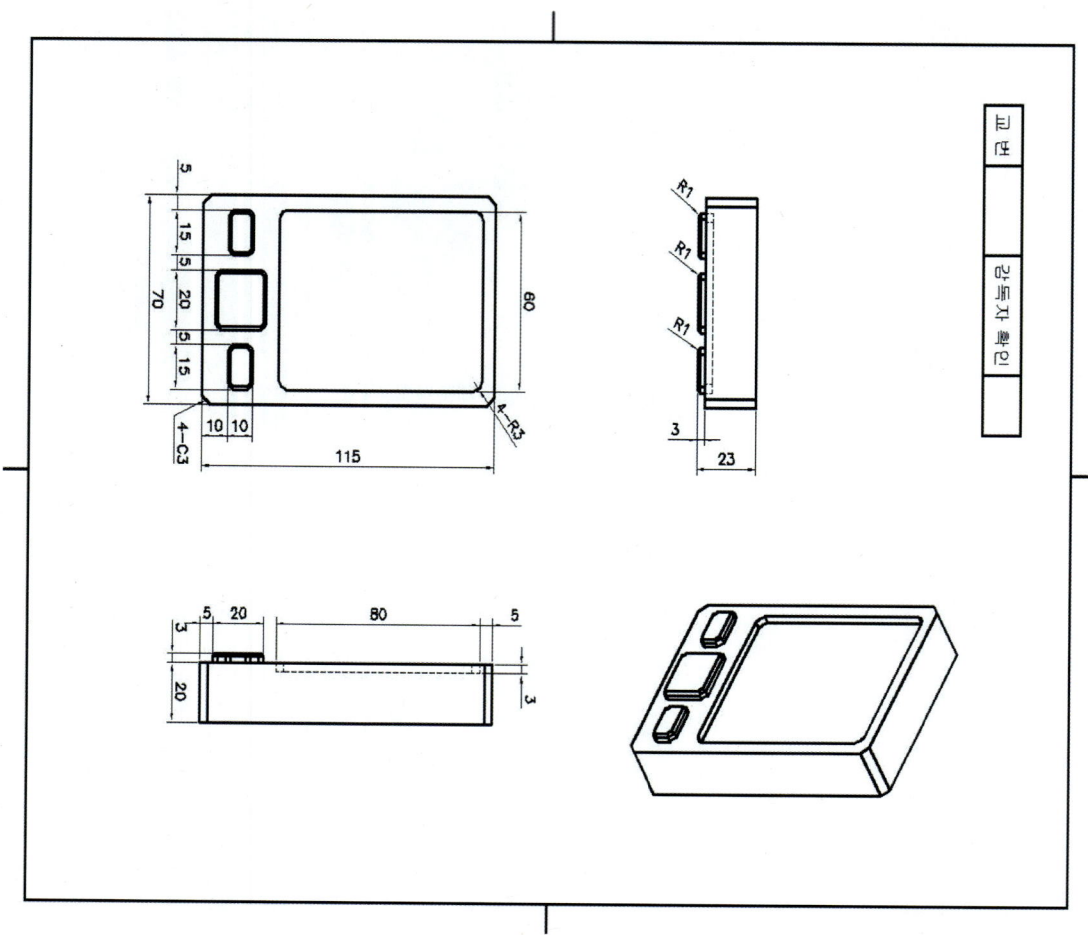

그림 1-35 《 액정시계 제품모형 도면

[그림 1-36]에서 새로운 모델링을 하기 위해 메뉴 표시줄의 File(파일) → New(새 문서)…를 클릭하거나 단축키로 키코드의 Ctrl+N을 누른다. 또는 Standard(표준) 도구모음의 New 아이콘을 클릭한다. 하나의 부품을 만들 것이므로 SolidWorks 새 문서 대화상자의 Part(파트)를 선택하고 확인버튼을 클릭한다. 새르운 스케치를 하기 위해 sketch(스케치) 아이콘을 클릭한 다음 정면을 클릭한다.

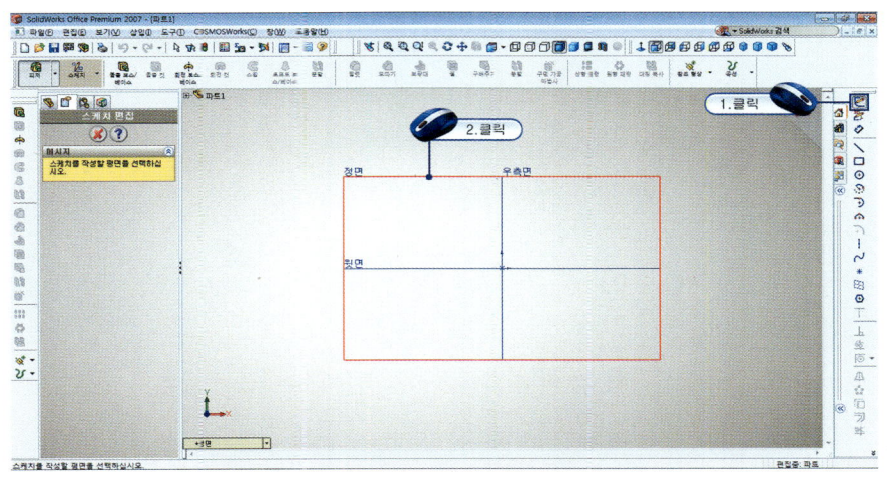

그림 1-36 《 스케치 시작하기

[그림 1-37]에서 두 점을 지정하여 사각형을 그리기 위해 Rectangle(사각형) 아이콘을 클릭한 다음 사각형의 첫 번째 구석을 클릭한 후 대각선 방향으로 두 번째 구석을 클릭한다.

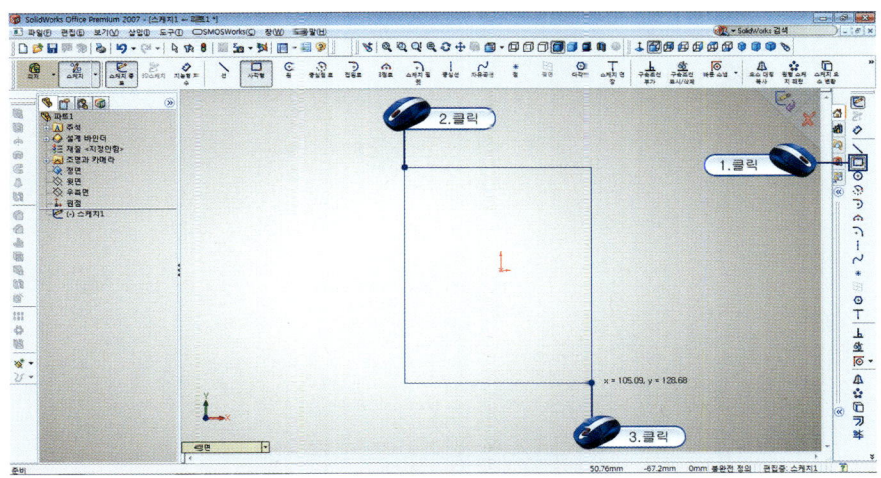

그림 1-37 《 사각형 그리기

[그림 1-38]에서 선을 그리기 위해 ↘Line(선) 아이콘을 클릭하고 옵션의 보조선을 선택한 다음 그림과 같이 선을 생성한다. 중심선으로 생성되었다. 체크 버튼을 클릭한다.

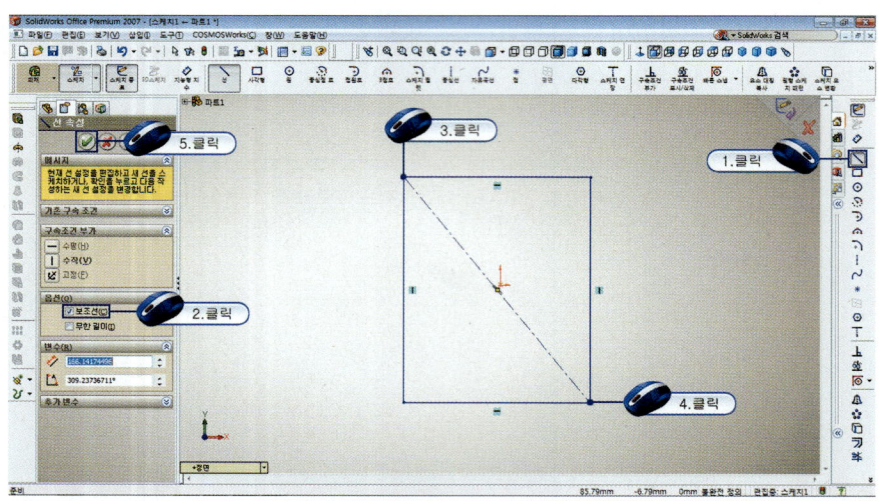

그림 1-38 《 선을 이용한 중심선 그리기

[그림 1-39]에서 2개의 선 또는 선과 점이 중간점에 위치하도록 하기 위해 ⊥Add Relations(구속조건 부가) 아이콘을 클릭한다. 그림과 같이 대상물을 클릭한 다음 ✎ Midpoint(중간점) 아이콘을 클릭한 다음 체크 버튼을 클릭한다.

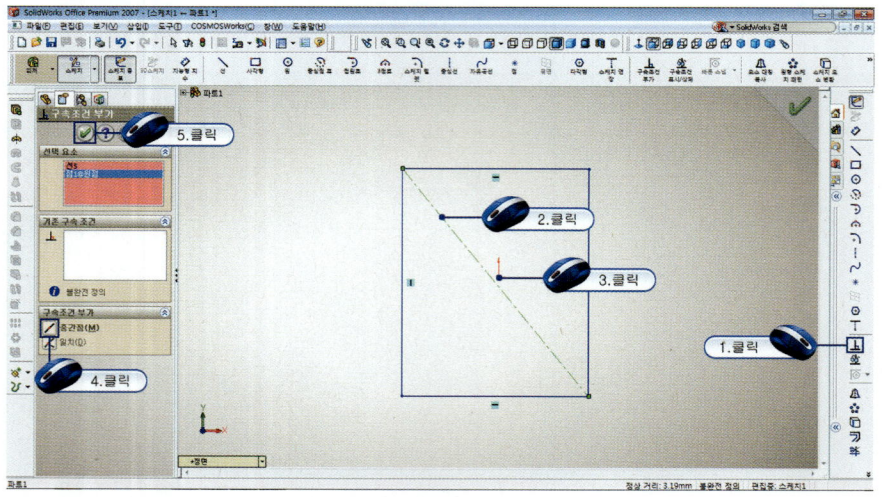

그림 1-39 《 중간점 구속조건 주기

[그림 1-40]에서 스케치에 치스 구속조건을 적용하기 위해 Smart Dimension(지능형 치수)을 클릭하고 대상물을 클릭한 다음 치수를 배치한다. 수정 창이 생성되면 70을 입력하고 체크 버튼을 클릭한다.

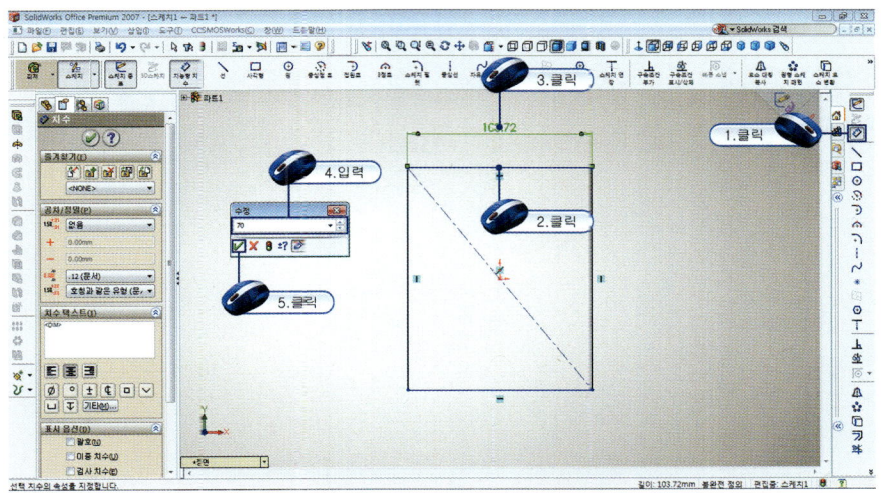

그림 1-40 « 치수 기입하기

[그림 1-41]에서 Smart Dimension(지능형 치수) 아이콘이 활성화되어 있다. 동일한 방법으로 대상물을 클릭한 다음 치수를 배치한다. 수정 창이 생성되면 115를 입력하고 체크 버튼을 클릭한다.

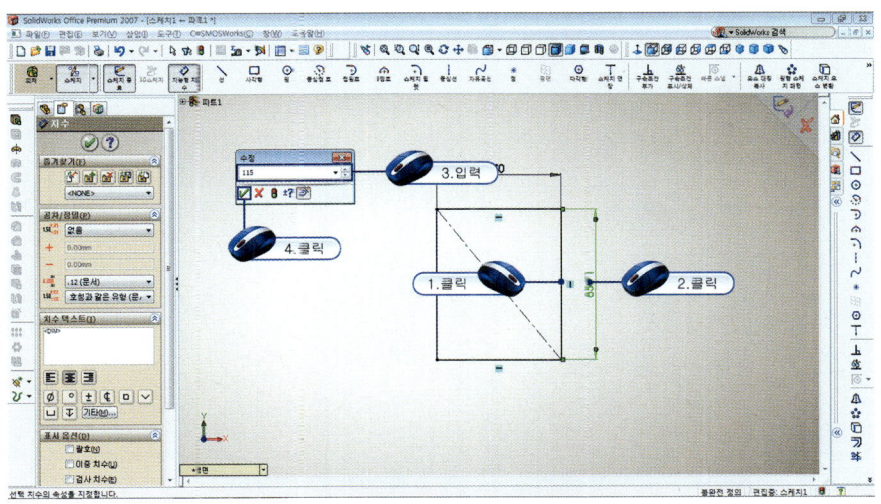

그림 1-41 « 치수 기입하기

[그림 1-42]에서 스케치를 종료하기 위해 sketch(스케치) 아이콘을 클릭하지 않아도 바로 Extruded Boss/Base(돌출 보스/베이스) 아이콘을 클릭하면 스케치는 자동으로 종료된다. 등각 화면으로 보기 위해 Isometric(등각보기) 아이콘을 클릭한다.

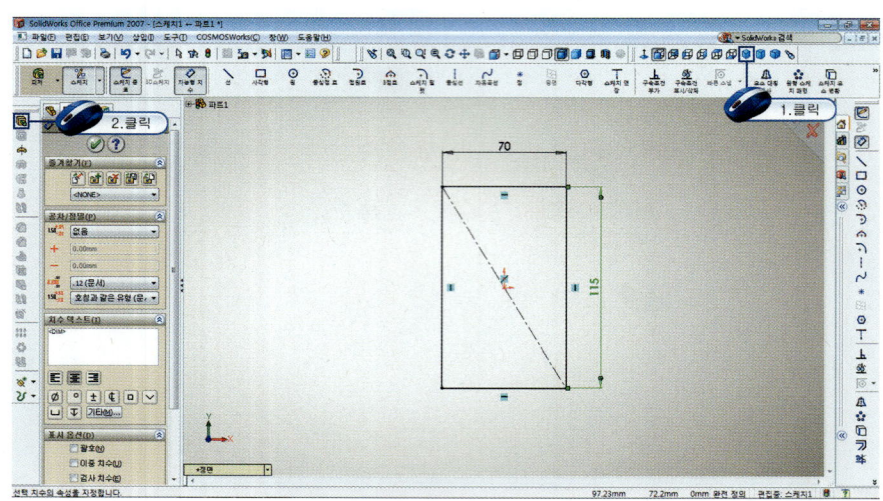

그림 1-42 《 스케치 종료하기

[그림 1-43]에서 스케치 대상물을 클릭한 다음 거리 값에 20을 입력한 다음 체크 버튼을 클릭한다.

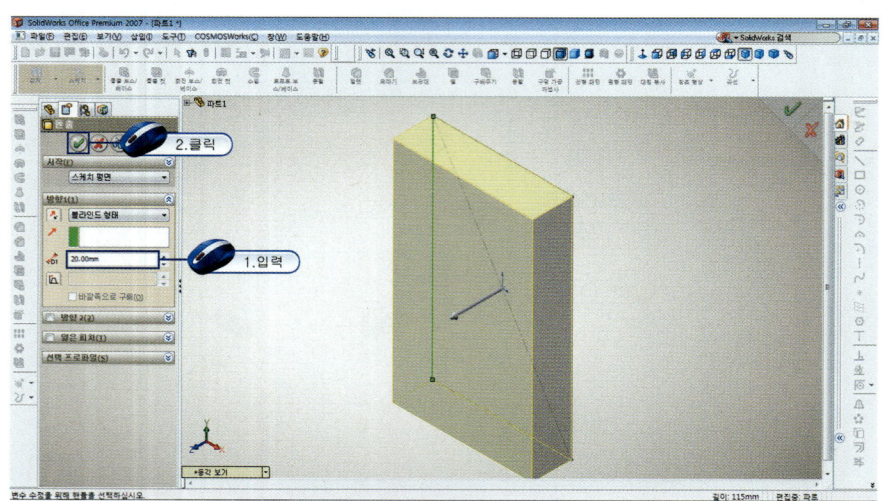

그림 1-43 《 돌출하기

[그림 1-44]에서 새로운 스케치를 하기 위해 ⓔsketch(스케치) 아이콘을 클릭한 다음 정면을 클릭한다. 작업평면을 수직으로 보기 위해 ↓Normal To(면에 수직으로 보기) 아이콘을 클릭한다.

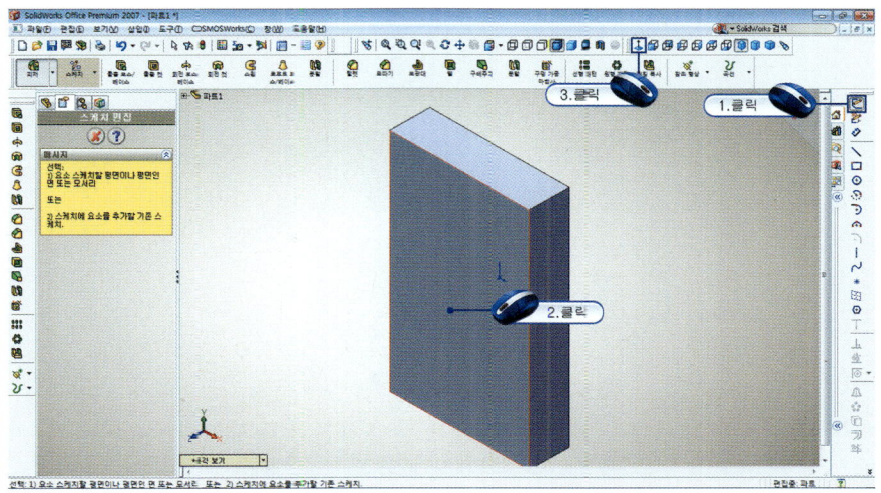

그림 1-44 « 스케치 시작하기

[그림 1-45]에서 두 점을 지정하여 사각형을 그리기 위해 ▭Rectangle(사각형) 아이콘을 클릭한 다음 사각형의 첫 번째 구석을 클릭한 후 대각선 방향으로 두 번째 구석을 클릭한다.

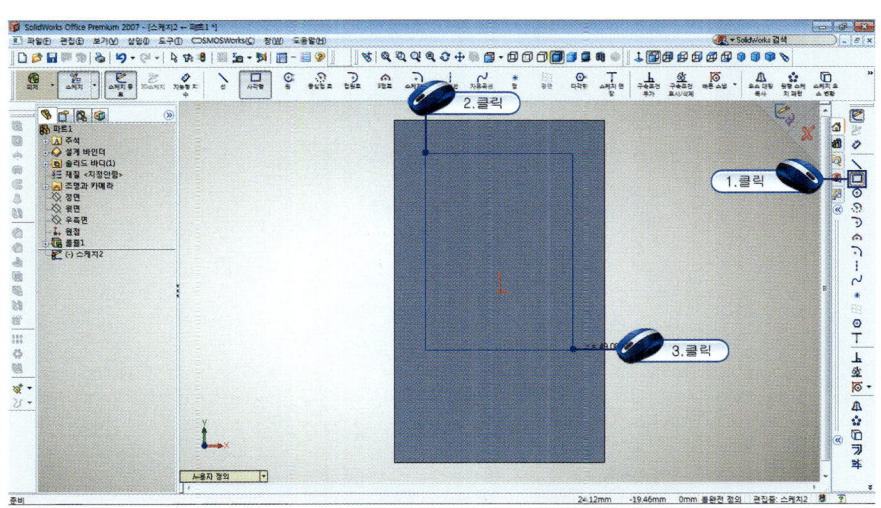

그림 1-45 « 사각형 그리기

|CHAPTER 01| 3D 모델링(SolidWorks) **53**

[그림 1-46]에서 스케치의 모서리를 라운딩하기 위해 Sketch Fillet(스케치 필렛) 아이콘을 클릭한 다음 필렛 변수 값 3을 입력한다.

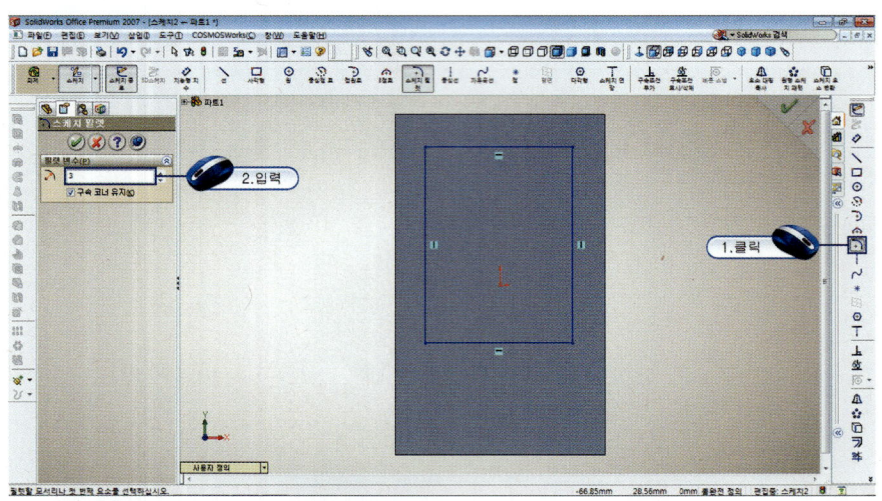

그림 1-46 ≪ 스케치 필렛 변수 값 설정

[그림 1-47]에서 그림과 같이 스케치의 모서리 4곳을 모두 그림과 같이 스케치 필렛을 적용한다. 스케치 필렛을 완료 하였으면 체크 버튼을 클릭한다.

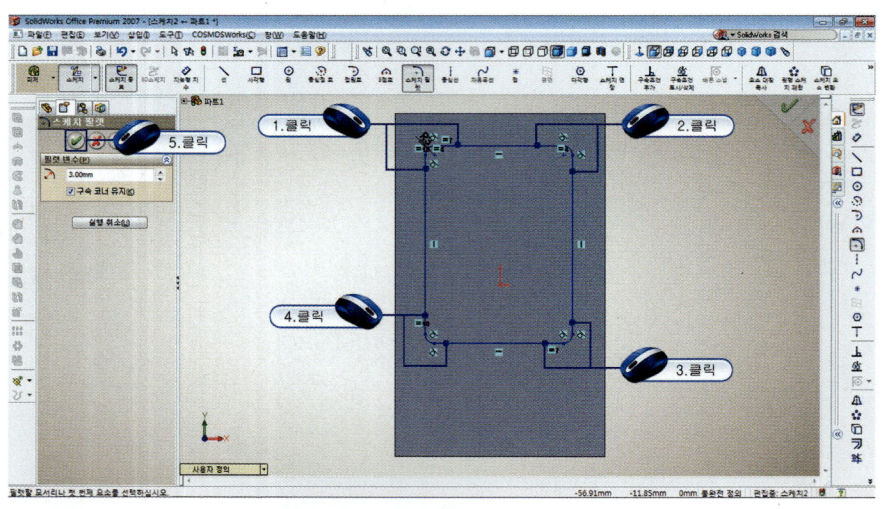

그림 1-47 ≪ 스케치 필렛하기

[그림 1-48]에서 그림과 같이 치수를 기입한다. 모든 치수기입과 구속조건을 끝마쳤다. 스케치를 종료하기 위해 sketch(스케치) 아이콘을 클릭한다. 등각 화면으로 보기 위해 Isometric(등각보기) 아이콘을 클릭한다.

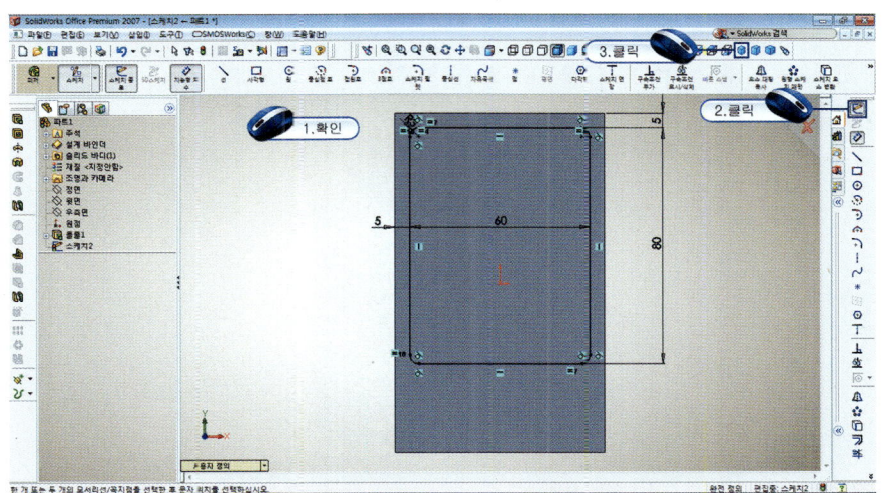

그림 1-48 « 치수 기입하기

[그림 1-49]에서 스케치에 방향을 지정해서 피처를 잘라내기 위해 Extruded Cut(돌출 컷) 아이콘을 클릭한 다음 스케치 대상물을 클릭한다.
거리 값에 3을 입력한 다음 체크 버튼을 클릭한다.

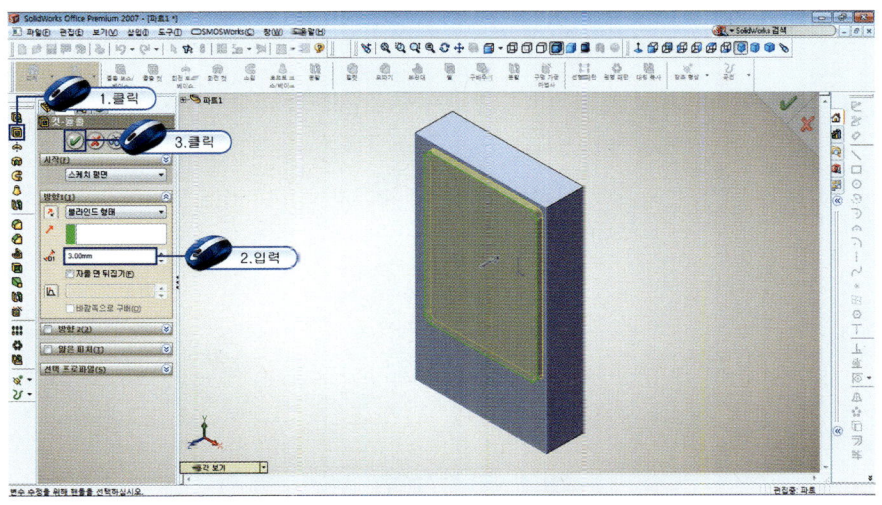

그림 1-49 « 돌출 컷하기

[그림 1-50]에서 새로운 스케치를 하기 위해 sketch(스케치) 아이콘을 클릭한 다음 정면을 클릭한다. 작업평면을 수직으로 보기 위해 Normal To(면에 수직으로 보기) 아이콘을 클릭한다.

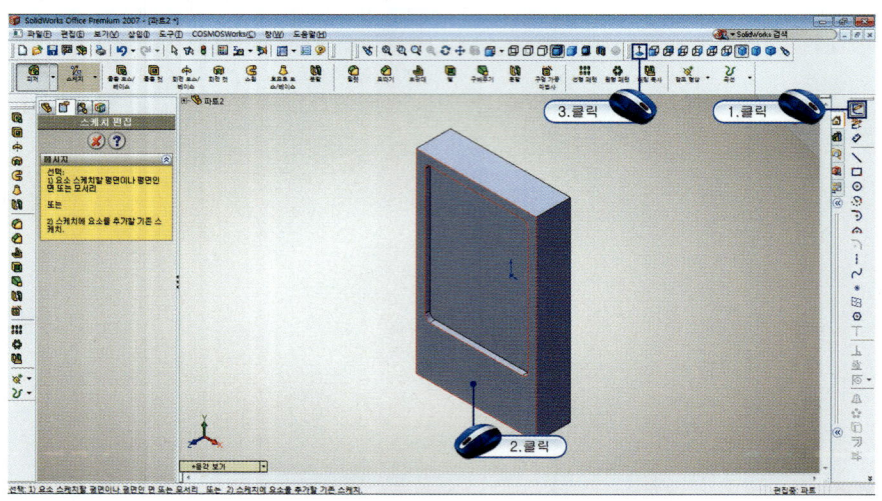

그림 1-50 《 스케치 시작하기

[그림 1-51]에서 두 점을 지정하여 사각형을 그리기 위해 Rectangle(사각형) 아이콘을 클릭한 다음 그림과 같이 사각형 3개를 그린다.

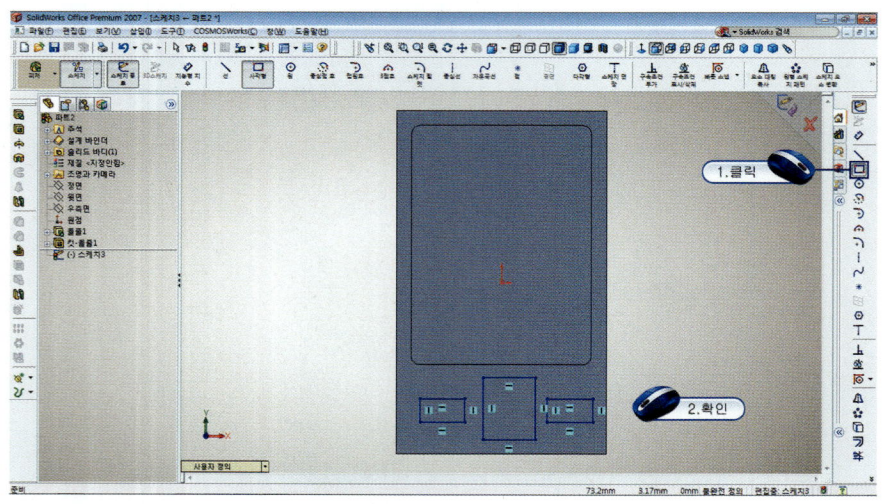

그림 1-51 《 사각형 그리기

[그림 1-52]에서 중심선을 그리기 위해 ┆Centerline(중심선) 아이콘을 클릭한 다음 대상물의 중심점과 원점을 클릭한다.

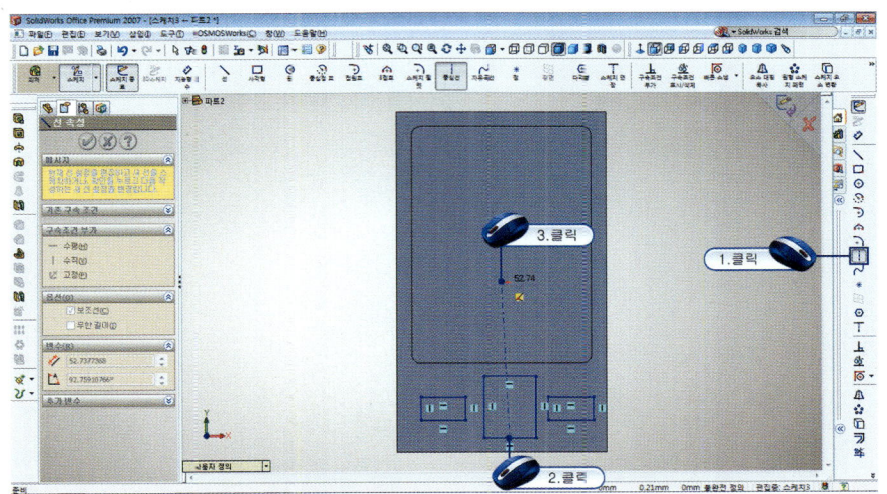

그림 1-52 《 중심선 그리기

[그림 1-53]에서 중심선 아이콘을 종료하기 위해 마우스 오른쪽 버튼을 클릭하고 선택을 클릭한다.

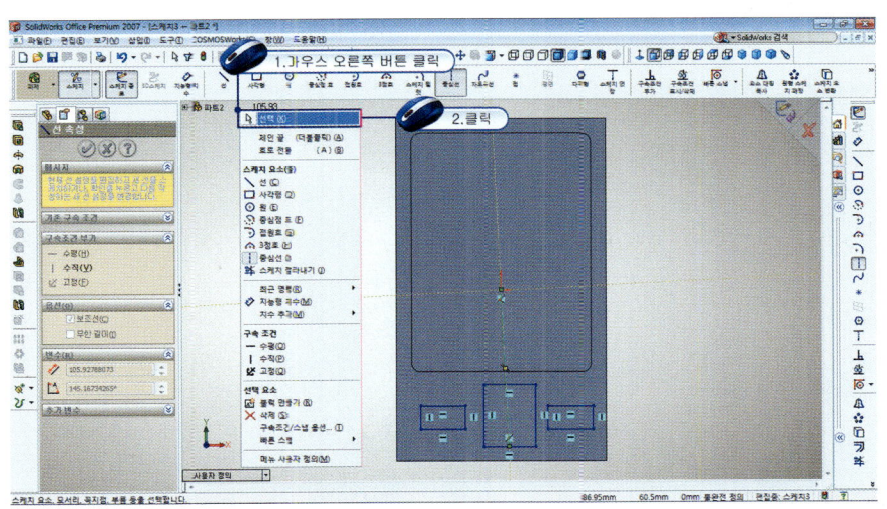

그림 1-53 《 중심선 종료하기

[그림 1-54]에서 경사선 또는 직선을 수직 구속을 주기 위해 ⊥Add Relations(구속조건 부가) 아이콘을 클릭한다. 그림과 같이 대상물을 클릭한 다음 |Vertical(수직) 아이콘을 클릭한다.

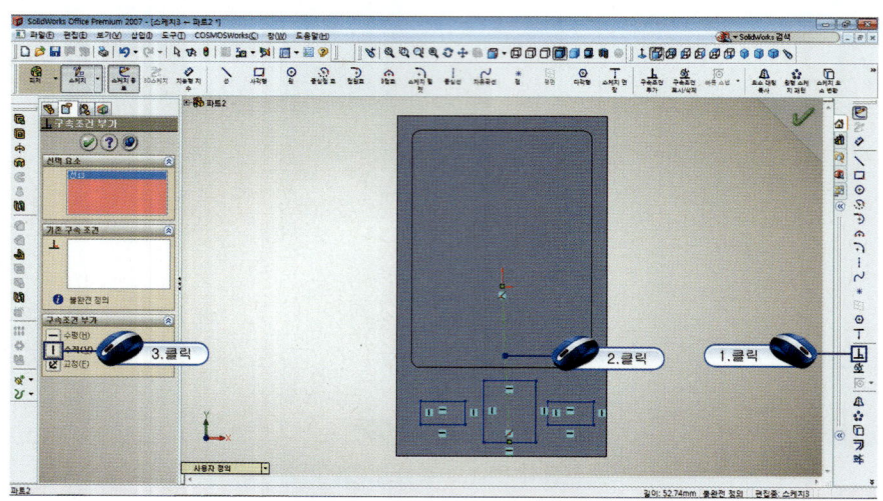

그림 1-54 ≪ 수직 구속조건 주기

[그림 1-55]에서 그림과 같이 대상물을 클릭한 다음 ✎Collinear(동일선상) 아이콘을 클릭한다. 계속해서 =Equal(동등) 아이콘을 클릭한다.

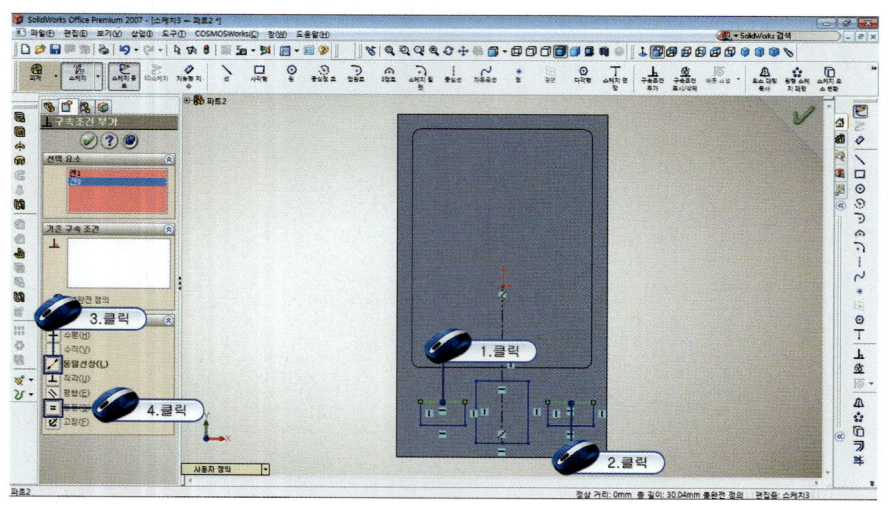

그림 1-55 ≪ 동일선상과 동등 구속조건 주기

[그림 1-56]에서 2개의 선을 동일한 선상에 위치하도록 하기 위해 대상물을 클릭한 다음 Collinear(동일선상) 아이콘을 클릭한 후 체크 버튼을 클릭한다.

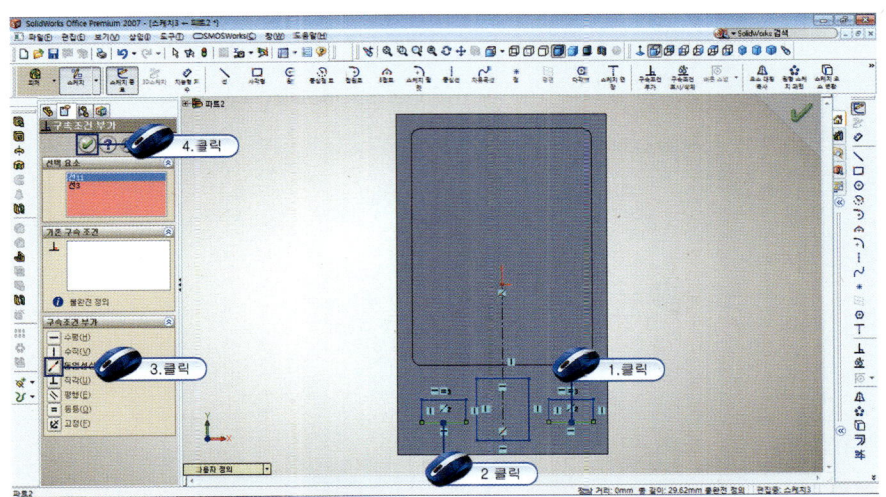

그림 1-56 « 동일선상 구속조건 주기

[그림 1-57]에서 그림과 같이 치수를 기입한다. 모든 치수기입과 구속조건을 끝마쳤다. 스케치를 종료하기 위해 sketch(스케치) 아이콘을 클릭한다. 등각 화면으로 보기 위해 Isometric(등각보기) 아이콘을 클릭한다.

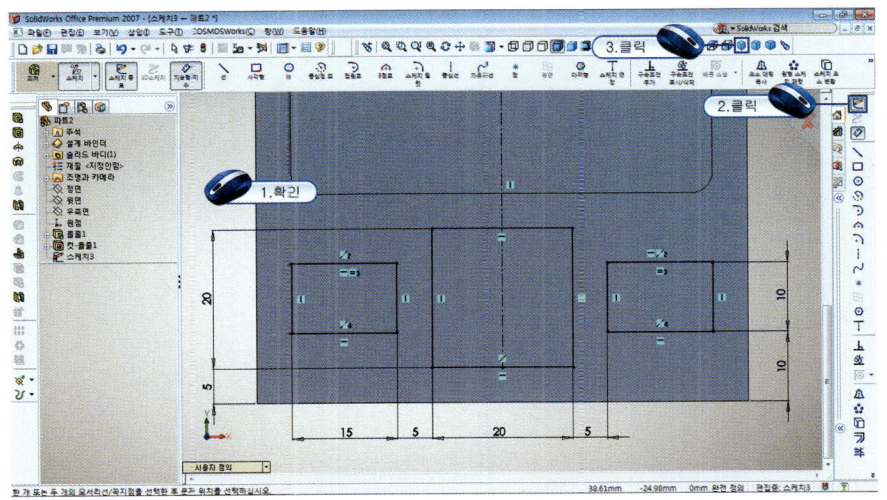

그림 1-57 « 치수 기입하기

[그림 1-58]에서 스케치에 방향을 지정하고 두께 값을 부여하여 Feature(피처)를 생성하기 위해 Features(피처) 도구모음에서 Extruded Boss/Base(돌출 보스/베이스) 아이콘을 클릭한 다음 스케치를 클릭한다. 거리 값에 3을 입력한 다음 체크 버튼을 클릭한다.

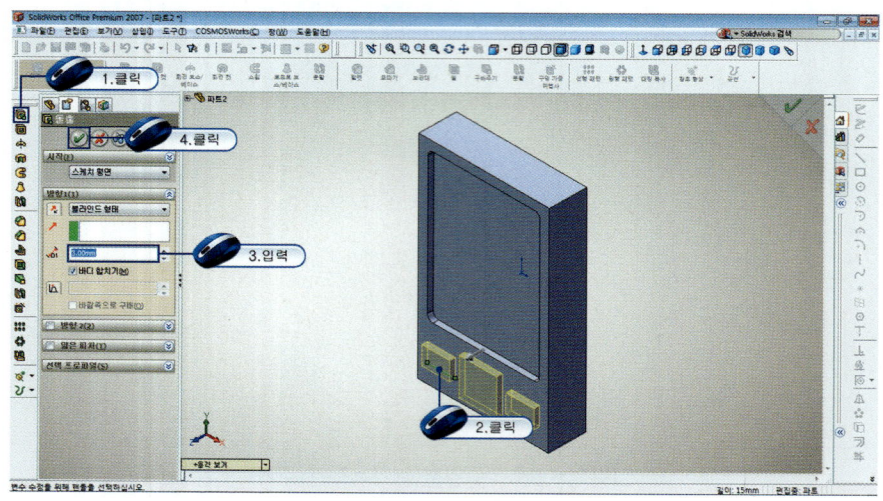

그림 1-58 《 돌출하기

[그림 1-59]에서 숨은 모서리 선을 표시하기 위해 Hidden Lines Visible(은선 표시) 아이콘을 클릭한다. 상자를 그려 부분을 확대하기 위해 영역확대 아이콘을 클릭한 다음 그림과 같이 사각형을 그린다.

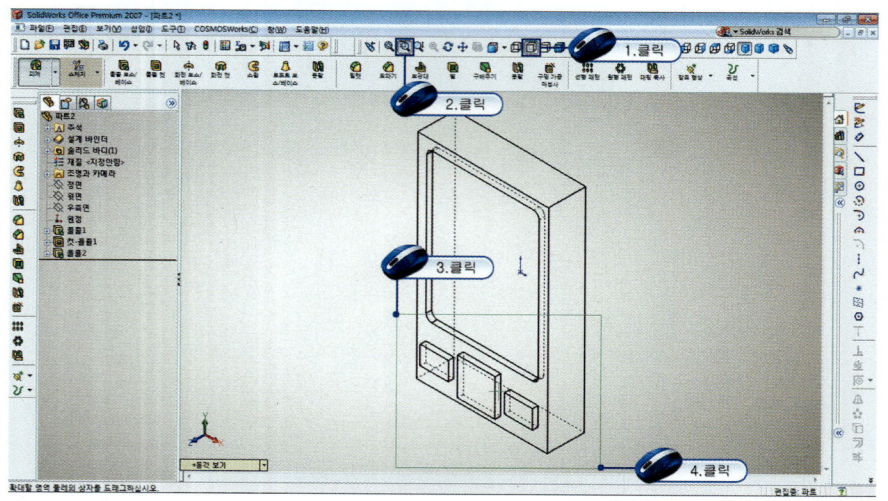

그림 1-59 《 영역 확대하기

[그림 1-60]에서 모서리를 따라 안쪽 면이나 바깥쪽 면에 둥근 필렛을 생성하기 위해 Fillet(필렛) 아이콘을 클릭한다. 필렛 값 2를 입력한 다음 그림과 같이 모서리를 클릭한다.

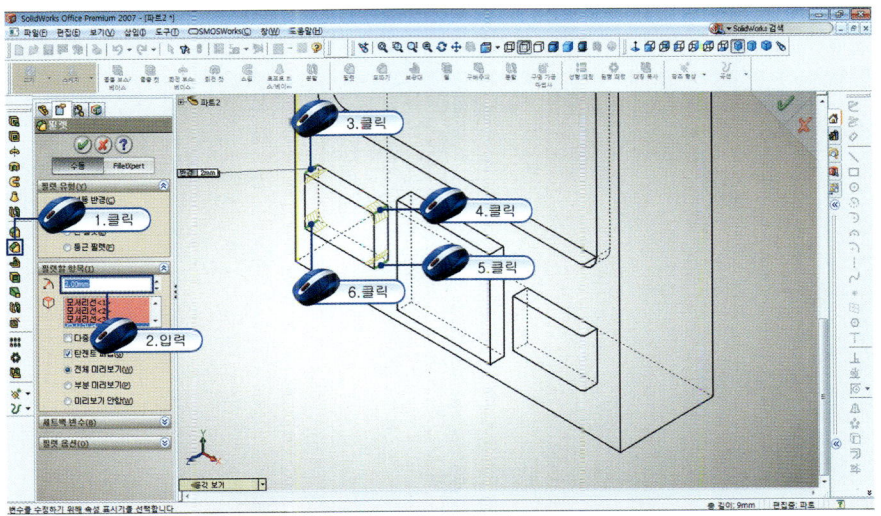

그림 1-60 《 필렛 값 입력하기

[그림 1-61]에서 동일한 방법으로 그림과 같이 필렛할 대상물을 모두 클릭한 다음 체크 버튼을 클릭한다.

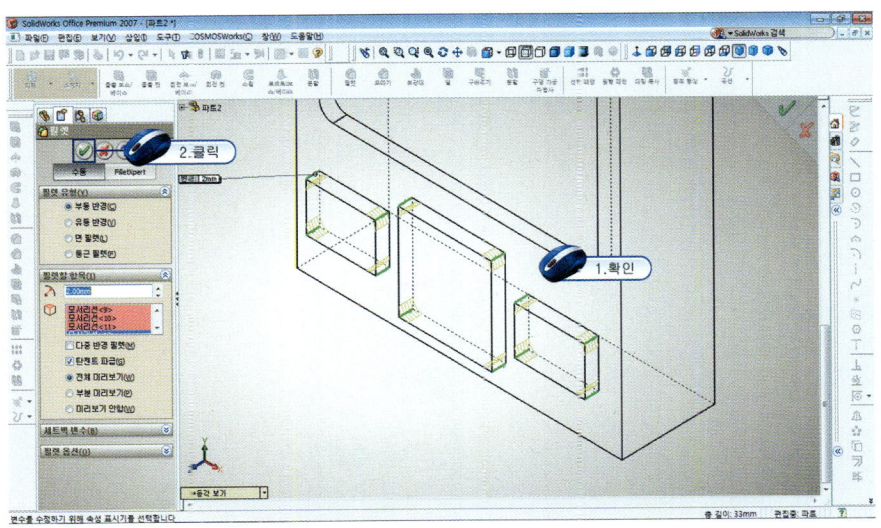

그림 1-61 《 필렛하기

[그림 1-62]에서 모서리나 인접해 있는 모서리를 또는 꼭짓점을 떼어내기 위해 Chamfer(모따기) 아이콘을 클릭한 다음 모따기 값 3을 입력한다. 그림과 같이 모따기 할 대상물의 모서리를 클릭한 다음 체크 버튼을 클릭한다.

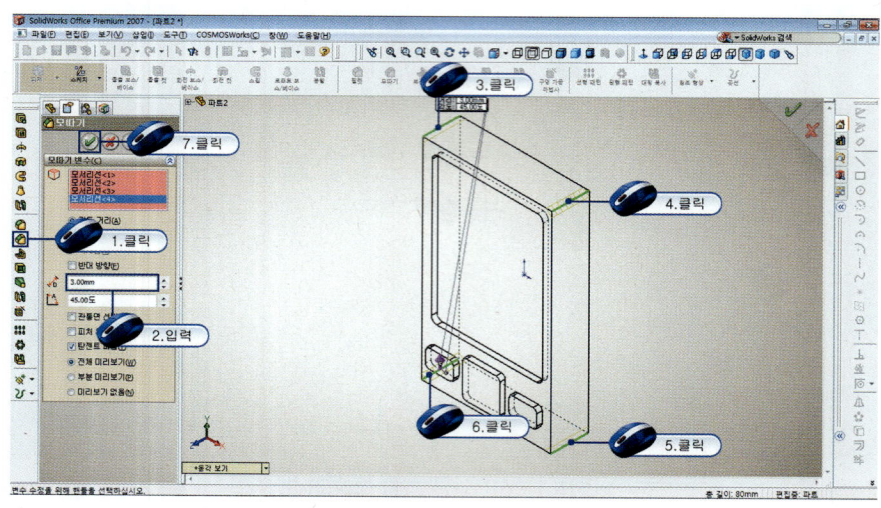

그림 1-62 《 모따기하기

[그림 1-63]에서 모서리를 따라 안쪽 면이나 바깥쪽 면에 둥근 필렛을 생성하기 위해 Fillet(필렛) 아이콘을 클릭한다. 필렛 값 1을 입력한 다음 그림과 같이 모서리를 클릭한 후 체크 버튼을 클릭한다.

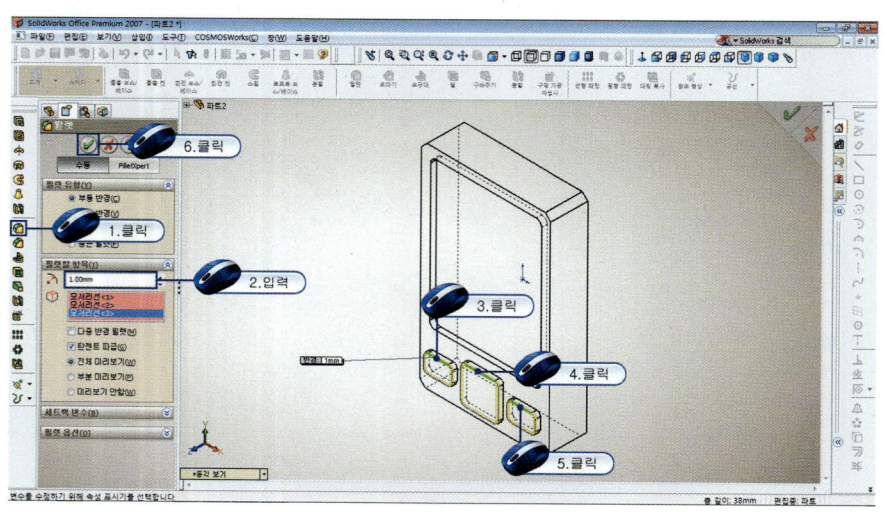

그림 1-63 《 필렛하기

[그림 1-64]에서 모델을 모서리선 표시 상태의 음영 뷰로 표시하기 위해 모서리 표시 음영 아이콘을 클릭한다.

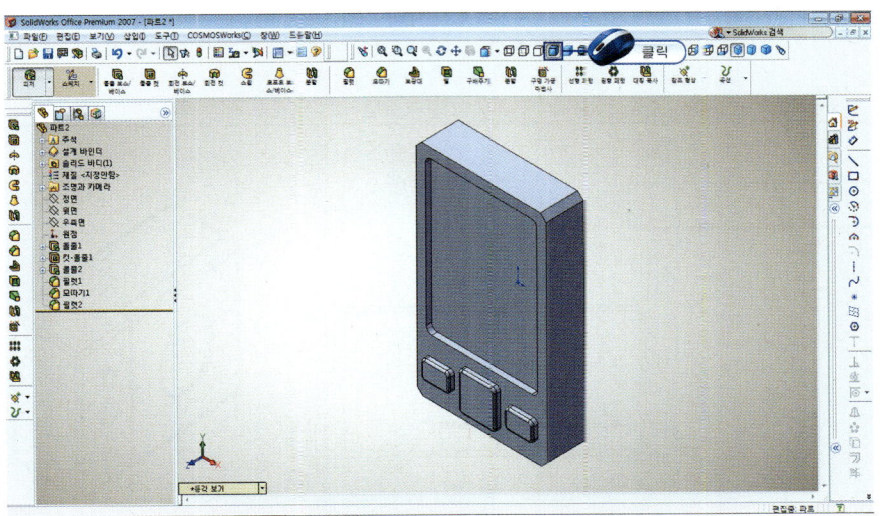

그림 1-64 《 모서리 표시 음영 실행

[그림 1-65]에서 액정시계 제품모형을 완성하였다.

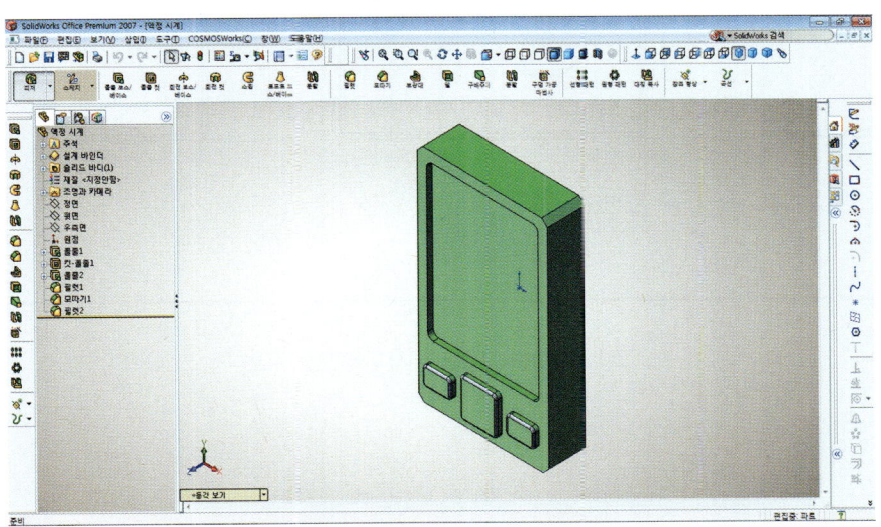

그림 1-65 《 액정시계 제품모형 완성

4. 전자레인지 제품모형 실기 따라하기

SolidWorks를 사용하여 전자레인지 제품모형을 모델링하면서 기본적으로 어떤 과정을 거쳐 모델이 완성되는지 알아보자.

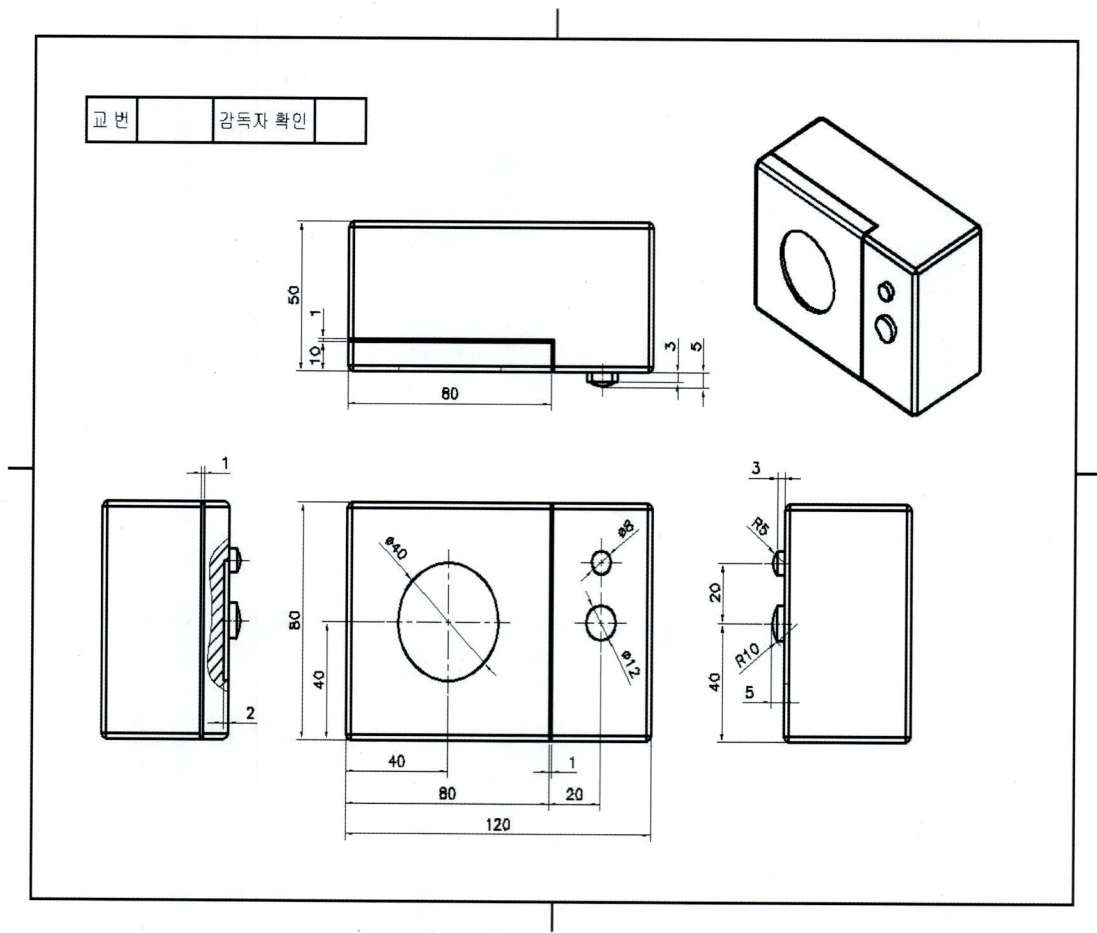

그림 1-66 « 전자레인지 제품모형 도면

[그림 1-67]에서 새로운 모델링을 하기 위해 메뉴 표시줄의 File(파일)→New(새 문서)…를 클릭하거나 단축키로 키보드의 Ctrl+N을 누른다. 또는 Standard(표준) 도구모음의 ▯New 아이콘을 클릭한다. 하나의 부품을 만들 것이므로 SolidWorks 새 문서 대화상자의 Part(파트)를 선택하고 확인 버튼을 클릭한다. 새로운 스케치를 하기 위해 ✎ sketch(스케치) 아이콘을 클릭한 다음 윗면을 클릭한다.

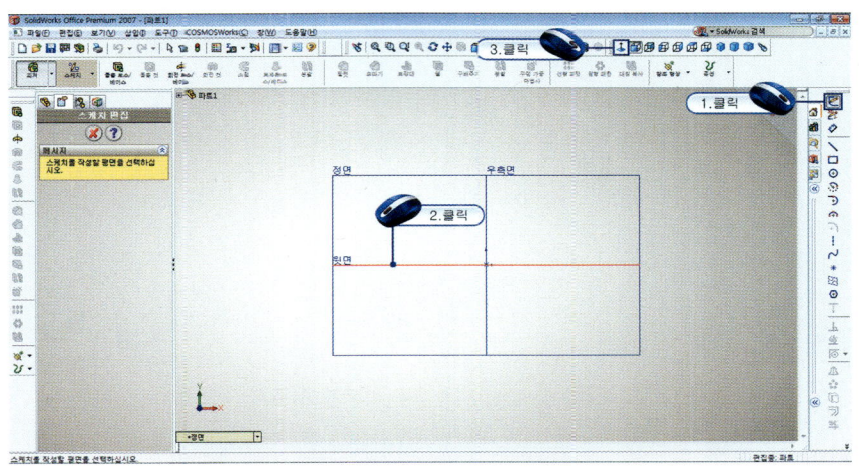

그림 1-67 « 스케치 시작하기

[그림 1-68]에서 두 점을 지정하여 사각형을 그리기 위해 ▢Rectangle(사각형) 아이콘을 클릭한 다음 사각형의 첫 번째 구석을 클릭한 후 대각선 방향으로 두 번째 구석을 클릭한다. 계속해서 동일한 방법으로 두 점을 지정하여 사각형을 그린다.

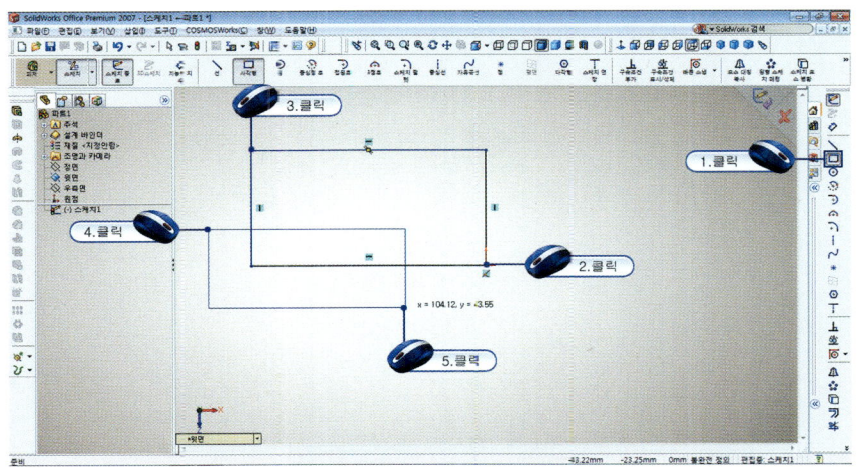

그림 1-68 « 사각형 그리기

[그림 1-69]에서 스케치 대상물의 일부분을 자르기 위해 Trim(잘라내기) 아이콘을 클릭하고 자를 대상물을 드래그한 다음 그림과 같이 자른 후 체크 버튼을 클릭한다.

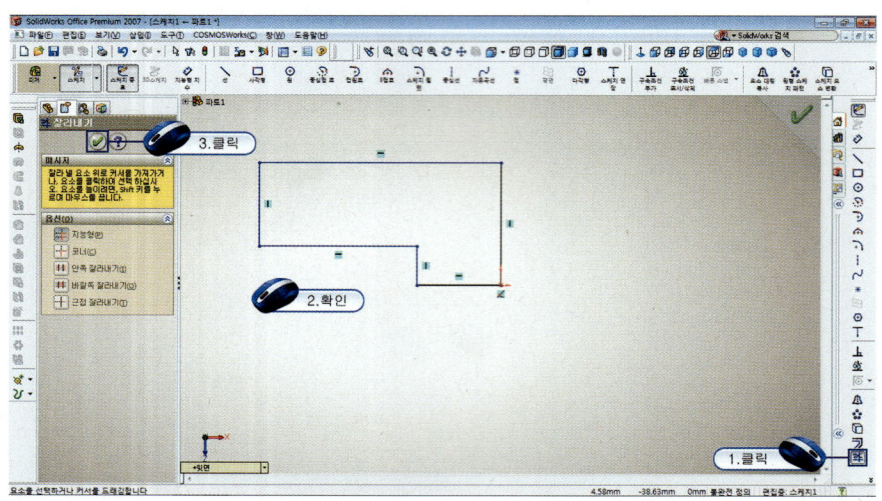

그림 1-69 « 대상물 일부분 자르기

[그림 1-70]에서 스케치에 치수 구속조건을 적용하기 위해 Smart Dimension(지능형 치수)을 클릭하고 대상물을 클릭한 다음 치수를 배치한다. 수정 창이 생성되면 120을 입력하고 체크 버튼을 클릭한다.

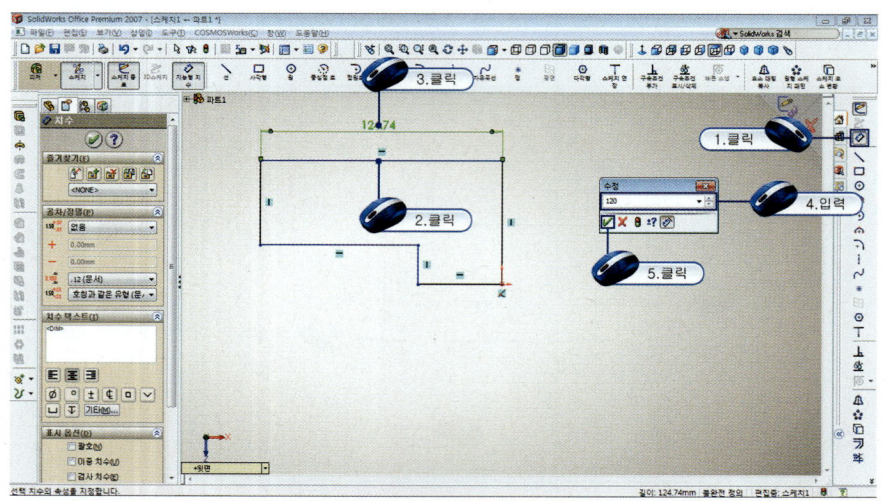

그림 1-70 « 치수 기입하기

[그림 1-71]에서 위와 동일한 방법으로 대상물을 클릭한 다음 치수를 배치한다. 수정 창이 생성되면 50을 입력하고 체크 버튼을 클릭한다.

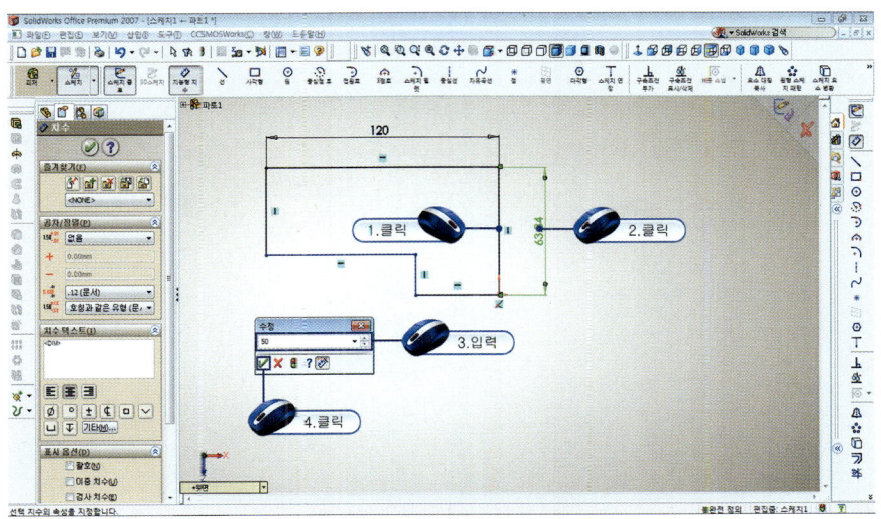

그림 1-71 « 치수 기입하기

[그림 1-72]에서 동일한 방법으로 대상물을 클릭한 다음 치수를 배치한다. 수정 창이 생성되면 81을 입력하고 체크 버튼을 클릭한다.

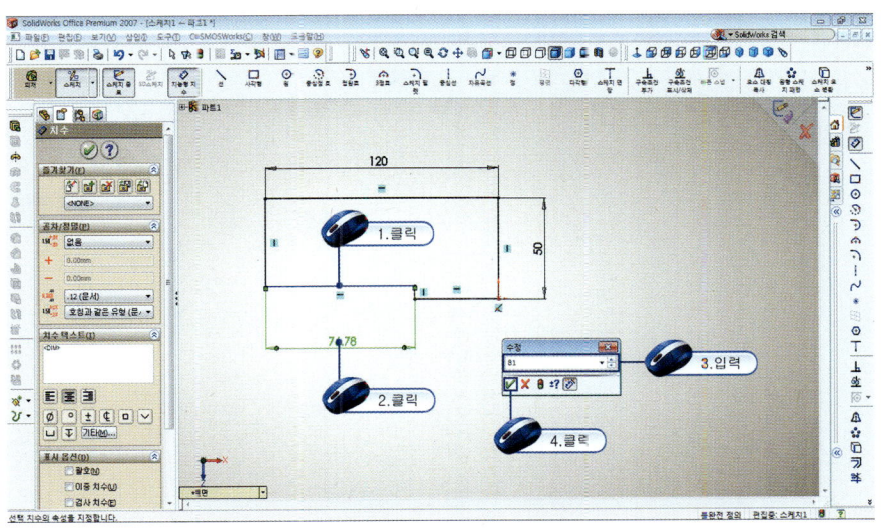

그림 1-72 « 치수 기입하기

[그림 1-73]에서 동일한 방법으로 대상물을 클릭한 다음 치수 배치한다. 수정 창이 생성되면 11을 입력하고 체크 버튼을 클릭한다.

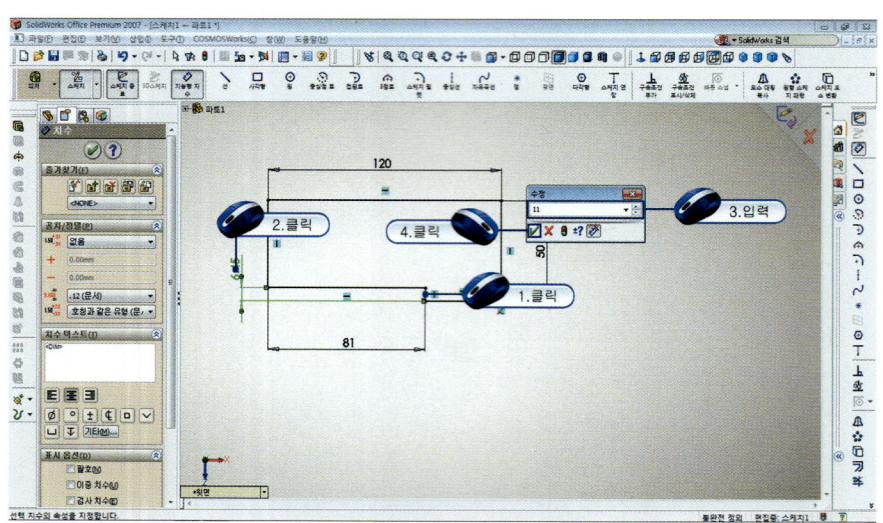

그림 1-73 « 치수 기입하기

[그림 1-74]에서 스케치를 종료하기 위해 sketch(스케치) 아이콘을 클릭하지 않아도 바로 Extruded Boss/Base(돌출 보스/베이스) 아이콘을 클릭하면 스케치는 자동으로 종료된다. 등각 화면으로 보기 위해 Isometric(등각보기) 아이콘을 클릭한다.

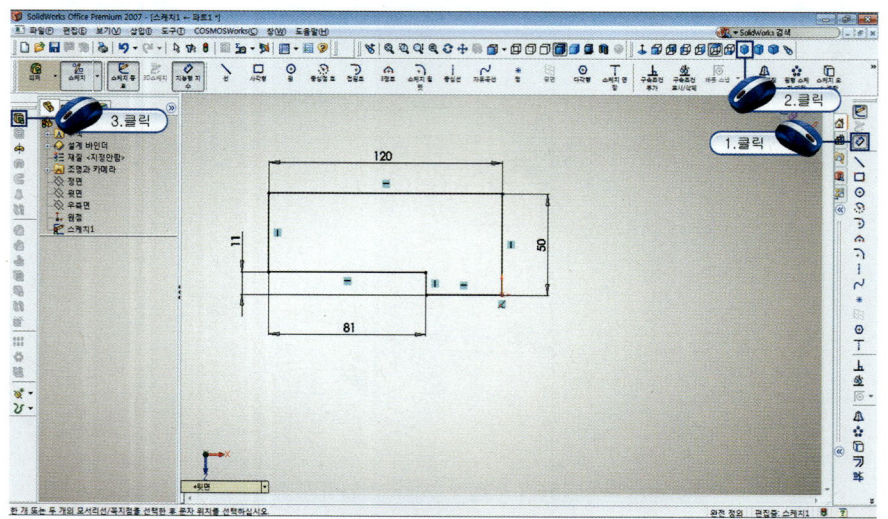

그림 1-74 « 스케치 종료하기

[그림 1-75]에서 스케치 대상물을 클릭한 다음 방향 2를 체크한다. 방향 1 거리 값에 40을 입력한 다음 동일한 방법으로 방향 2 거리 값 40을 입력한 후 체크 버튼을 클릭한다.

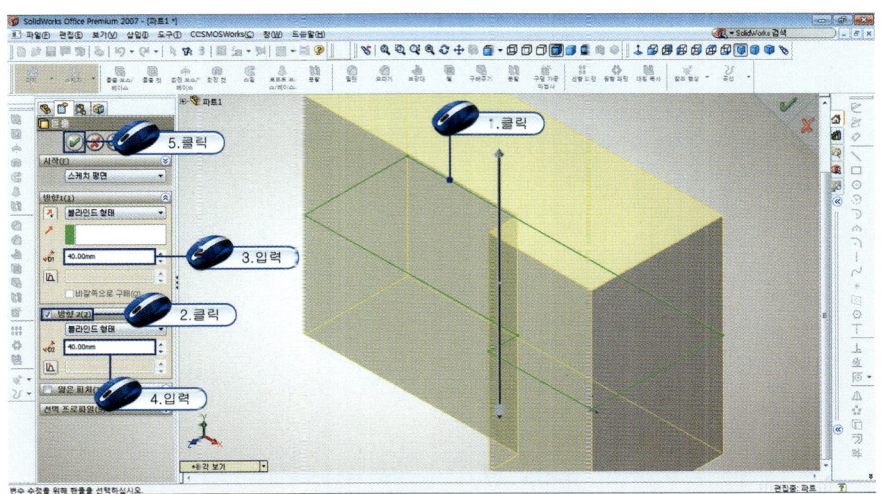

그림 1-75 « 돌출하기

[그림 1-76]에서 새로운 스케치를 하기 위해 sketch(스케치) 아이콘을 클릭한 다음 정면을 클릭한다. 작업평면을 수직으로 보기 위해 Normal To(면에 수직으로 보기) 아이콘을 클릭한다.

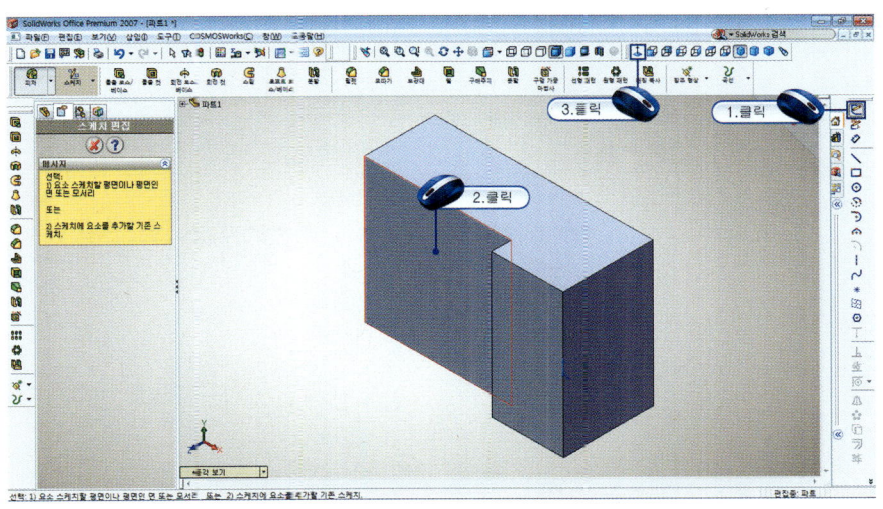

그림 1-76 « 스케치 시작하기

[그림 1-77]에서 두 점을 지정하여 사각형을 그리기 위해 ☐Rectangle(사각형) 아이콘을 클릭한 다음 사각형의 첫 번째 구석을 클릭한 후 대각선 방향으로 두 번째 구석을 클릭한다.

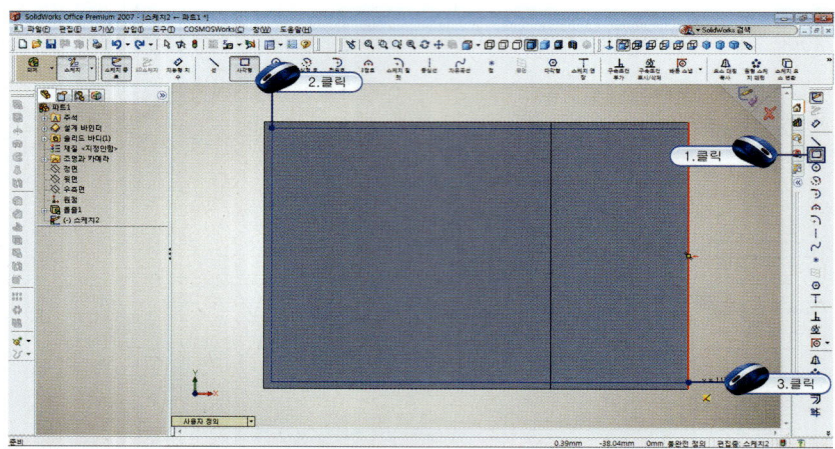

그림 1-77 《 사각형 그리기

[그림 1-78]에서 스케치에 치수 구속조건을 적용하기 위해 ◇Smart Dimension(지능형 치수)을 클릭하고 대상물을 클릭한 다음 치수를 배치한다. 수정 창이 생성되면 1을 입력하고 체크 버튼을 클릭한다. 동일한 방법으로 그림과 같이 치수를 기입한다. 스케치를 종료하기 위해 ✐sketch(스케치) 아이콘을 클릭하지 않아도 바로 ▣Extruded Boss/Base(돌출 보스/베이스) 아이콘을 클릭하면 스케치는 자동으로 종료된다. 등각 화면으로 보기 위해 ▣Isometric(등각보기) 아이콘을 클릭한다.

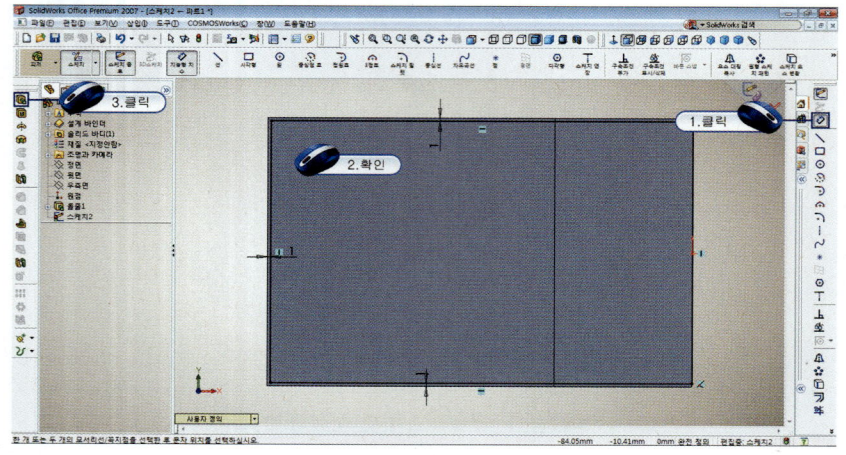

그림 1-78 《 치수 기입하기

[그림 1-79]에서 거리 값에 10을 입력한 다음 체크 버튼을 클릭한다.

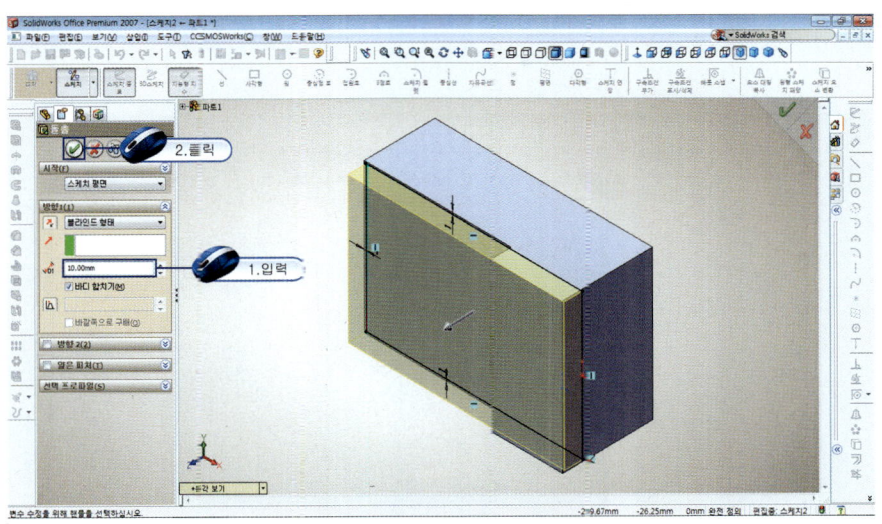

그림 1-79 《 돌출하기

[그림 1-80]에서 새로운 스케치를 하기 위해 sketch(스케치) 아이콘을 클릭한 다음 정면을 클릭한다. 작업평면을 수직으로 보기 위해 Normal To(면에 수직으로 보기) 아이콘을 클릭한다.

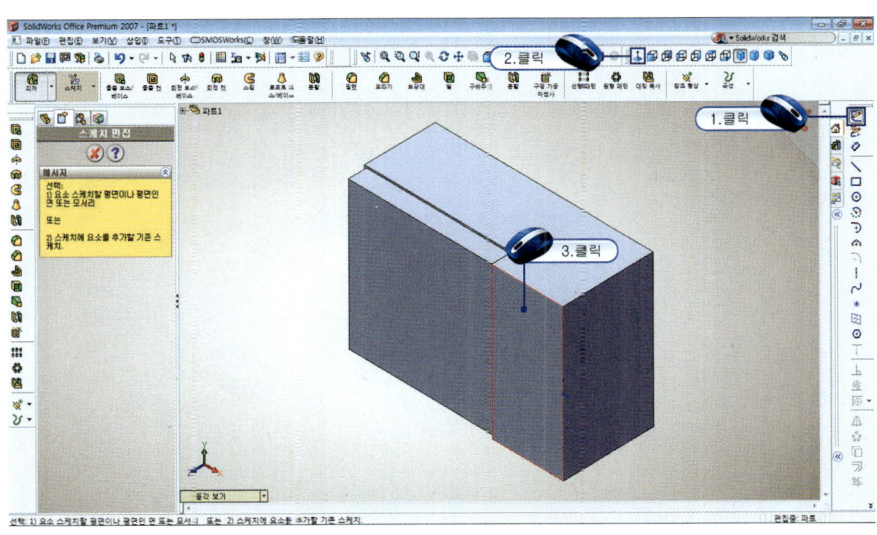

그림 1-80 《 스케치 시작하기

[그림 1-81]에서 두 점을 지정하여 사각형을 그리기 위해 ▭Rectangle(사각형) 아이콘을 클릭한 다음 사각형의 첫 번째 구석을 클릭한 후 대각선 방향으로 두 번째 구석을 클릭한다.

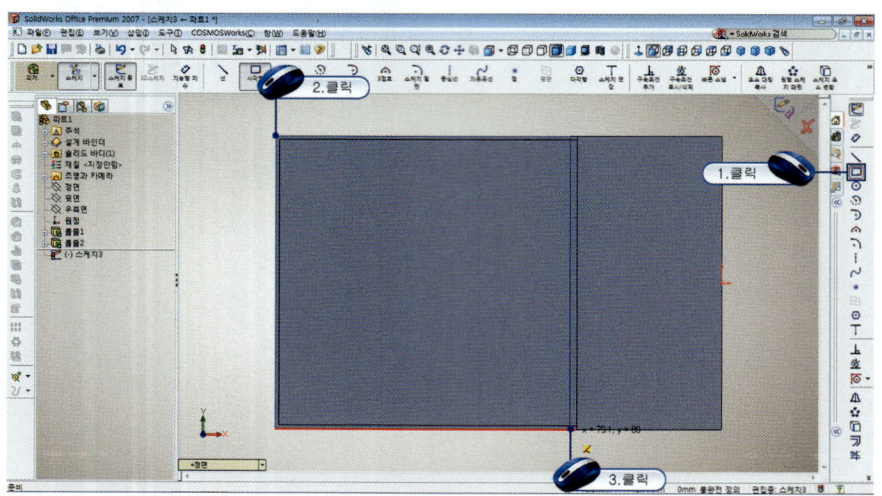

그림 1-81 ≪ 사각형 그리기

[그림 1-82]에서 스케치에 치수 구속조건을 적용하기 위해 ◈Smart Dimension(지능형 치수)을 클릭하고 대상물을 클릭한 다음 치수를 배치한다. 수정 창이 생성되면 1을 입력하고 체크 버튼을 클릭한다.

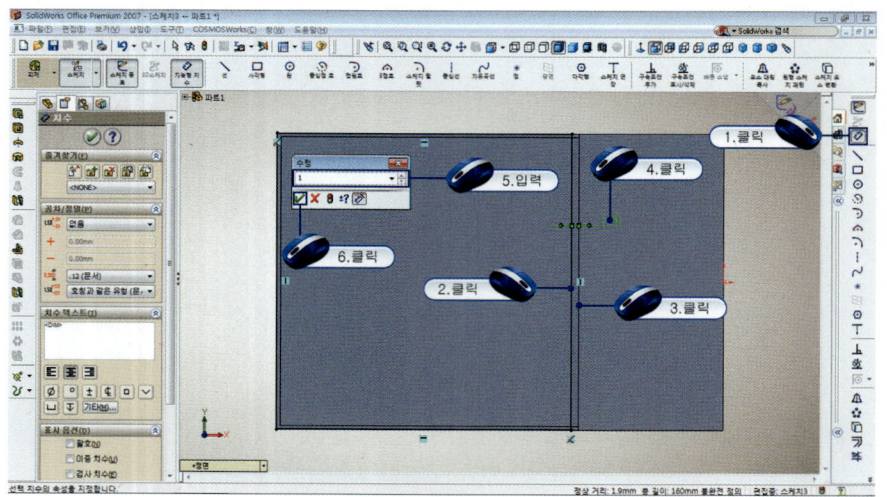

그림 1-82 ≪ 치수 기입하기

[그림 1-83]에서 스케치를 종료하기 위해 sketch(스케치) 아이콘을 클릭하지 않아도 바로 Extruded Boss/Base(돌출 보스/베이스) 아이콘을 클릭하면 스케치는 자동으로 종료된다. 등각 화면으로 보기 위해 Isometric(등각보기) 아이콘을 클릭한다.

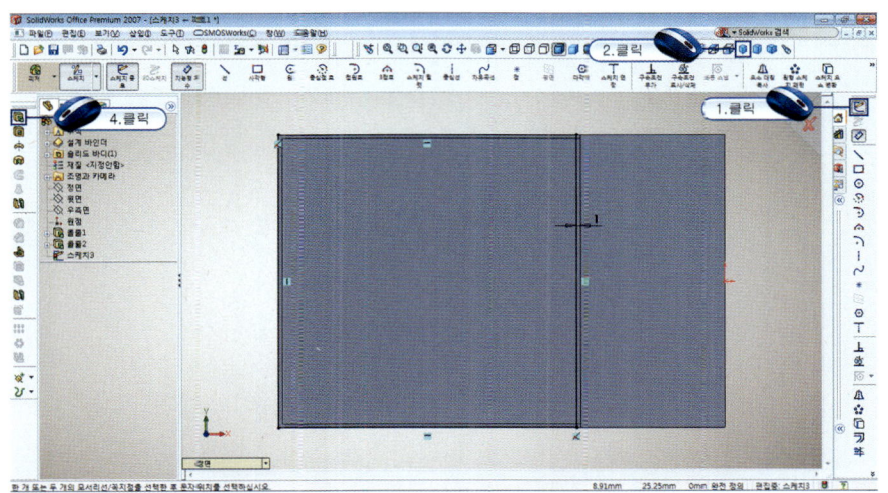

그림 1-83 « 스케치 종료하기

[그림 1-84]에서 스케치 대상물을 클릭한 다음 거리 값에 40을 입력한다. 돌출 방향을 반대로 하기 위해 반대 방향 아이콘을 클릭한 다음 체크 버튼을 클릭한다.

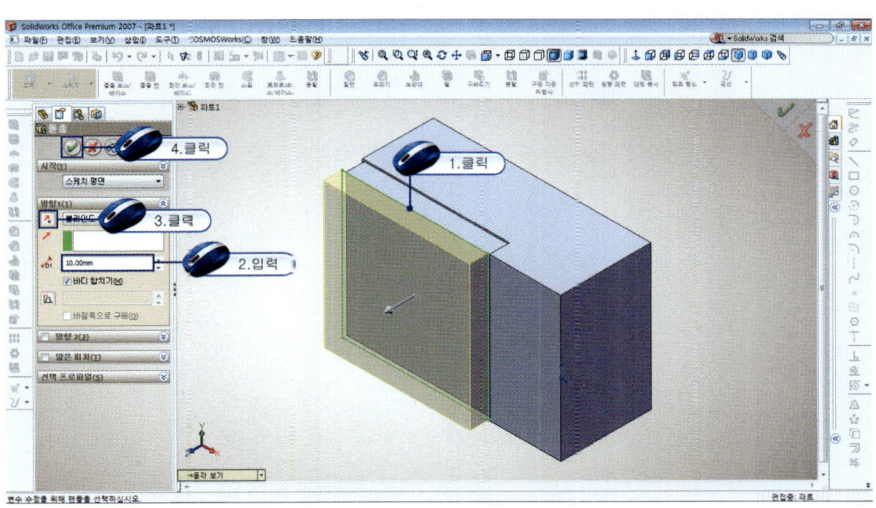

그림 1-84 « 돌출하기

[그림 1-85]에서 새로운 스케치를 하기 위해 sketch(스케치) 아이콘을 클릭한 다음 정면을 클릭한다. 작업평면을 수직으로 보기 위해 Normal To(면에 수직으로 보기) 아이콘을 클릭한다.

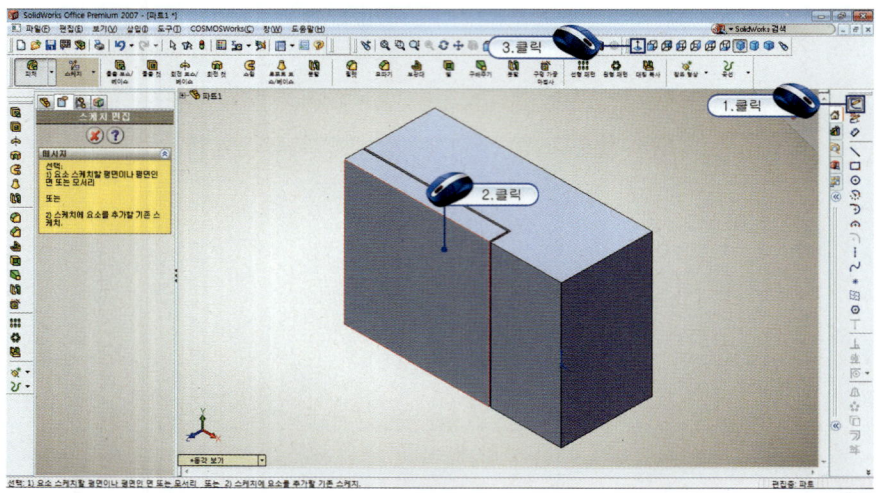

그림 1-85 « 스케치 시작하기

[그림 1-86]에서 중심선을 그리기 위해 Centerline(중심선) 아이콘을 클릭한 다음 대상물 두 지점을 클릭한다.

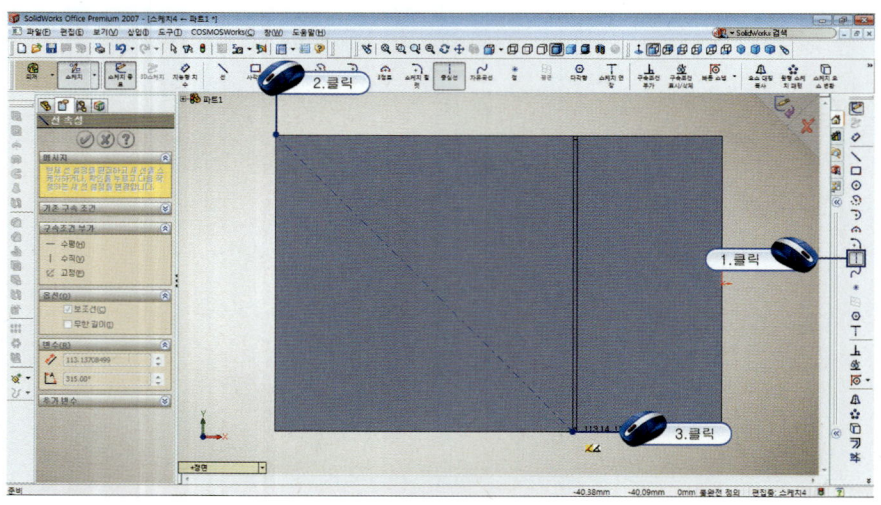

그림 1-86 « 중심선 그리기

[그림 1-87]에서 중심점과 반지름 값으로 원을 그리기 위해 ⊕Circle(원) 아이콘을 클릭한 다음 중심선의 중심점을 클릭한 후 임의의 지점을 클릭한다.

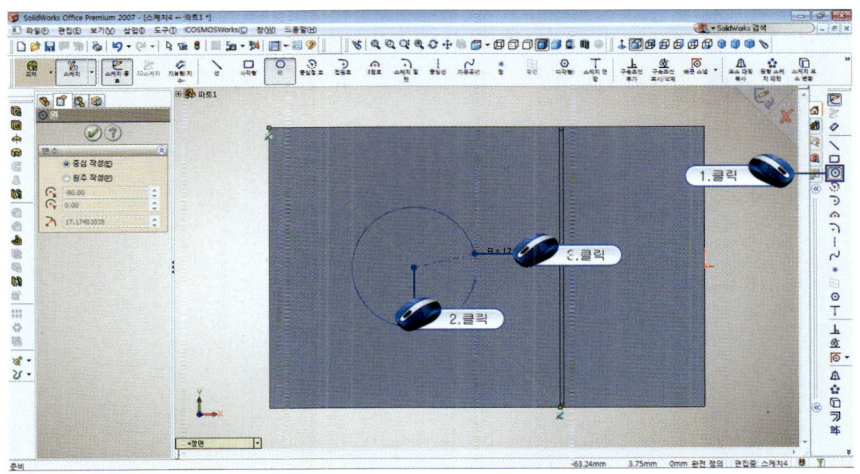

그림 1-87 « 스케치 시작하기

[그림 1-88]에서 스케치에 치수 구속조건을 적용하기 위해 ◆Smart Dimension(지능형 치수)을 클릭하고 대상물을 클릭한 다음 치수를 배치한다. 수정 창이 생성되면 40을 입력하고 체크 버튼을 클릭한다. 스케치에 방향을 지정해서 피처를 잘라내기 위해 ▣Extruded Cut(돌출 컷) 아이콘을 클릭한다. 등각 화면으로 보기 위해 ◆Isometric(등각보기) 아이콘을 클릭한다.

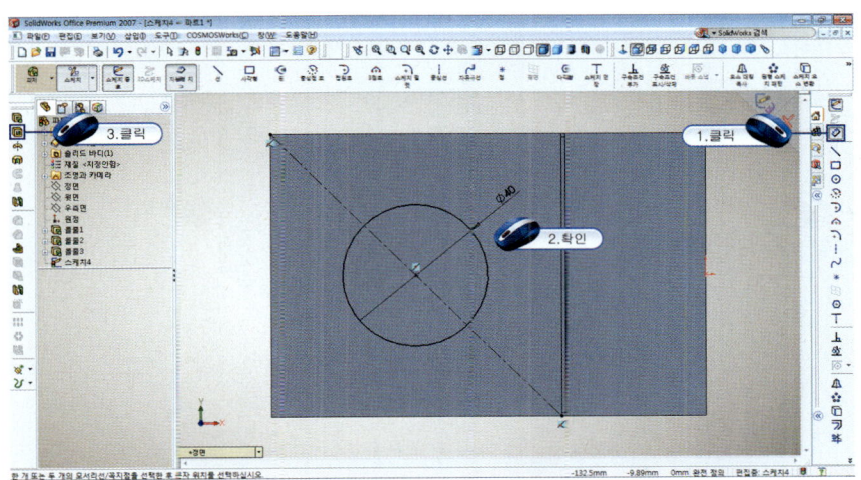

그림 1-88 « 중심선 그리기

[그림 1-89]에서 거리 값에 2를 입력한 다음 체크 버튼을 클릭한다.

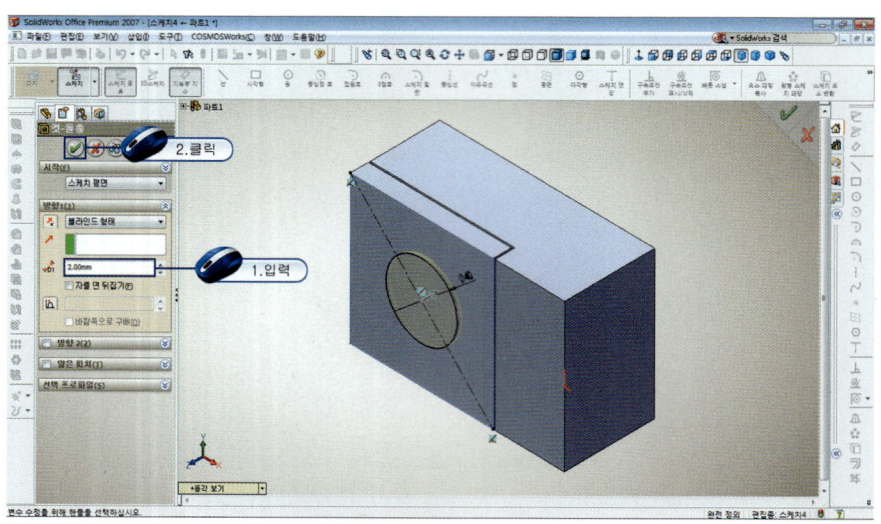

그림 1-89 《 돌출 컷하기

[그림 1-90]에서 새로운 평면을 만들기 위해 Features 도구모음에서 ◈Reference Geometry (참조 형상) 기준면 아이콘을 클릭하고 오프셋할 면을 클릭한다.

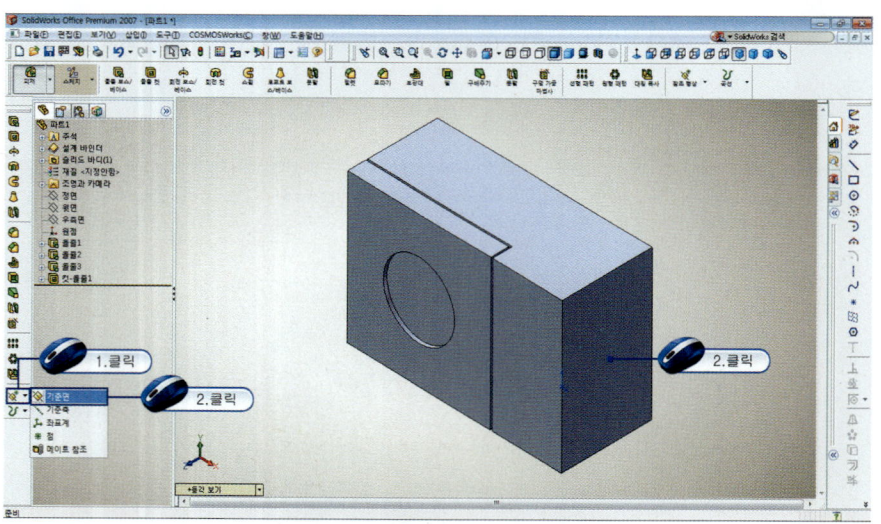

그림 1-90 《 참조 형상 만들기

[그림 1-91]에서 Plane PropertyManager의 Distance(거리) 값 20을 입력하고 Reverse direction(반대 방향)을 체크한다. 설정 값을 모두 완료하였으면 체크 버튼을 클릭한다.

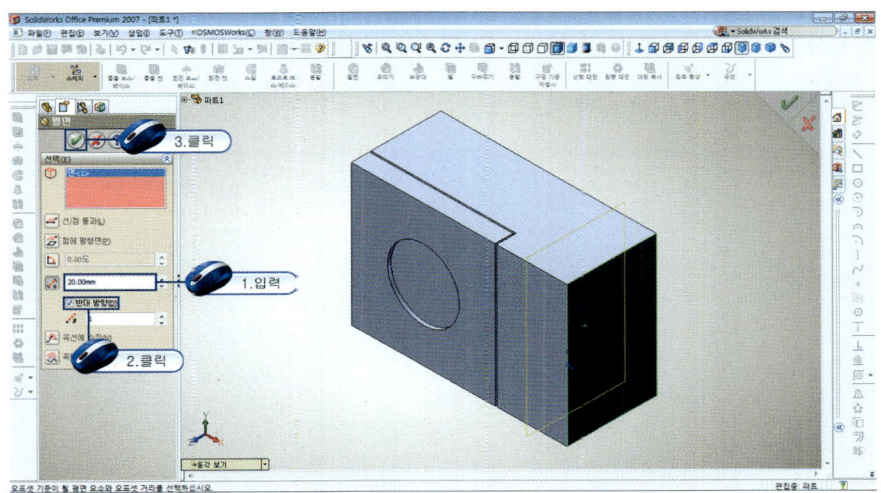

그림 1-91 « 참조 현상 만들기

[그림 1-92]에서 새로운 스케치를 하기 위해 sketch(스케치) 아이콘을 클릭한 다음 정면을 클릭한다. 작업풍면을 수직으로 보기 위해 Normal To(면에 수직으로 보기) 아이콘을 클릭한다.

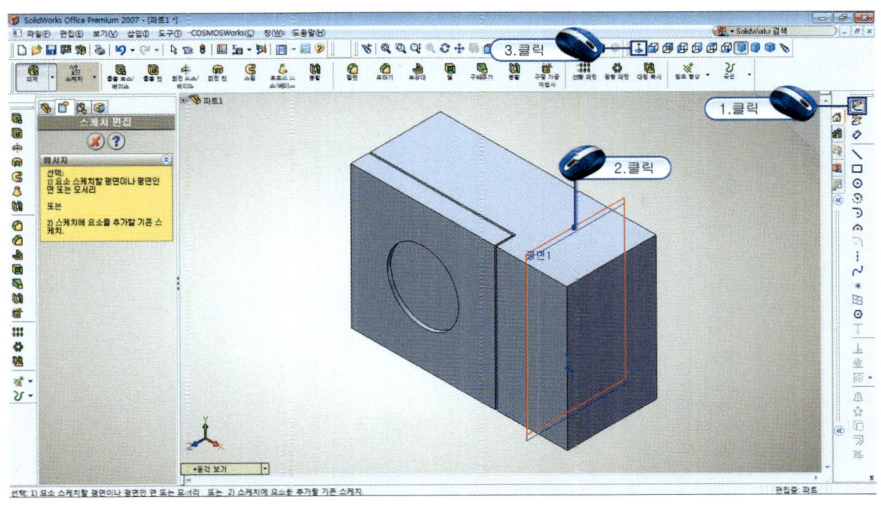

그림 1-92 « 스케치 시작하기

[그림 1-93]에서 ▭Rectangle(사각형) 아이콘, ⌒3 Point Arc(3점 호) 아이콘, ╲Line(선) 아이콘을 사용하여 그림과 같이 스케치를 한다. 스케치를 완료 하였으면 그림과 같이 ◆Smart Dimension(지능형 치수) 아이콘으로 치수를 기입한다. 스케치한 것을 회전 하기 위해 CommandManager의 ♺Revolved Boss/Base(회전 보스/베이스) 아이콘을 클릭한다.

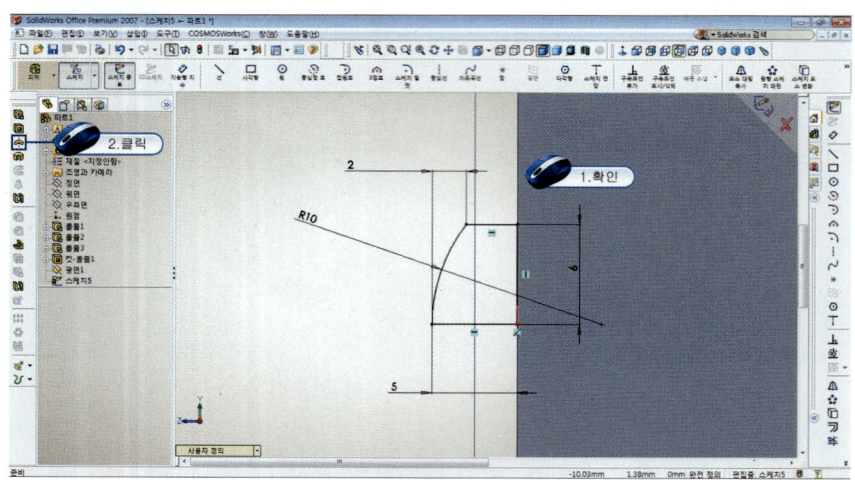

그림 1-93 《 스케치하기

[그림 1-94]에서 회전변수 값을 확인한 다음 회전시킬 축을 클릭한 후 체크 버튼을 클릭한다. 등각 화면으로 보기 위해 ▧Isometric(등각보기) 아이콘을 클릭한다.

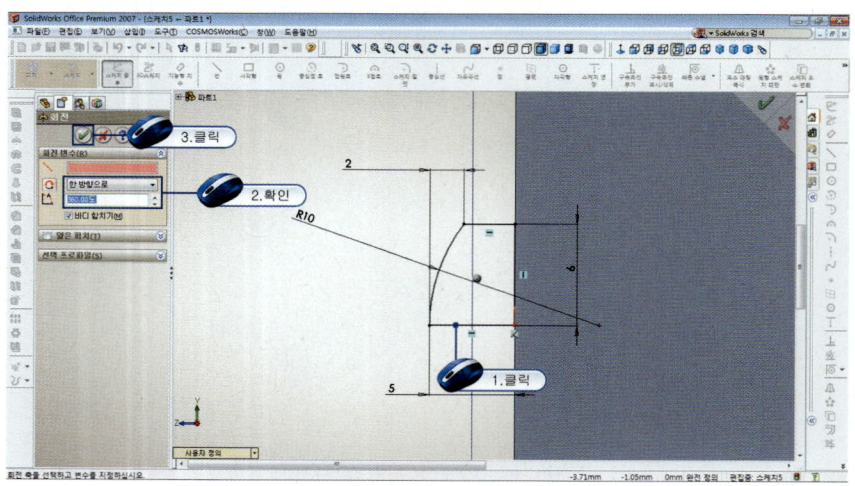

그림 1-94 《 회전 보스/베이스하기

[그림 1-95]에서 위와 같이 동일한 방법으로 스케치 형상을 만들고 치수 기입을 완료하여 Revolved Boss/Base(회전 보스/베이스)을 해본다.

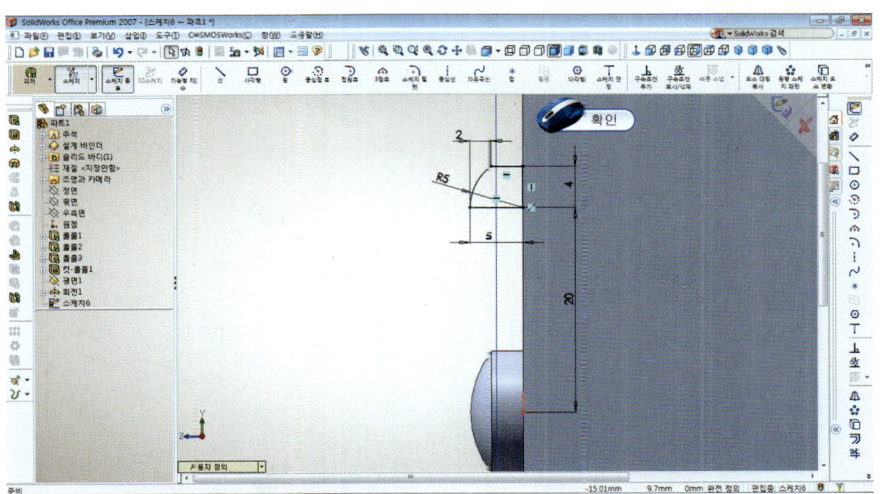

그림 1-95 《 회전 보스/베이스하기

[그림 1-96]에서 참조 형상을 숨기기 위해 그림과 같이 참조1을 마우스 오른쪽 버튼으로 클릭한 다음 숨기기를 클릭한다. 모서리를 따라 안쪽 면이나 바깥쪽 면에 둥근 필렛을 생성하기 위해 Fillet(필렛) 아이콘을 클릭한다.

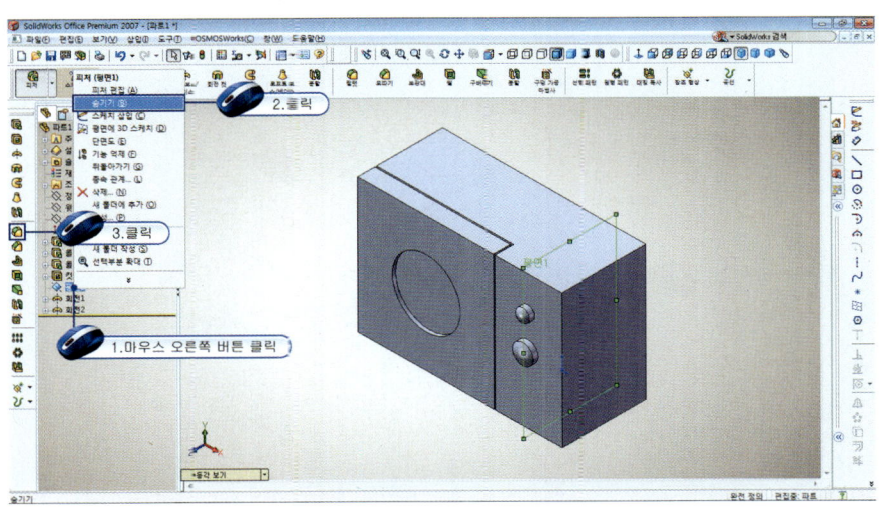

그림 1-96 《 참조 형상 숨기기

[그림 1-97]에서 숨은 모서리 선을 표시하기 위해 Hidden Lines Visible 아이콘을 클릭한다. 필렛 값 2를 입력한 다음 그림과 같이 모서리를 클릭한 후 체크 버튼을 클릭한다.

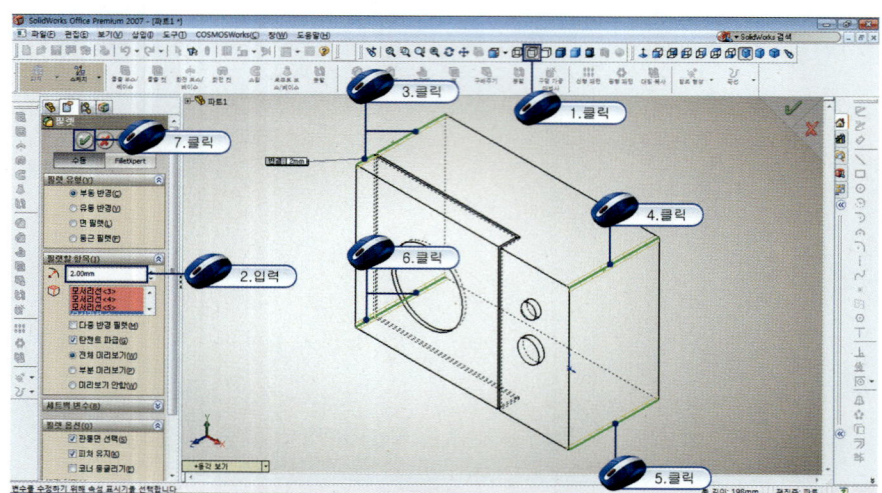

그림 1-97 ≪ 필렛하기

[그림 1-98]에서 위와 동일한 방법으로 모서리를 따라 안쪽 면이나 바깥쪽 면에 둥근 필렛을 생성하기 위해 Fillet(필렛) 아이콘을 클릭한다. 필렛 값 2를 입력한 다음 그림과 같이 모서리를 클릭한 후 체크 버튼을 클릭한다.

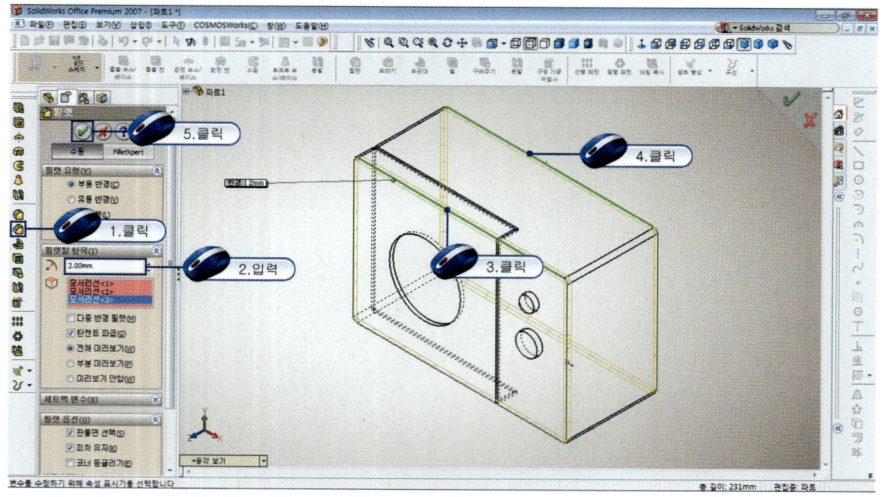

그림 1-98 ≪ 필렛하기

[그림 1-99]에서 전자레인지 제품모형을 완성하였다.

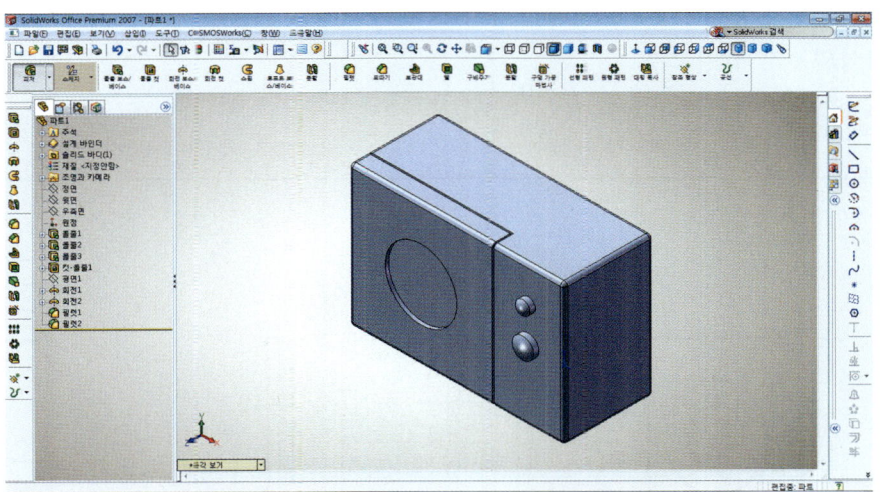

그림 1-99 ≪ 전자레인지 제품모형 완성

5. MP3 제품모형 실기 따라하기

SolidWorks를 사용하여 MP3 제품모형을 모델링하면서 기본적으로 어떤 과정을 거쳐 모델이 완성되는지 알아보자.

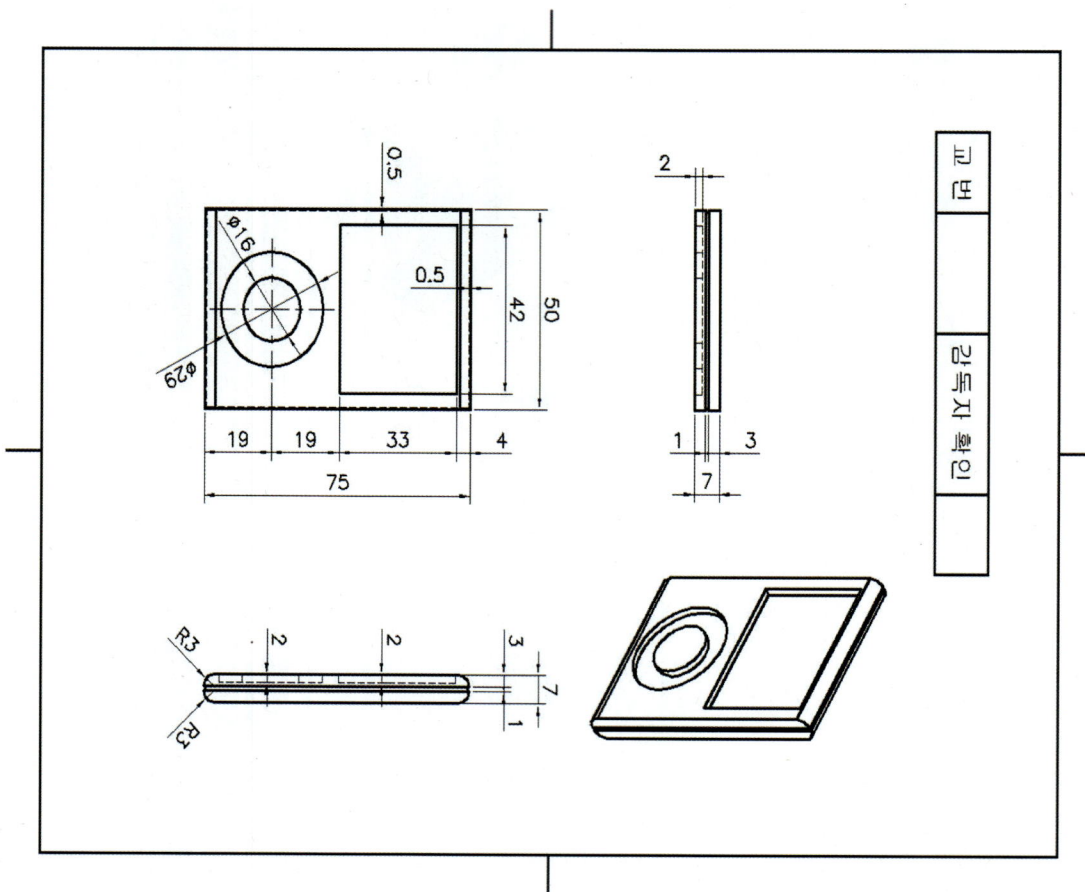

그림 1-100 《 MP3 제품모형 도면

[그림 1-101]에서 새로운 모델링을 하기 위해 메뉴 표시줄의 File(파일) → New(새 문서) 클릭하거나 단축키로 키보드의 Ctrl+N을 누른다. 또는 Standard(표준) 도구모음의 New 아이콘을 클릭한다. 하나의 부품을 만들 것이므로 SolidWorks 새 문서 대화상자의 Part(파트)를 선택하고 확인 버튼을 클릭한다. 새로운 스케치를 하기 위해 sketch(스케치) 아이콘을 클릭한 다음 정면을 클릭한다.

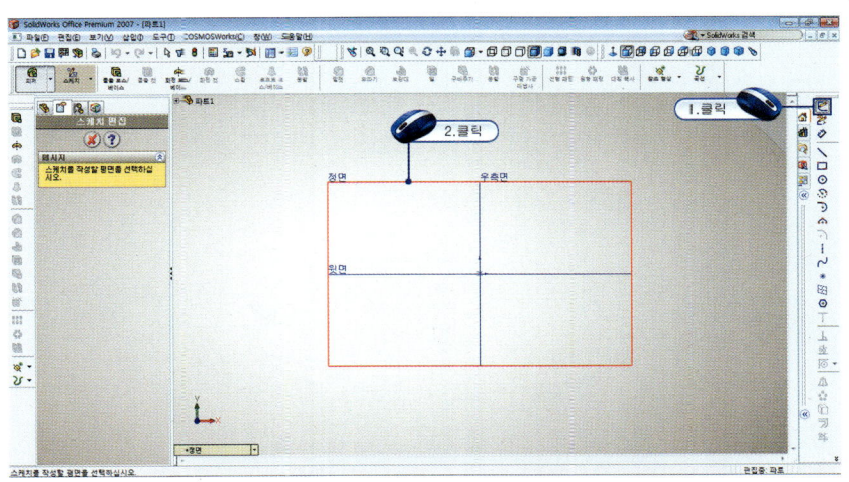

그림 1-101 ≪ 스케치 시작하기

[그림 1-102]에서 두 점을 지정하여 사각형을 그리기 위해 Rectangle(사각형) 아이콘을 클릭한 다음 사각형의 첫 번째 구석을 클릭한 후 대각선 방향으로 두 번째 구석을 클릭한다.

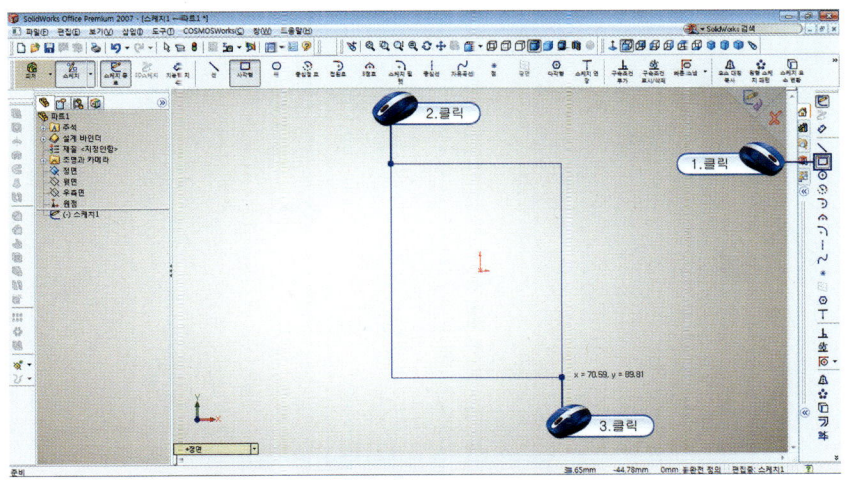

그림 1-102 ≪ 사각형 그리기

[그림 1-103]에서 중심선을 그리기 위해 ┆Centerline(중심선) 아이콘을 클릭한 다음 대상물의 끝점과 원점을 클릭한다.

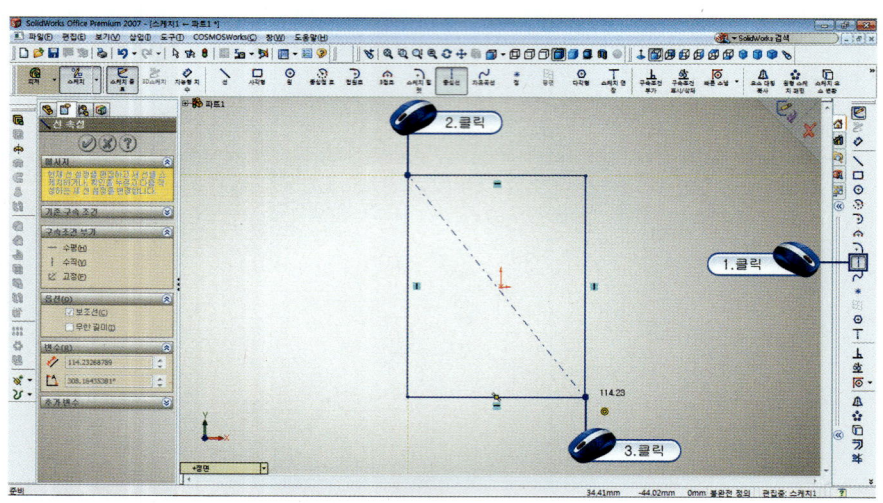

그림 1-103 ≪ 중심선 그리기

[그림 1-104]에서 2개의 선 또는 선과 점이 중간점에 위치하도록 하기 위해 ┞Add Relations(구속조건 부가) 아이콘을 클릭한다. 그림과 같이 대상물을 클릭한 다음 ╱Midpoint (중간점) 아이콘을 클릭한 다음 체크 버튼을 클릭한다.

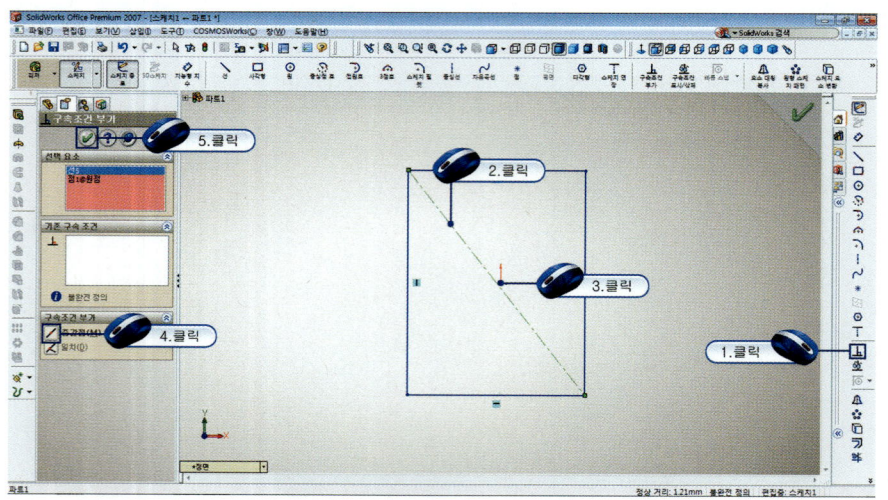

그림 1-104 ≪ 중간점 구속조건 주기

[그림 1-105]에서 스케치에 치수 구속조건을 적용하기 위해 Smart Dimension(지능형 치수)을 클릭하고 대상물을 클릭한 다음 치수를 배치한다. 수정 창이 생성되면 49를 입력하고 체크 버튼을 클릭한다.

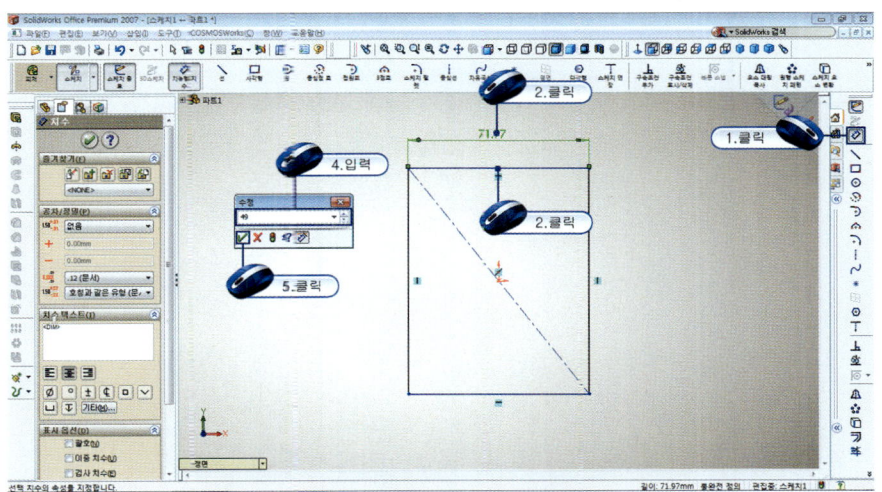

그림 1-105 ≪ 치수 기입하기

[그림 1-106]에서 위와 동일한 방법으로 대상물을 클릭한 다음 치수를 배치한다. 수정 창이 생성되면 74를 입력하고 체크 버튼을 클릭한다.

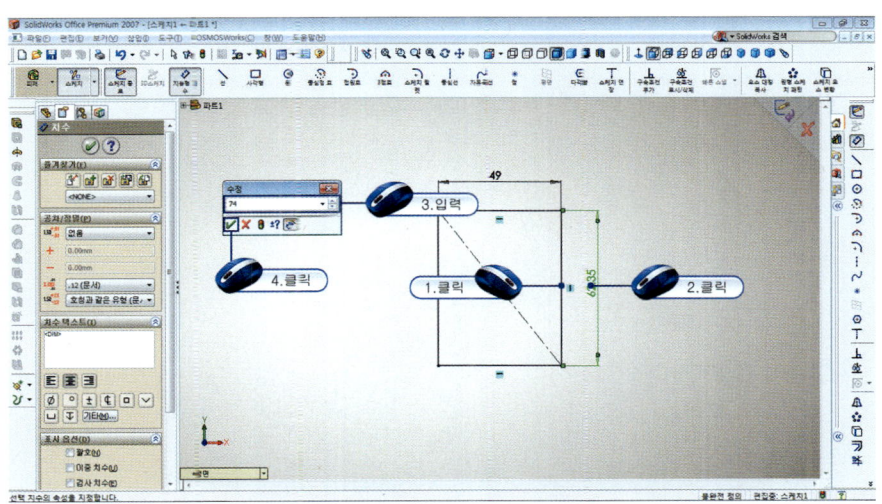

그림 1-106 ≪ 치수 기입하기

[그림 1-107]에서 스케치를 종료하기 위해 sketch(스케치) 아이콘을 클릭한다.

등각 화면으로 보기 위해 Isometric(등각보기) 아이콘을 클릭한다. 스케치에 방향을 지정하고 두께 값을 부여하여 Feature(피처)를 생성하기 위해 Features(피처) 도구모음에서 Extruded Boss/Base(돌출 보스/베이스) 아이콘을 클릭한다.

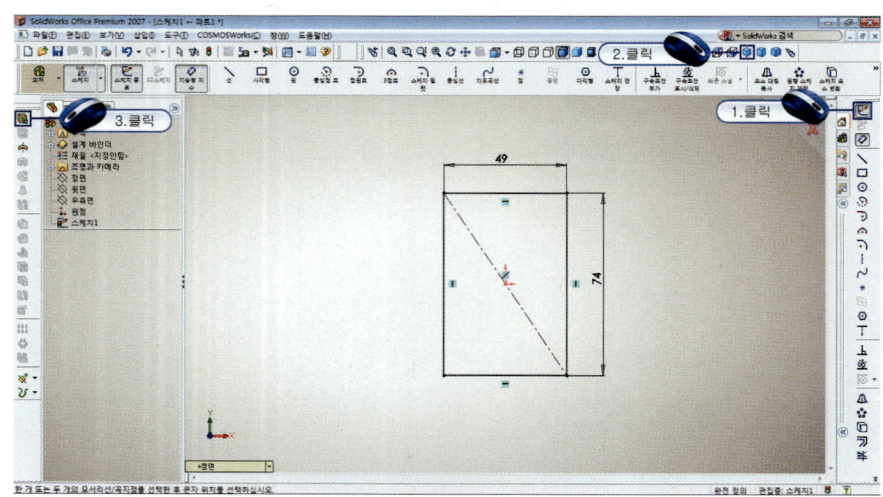

그림 1-107 « 스케치 종료하기

[그림 1-108]에서 스케치 대상물을 클릭한 다음 방향 2를 체크한다. 방향 1 거리 값에 0.5를 입력한 다음 동일한 방법으로 방향 2 거리 값 0.5를 입력한 후 체크 버튼을 클릭한다.

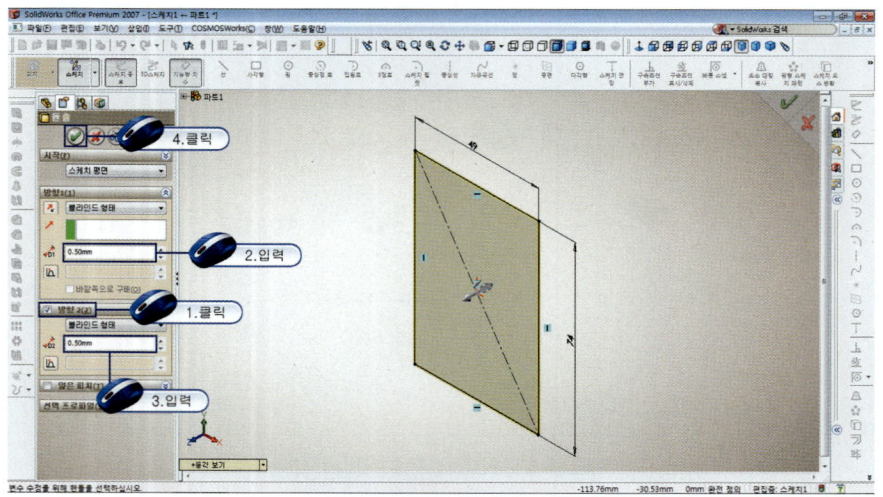

그림 1-108 « 돌출하기

[그림 1-109]에서 새로운 스케치를 하기 위해 sketch(스케치) 아이콘을 클릭한 다음 정면을 클릭한다. 작업평면을 수직으로 보기 위해 Normal To(면에 수직으로 보기) 아이콘을 클릭한다.

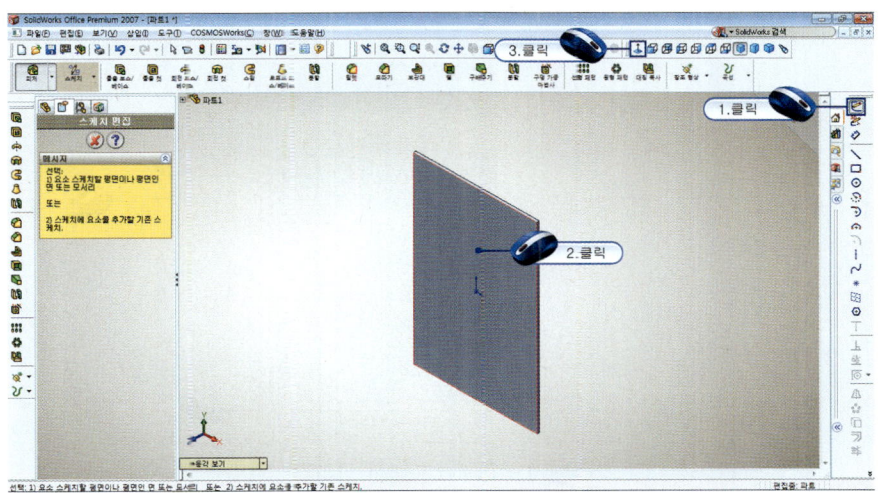

그림 1-109 « 스케치 시작하기

[그림 1-110]에서 두 점을 지정하여 사각형을 그리기 위해 Rectangle(사각형) 아이콘을 클릭한 다음 사각형의 첫 번째 구석을 클릭한 후 대각선 방향으로 두 번째 구석을 클릭한다.

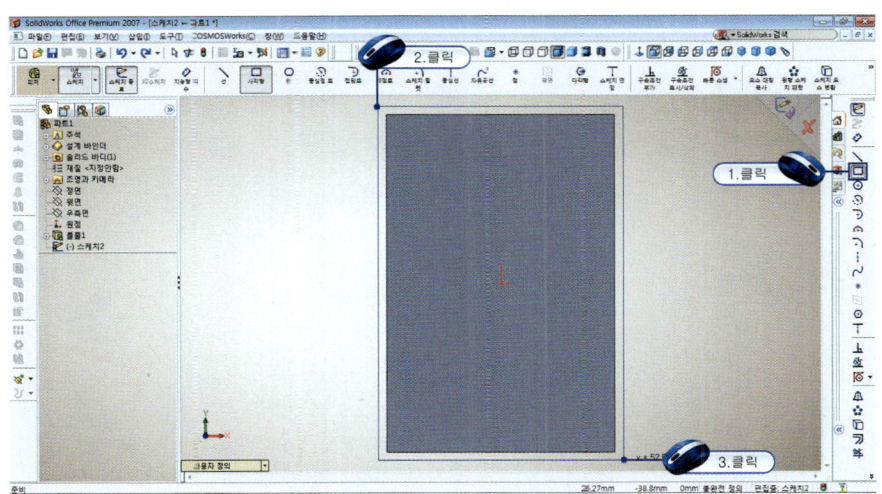

그림 1-110 « 사각형 그리기

[그림 1-111]에서 중심선을 그리기 위해 Centerline(중심선) 아이콘을 클릭한 다음 대상물의 끝점과 원점을 클릭한다.

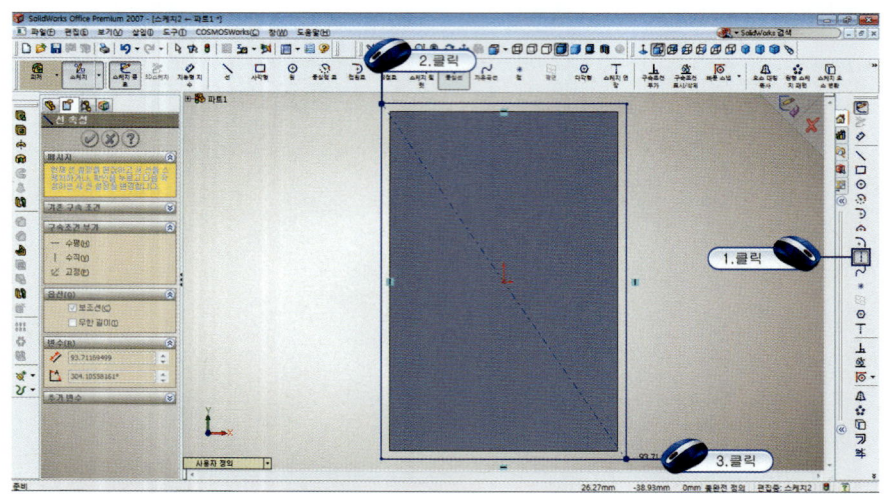

그림 1-111 《 중심선 그리기

[그림 1-112]에서 2개의 선 또는 선과 점이 중간점에 위치하도록 하기 위해 Add Relations(구속조건 부가) 아이콘을 클릭한다. 그림과 같이 대상물을 클릭한 다음 Midpoint (중간점) 아이콘을 클릭한 후 체크 버튼을 클릭한다.

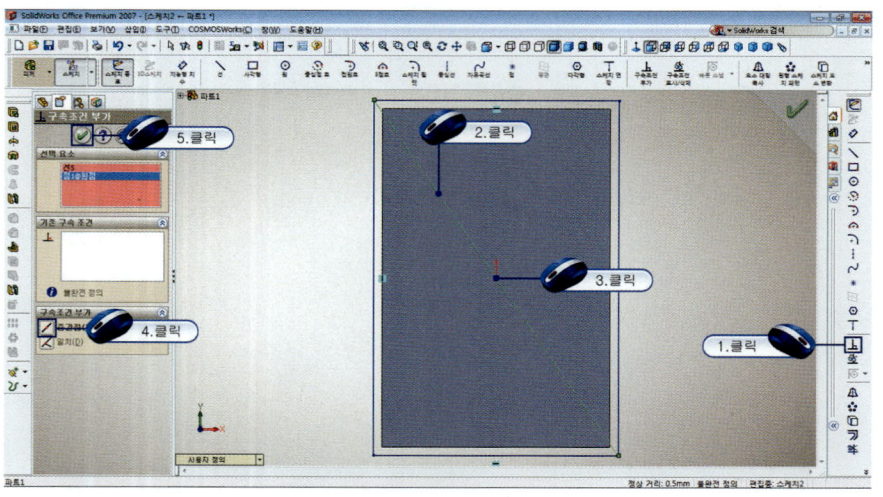

그림 1-112 《 중간점 구속조건 주기

[그림 1-113]에서 그림과 같이 스케치에 치수 구속조건을 적용하기 위해 Smart Dimension(지능형 치수)을 클릭하고 대상물을 클릭한 다음 치수를 배치한다. 수정 창이 생성되면 0.5를 입력하고 체크 버튼을 클릭한다. 등각 화면으로 브기 위해 Isometric(등각보기) 아이콘을 클릭한다. 스케치에 방향을 지정하고 두께 값을 부여하여 Feature(피처)를 생성하기 위해 Features(피처) 도구모음에서 Extruded Boss/Base(돌출 보스/베이스) 아이콘을 클릭한다.

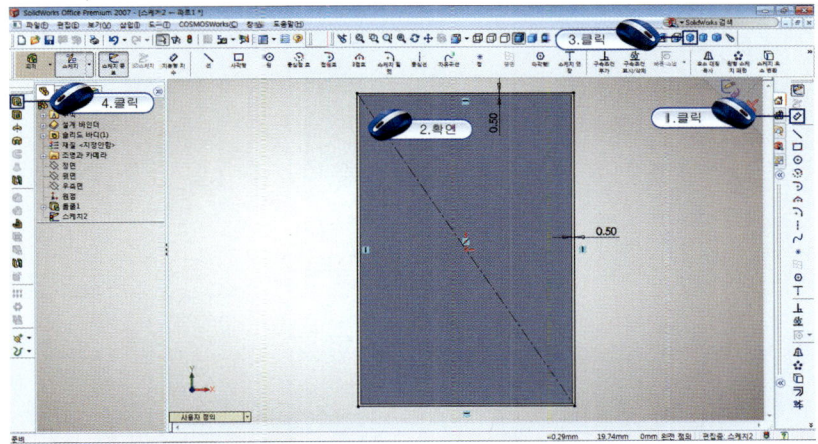

그림 1-113 《 치수 기입하기

[그림 1-114]에서 스케치 대상물을 클릭한 다음 거리 값에 40을 입력한 후 체크 버튼을 클릭한다.

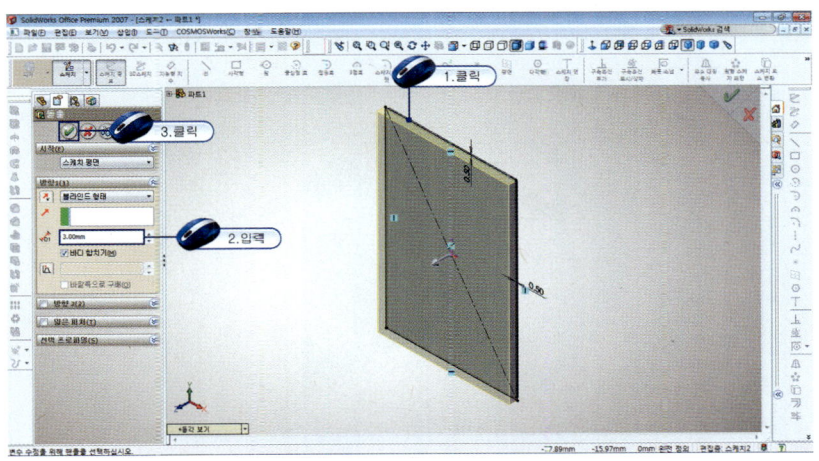

그림 1-114 《 돌출하기

[그림 1-115]에서 모서리를 따라 안쪽 면이나 바깥쪽 면에 둥근 필렛을 생성하기 위해 Fillet(필렛) 아이콘을 클릭한다. 필렛 값 3을 입력한 다음 그림과 같이 모서리를 클릭한 후 체크 버튼을 클릭한다.

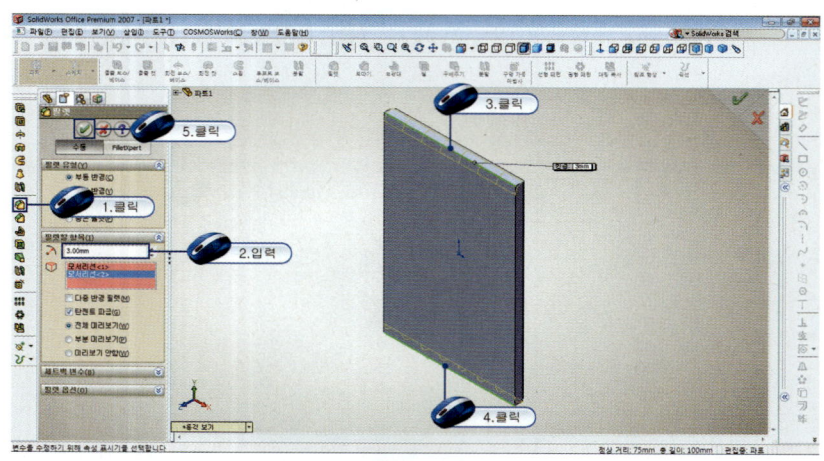

그림 1-115 « 필렛하기

[그림 1-116]에서 면이나 기준면을 중심으로 피처를 대칭 복사하기 위해 Mirror(대칭 복사) 아이콘을 클릭한다. 기준면을 선택하기 위해 그림과 같이 파트1 아이콘을 클릭한 다음 정면을 클릭한다. 대칭 복사 피처를 선택하기 위해 그림과 같이 위에 작업한 돌출2와 필렛1을 선택한 다음 체크 버튼을 클릭한 돌출1에서 사용자가 Undo를 한 다음 다시 돌출 하였다면 돌출2가 될 수 있고 돌출3 이상이 될 수 있다.

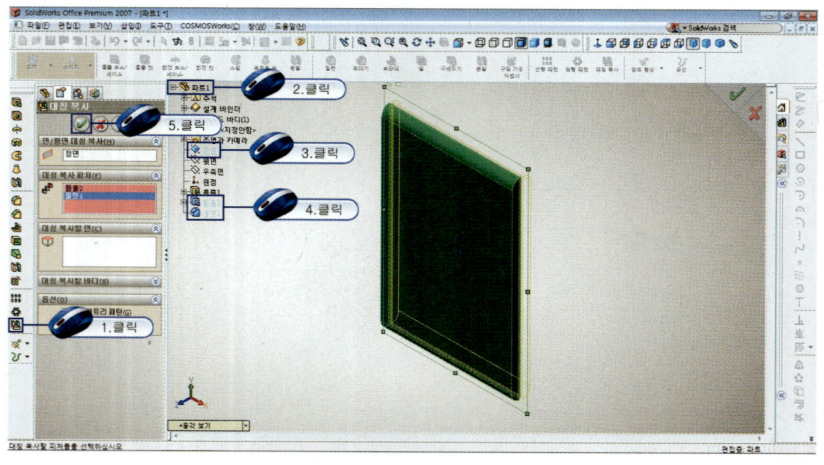

그림 1-116 « 대칭 복사하기

[그림 1-117]에서 새로운 스케치를 하기 위해 sketch(스케치) 아이콘을 클릭한 다음 정면을 클릭한다. 작업평면을 수직으로 보기 위해 Normal To(면에 수직으로 보기) 아이콘을 클릭한다. 두 점을 지정하여 사각형을 그리기 위해 Rectangle(사각형) 아이콘을 클릭한 다음 사각형의 첫 번째 구석을 클릭한 후 대각선 방향으로 두 번째 구석을 클릭한다.

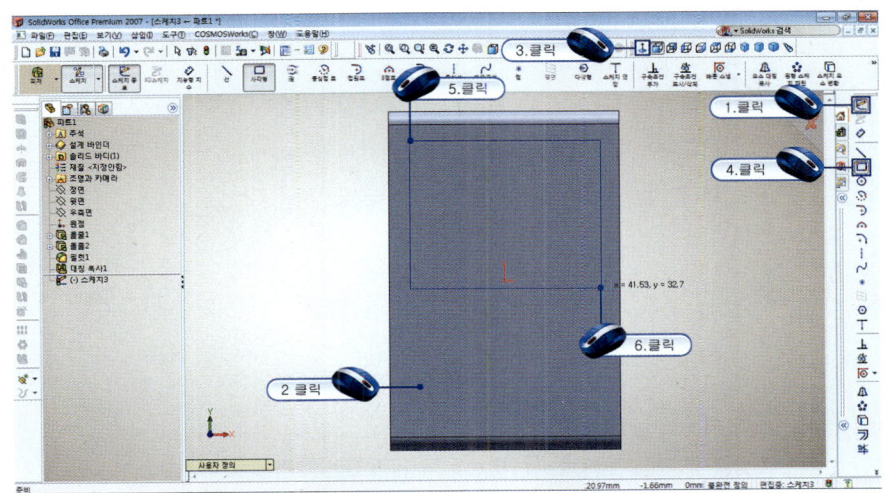

그림 1-117 《 사각형 그리기

[그림 1-118]에서 중심점과 반지름 값으로 원을 그리기 위해 Circle(원) 아이콘을 클릭한 다음 중심선의 중심점을 클릭한 후 임의의 지점을 클릭한다.

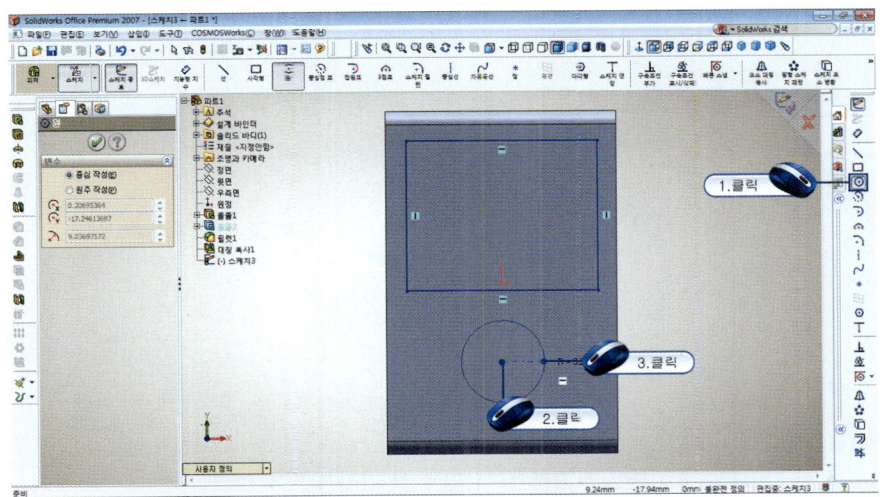

그림 1-118 《 원 그리기

[그림 1-119]에서 경사선 또는 직선을 수직 구속을 주기 위해 ⊥Add Relations(구속조건 부가) 아이콘을 클릭한다. 그림과 같이 대상물(원점과 원의 원점)을 클릭한 다음 │ Vertical(수직) 아이콘을 클릭한다.

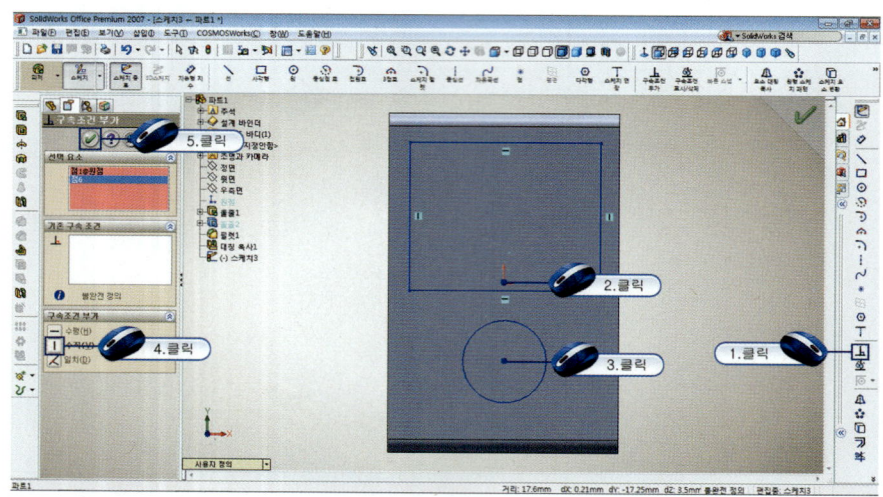

그림 1-119 《 수직 구속조건 주기

[그림 1-120]에서 중심점과 반지름 값으로 원을 그리기 위해 ⊕Circle(원) 아이콘을 클릭한 다음 중심선의 중심점을 클릭한 후 임의의 지점을 클릭한다.

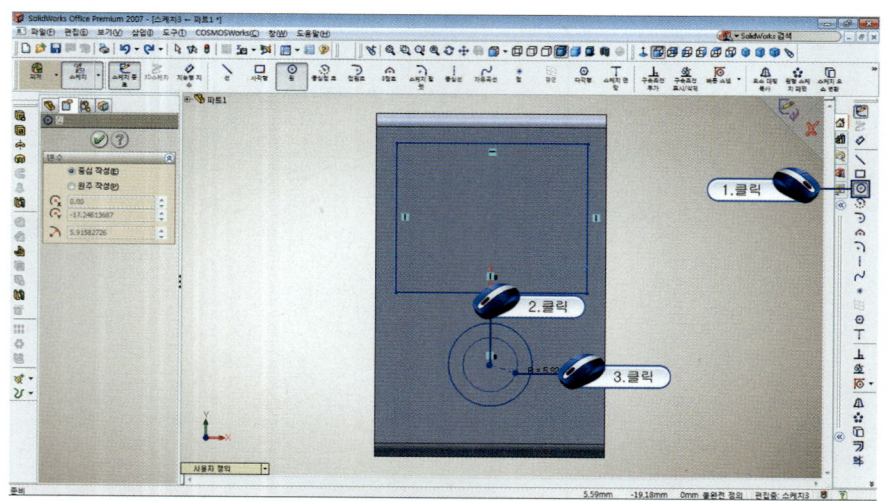

그림 1-120 《 원 그리기

[그림 1-121]에서 스케치에 치수 구속조건을 적용하기 위해 ◆Smart Dimension(지능형 치수)을 클릭하고 그림과 같이 치수를 기입한다. 스케치에 방향을 지정해서 피쳐를 잘라내기 위해 Extruded Cut(돌출 컷) 아이콘을 클릭한다.

등각 화면으로 보기 위해 Isometric (등각보기)아이콘을 클릭한다.

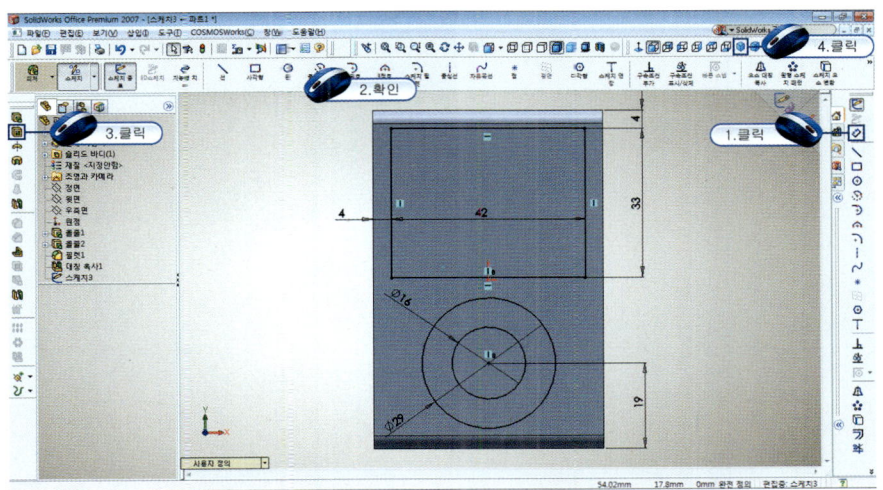

그림 1-121 « 치수 기입하기

[그림 1-122]에서 거리 값에 2를 입력한 다음 체크 버튼을 클릭한다.

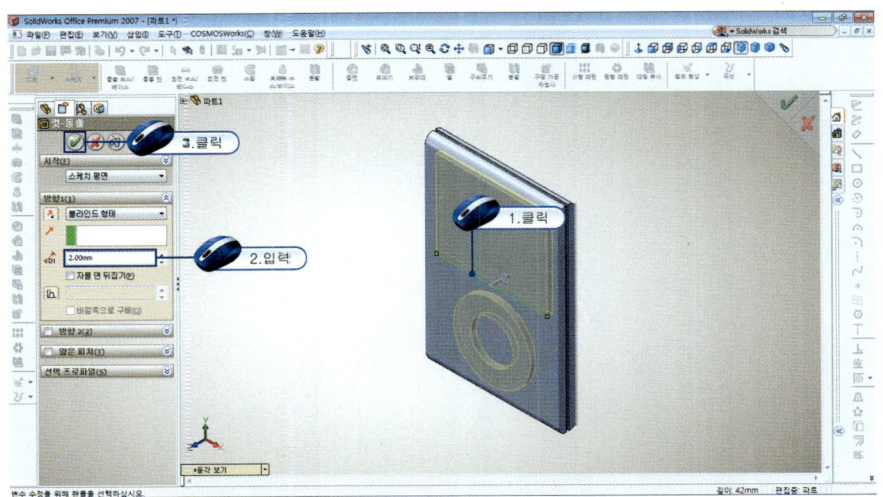

그림 1-122 « 돌출 컷하기

[그림 1-123]에서 MP3 제품모형을 완성하였다.

그림 1-123 ≪ MP3 제품모형 완성

6. 냉장고 제품모형 실기 따라하기

SolidWorks를 사용하여 냉장고 제품모형을 모델링하면서 기본적으로 어떤 과정을 거쳐 모델이 완성되는지 알아보자.

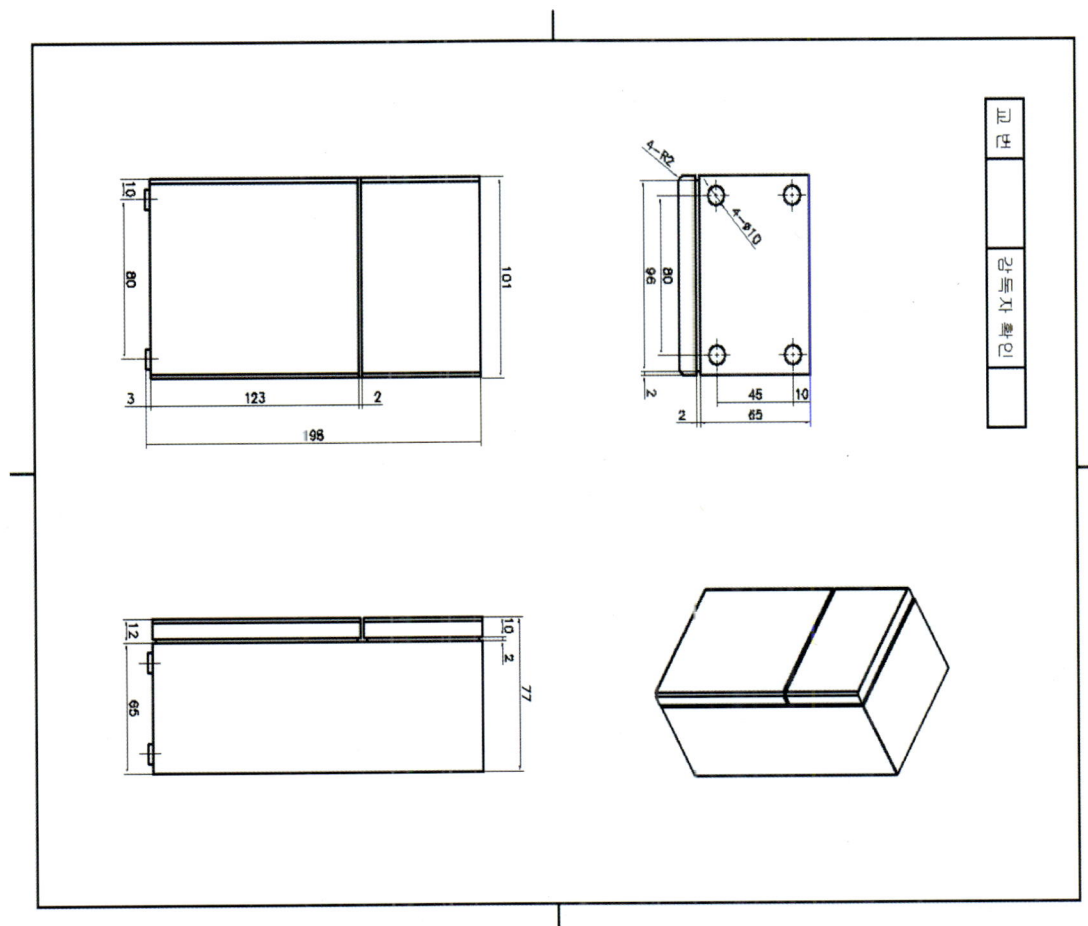

그림 1-124 ≪ 냉장고 제품모형 도면

[그림 1-125]에서 새로운 모델링을 하기 위해 메뉴 표시줄의 File(파일) → New(새 문서)…를 클릭하거나 단축키로 키보드의 Ctrl+N을 누른다. 또는 Standard(표준) 도구모음의 New 아이콘을 클릭한다. 하나의 부품을 만들 것이므로 SolidWorks 새 문서 대화상자의 Part(파트)를 선택하고 확인버튼을 클릭한다. 새로운 스케치를 하기 위해 sketch(스케치) 아이콘을 클릭한 다음 정면을 클릭한다.

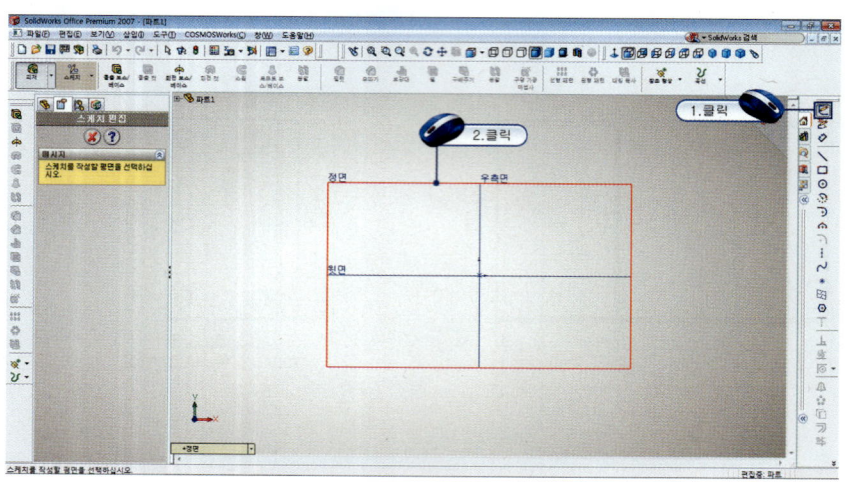

그림 1-125 《 스케치 시작하기

[그림 1-126]에서 두 점을 지정하여 사각형을 그리기 위해 Rectangle(사각형) 아이콘을 클릭한 다음 사각형의 첫 번째 구석을 클릭한 후 대각선 방향으로 두 번째 구석을 클릭한다.

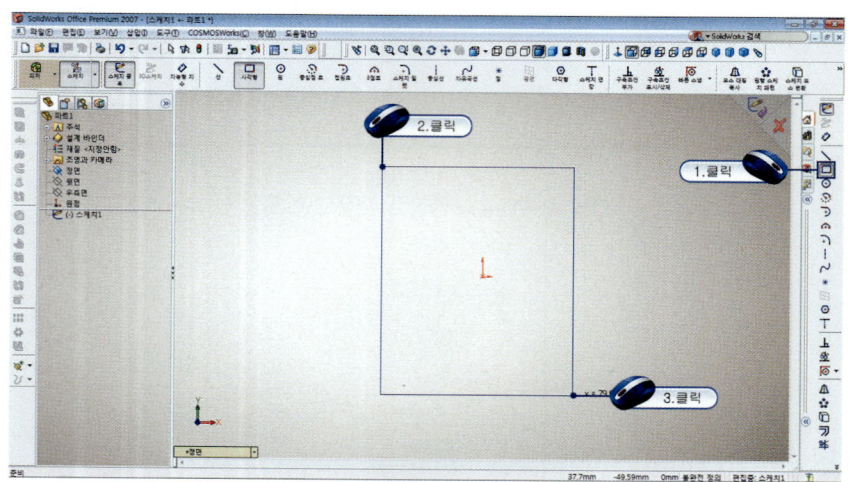

그림 1-126 《 사각형 그리기

[그림 1-127]에서 중심선을 그리기 위해 Centerline(중심선) 아이콘을 클릭한 다음 대상물의 끝점과 원점을 클릭한다.

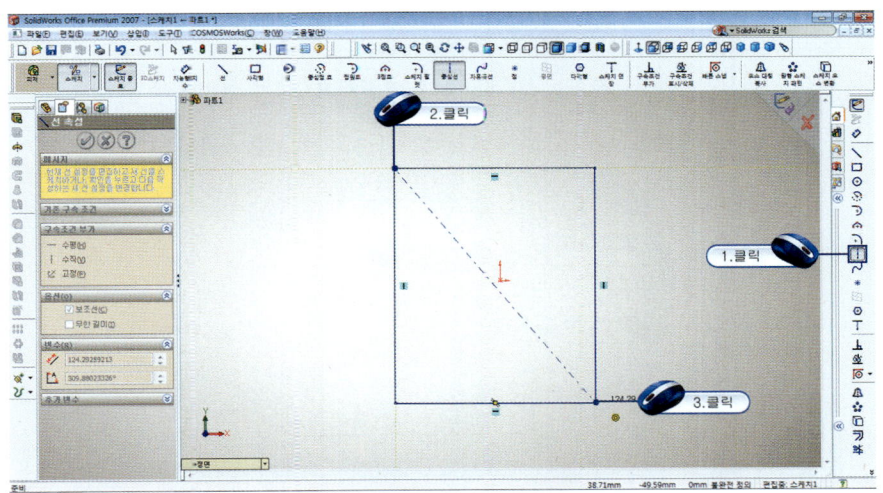

그림 1-127 《 중심선 그리기

[그림 1-128]에서 2개의 선 또는 선과 점이 중간점에 위치하도록 하기 위해 Add Relations(구속조건 부가) 아이콘을 클릭한다. 그림과 같이 대상물을 클릭한 다음 Midpoint (중간점) 아이콘을 클릭한 다음 체크 버튼을 클릭한다.

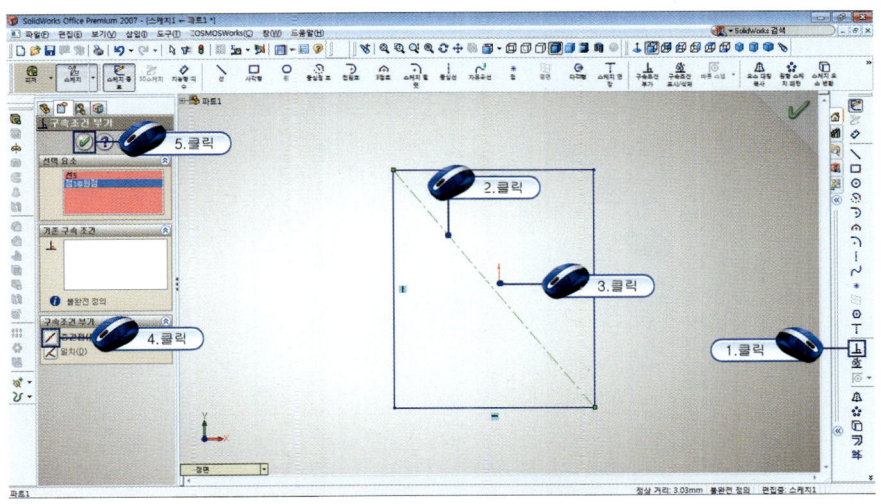

그림 1-128 《 중간점 구속조건 주기

[그림 1-129]에서 스케치에 치수 구속조건을 적용하기 위해 Smart Dimension(지능형 치수)을 클릭하고 대상물을 클릭한 다음 치수를 배치한다.
수정 창이 생성되면 100을 입력하고 체크 버튼을 클릭한다.

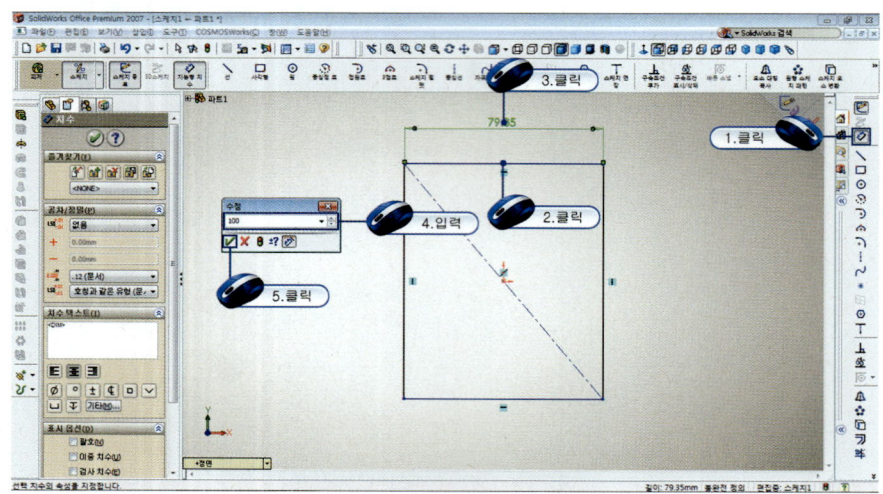

그림 1-129 《 치수 기입하기

[그림 1-130]에서 위와 동일한 방법으로 대상물을 클릭한 다음 치수를 배치한다.
수정 창이 생성되면 195를 입력하고 체크 버튼을 클릭한다.

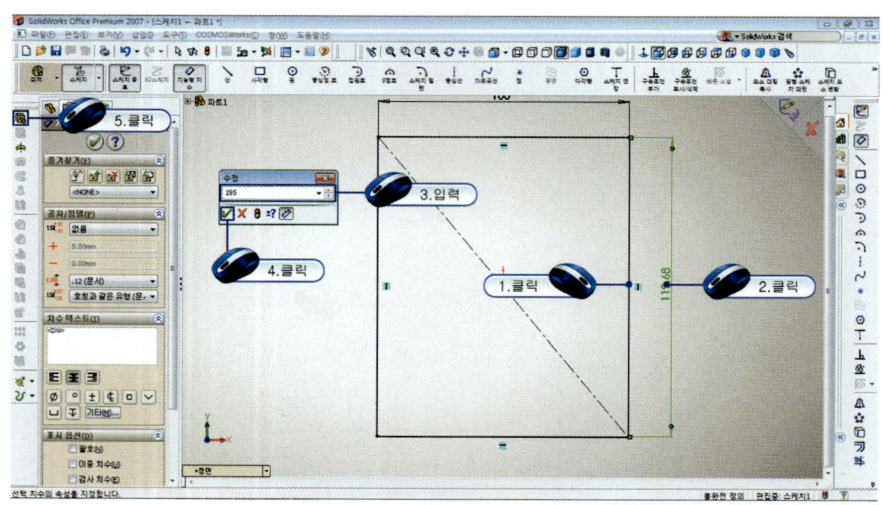

그림 1-130 《 치수 기입하기

[그림 1-131]에서 스케치 대상물을 클릭한 다음 65를 입력한 후 체크 버튼을 클릭한다.

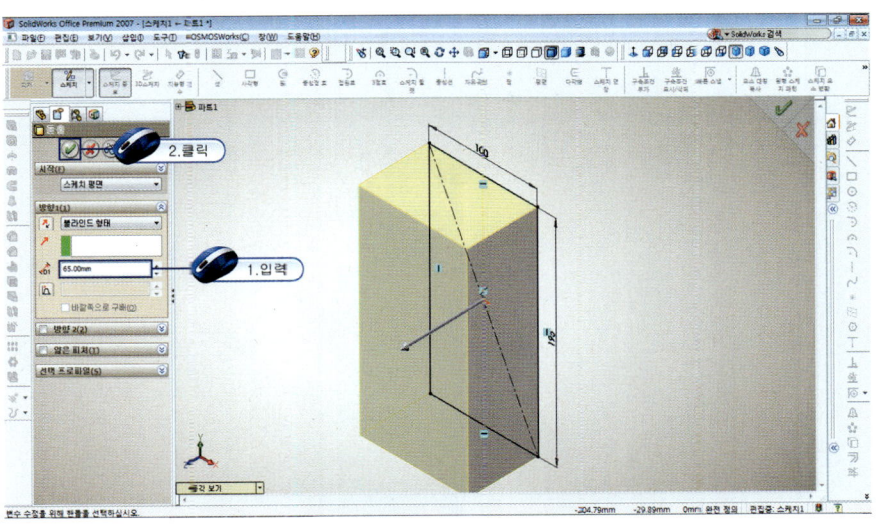

그림 1-131 « 돌출하기

[그림 1-132]에서 새로운 스케치를 하기 위해 sketch(스케치) 아이콘을 클릭한 다음 정면을 클릭한다. 작업평면을 수직으로 보기 위해 Normal To(면에 수직으로 보기) 아이콘을 클릭한다.

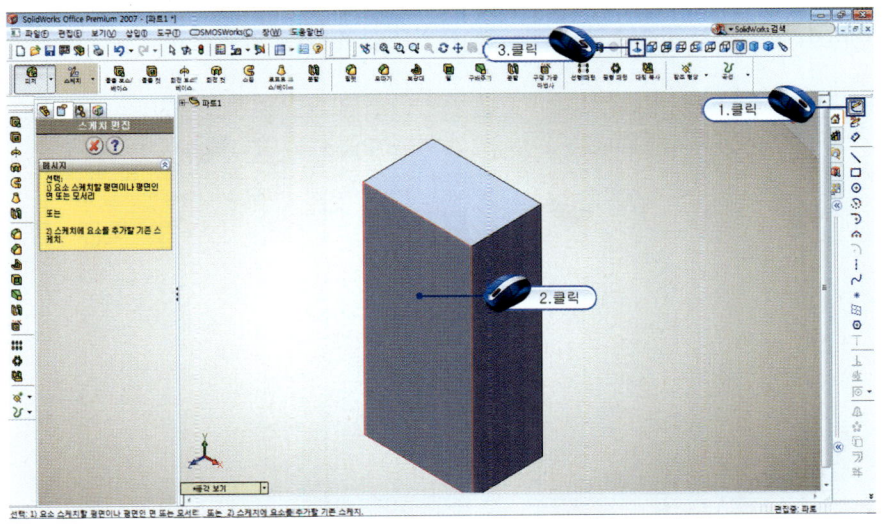

그림 1-132 « 스케치 시작하기

[그림 1-133]에서 두 점을 지정하여 사각형을 그리기 위해 ▢Rectangle(사각형) 아이콘을 클릭한 다음 사각형의 첫 번째 구석을 클릭한 후 대각선 방향으로 두 번째 구석을 클릭한다. 동일한 방법으로 사각형을 그림과 같이 그린다.

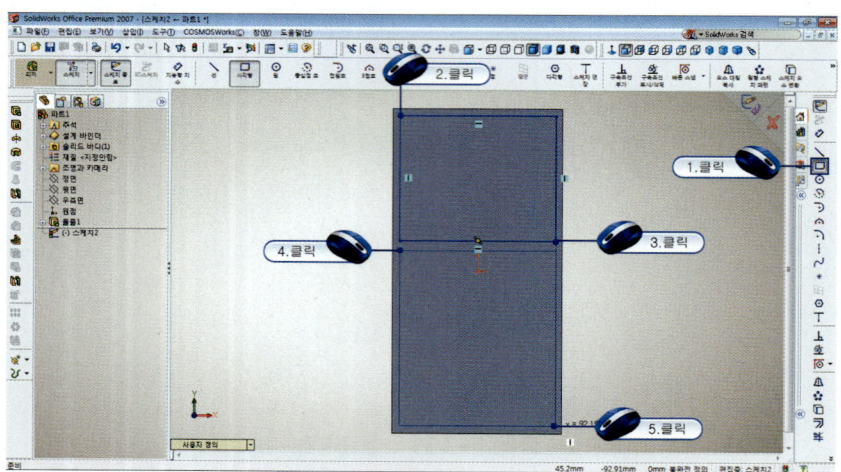

그림 1-133 《 사각형 그리기

[그림 1-134]에서 스케치에 치수 구속조건을 적용하기 위해 ◆Smart Dimension(지능형 치수)을 클릭하고 그림과 같이 치수를 기입한다. 등각 화면으로 보기 위해 ▣Isometric(등각보기) 아이콘을 클릭한다. Feature(피처)를 생성하기 위해 Features(피처) 도구모음에서 ▧Extruded Boss/Base(돌출 보스/베이스) 아이콘을 클릭한다.

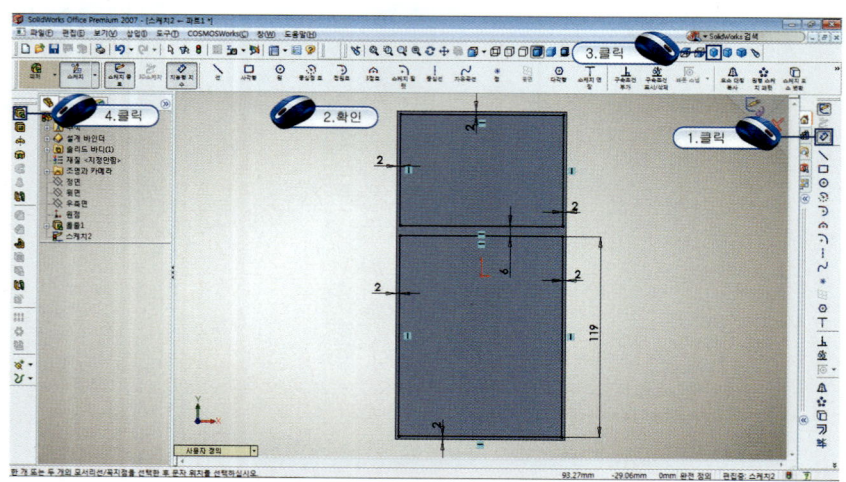

그림 1-134 《 치수 기입하기

[그림 1-135]에서 스케치 대상물을 클릭한 다음 2를 입력한 후 체크 버튼을 클릭한다.

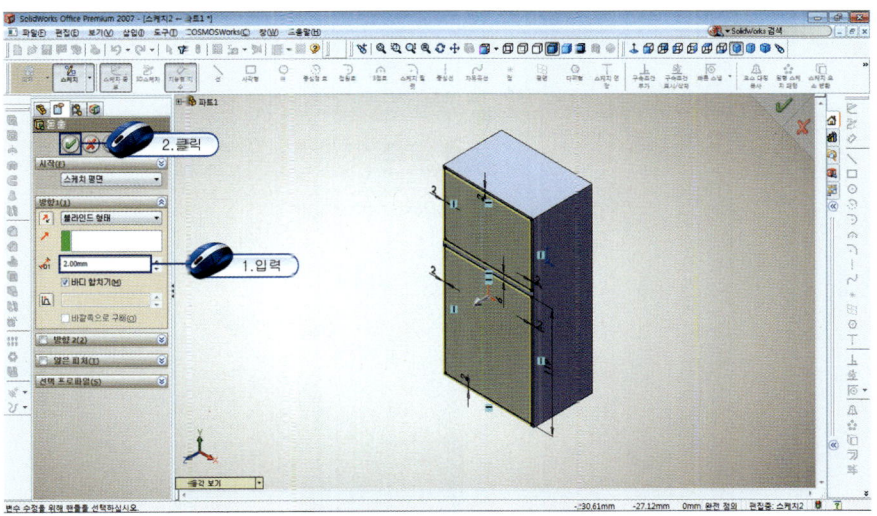

그림 1-135 « 돌출하기

[그림 1-136]에서 새로운 스케치를 하기 위해 sketch(스케치) 아이콘을 클릭한 다음 정면을 클릭한다. 작업평면을 수직으로 보기 위해 Normal To(면에 수직으로 보기) 아이콘을 클릭한다.

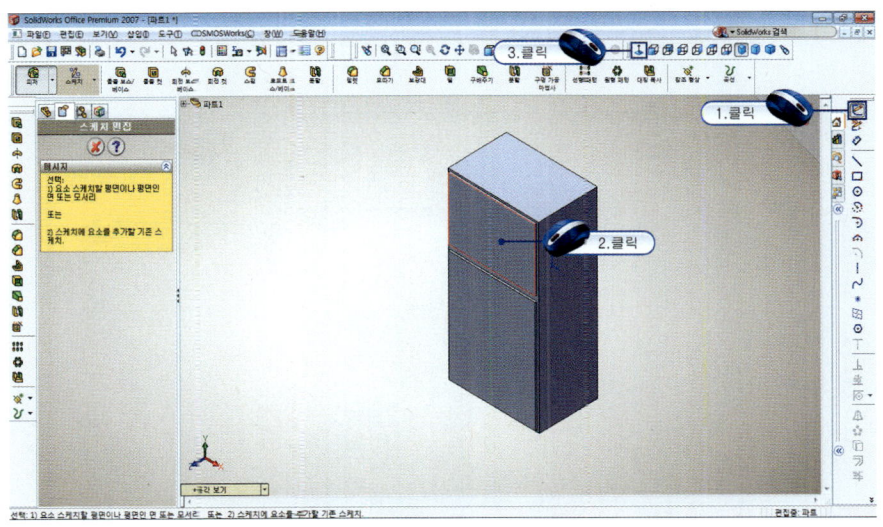

그림 1-136 « 스케치 시작하기

[그림 1-137]에서 두 점을 지정하여 사각형을 그리기 위해 ▭Rectangle(사각형) 아이콘을 클릭한 다음 사각형의 첫 번째 구석을 클릭한 후 대각선 방향으로 두 번째 구석을 클릭한다. 동일한 방법으로 사각형을 그림과 같이 그린다.

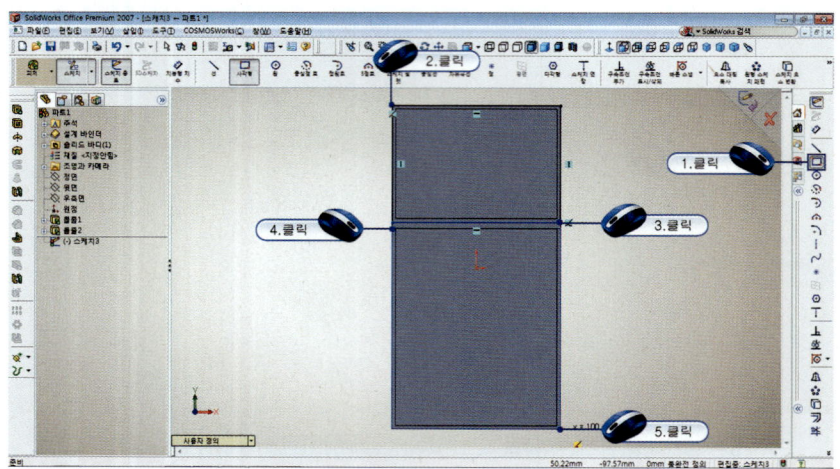

그림 1-137 《 사각형 그리기

[그림 1-138]에서 스케치에 치수 구속조건을 적용하기 위해 ◆Smart Dimension(지능형 치수)을 클릭하고 그림과 같이 치수를 기입한다. 등각 화면으로 보기 위해 ▣Isometric(등각보기) 아이콘을 클릭한다. Feature(피처)를 생성하기 위해 Features(피처) 도구모음에서 ▤Extruded Boss/Base(돌출 보스/베이스) 아이콘을 클릭한다.

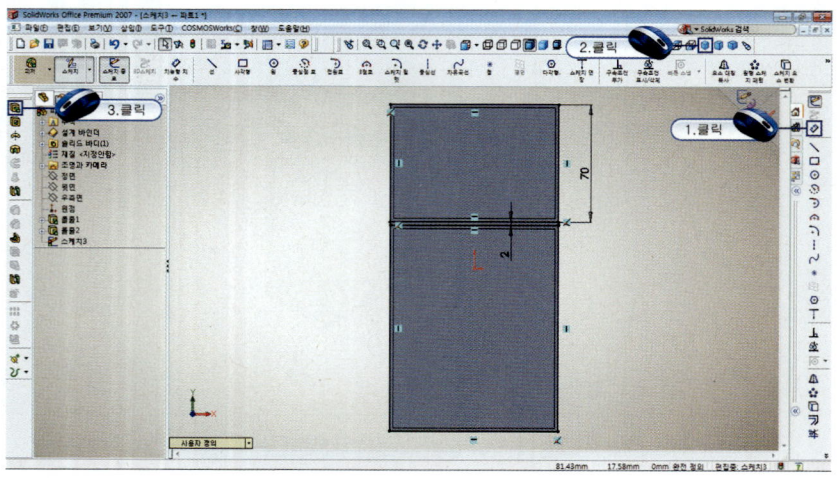

그림 1-138 《 치수 기입하기

[그림 1-139]에서 스케치 대상물을 클릭한 다음 2를 입력한 후 체크 버튼을 클릭한다.

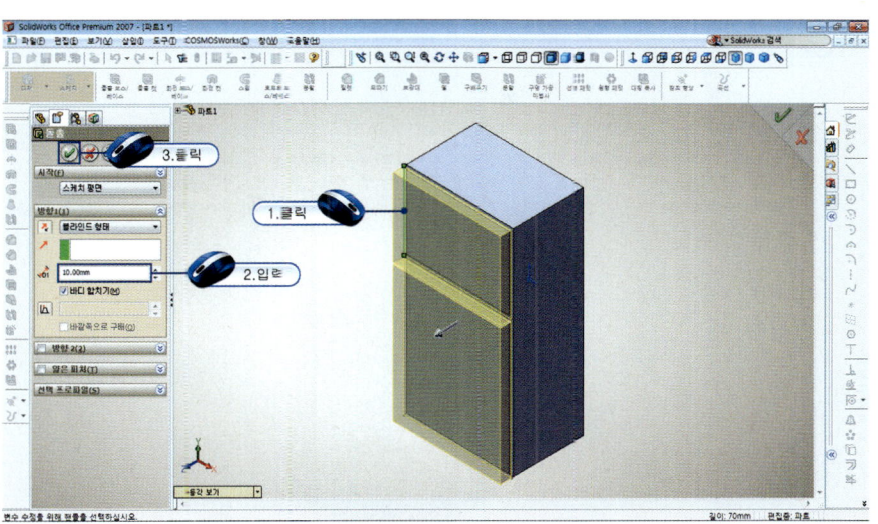

그림 1-139 《 돌출하기

[그림 1-140]에서 모델을 회전시키기 위해 View Rotate(뷰 회전)아이콘을 클릭한 다음 임의의 위치에서 마우스 왼쪽 버튼을 누른 채 화살표 방향으로 드래그한다.

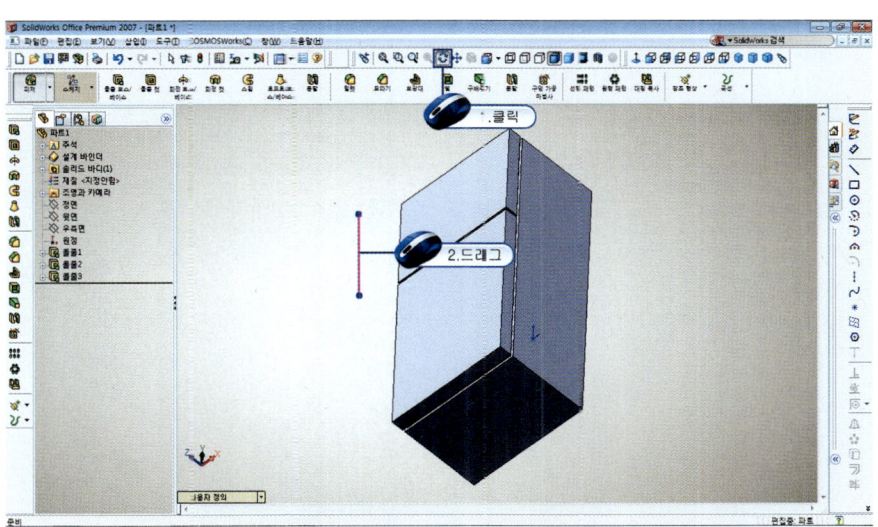

그림 1-140 《 스케치 시작하기

[그림 1-141]에서 새로운 스케치를 하기 위해 sketch(스케치) 아이콘을 클릭한 다음 정면을 클릭한다. 작업평면을 수직으로 보기 위해 Normal To(면에 수직으로 보기) 아이콘을 클릭한다.

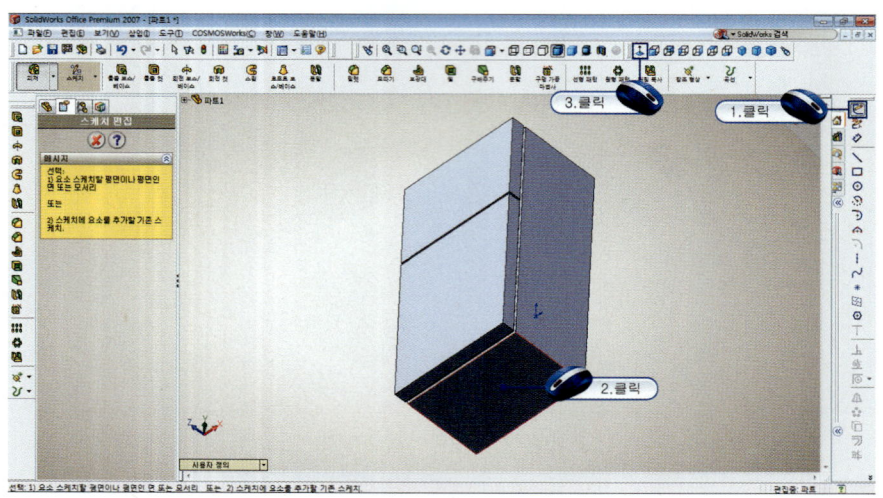

그림 1-141 《 스케치 시작하기

[그림 1-142]에서 중심점과 반지름 값으로 원을 그리기 위해 Circle(원) 아이콘을 클릭한 다음 중심선의 중심점을 클릭한 후 임의의 지점을 클릭한다.

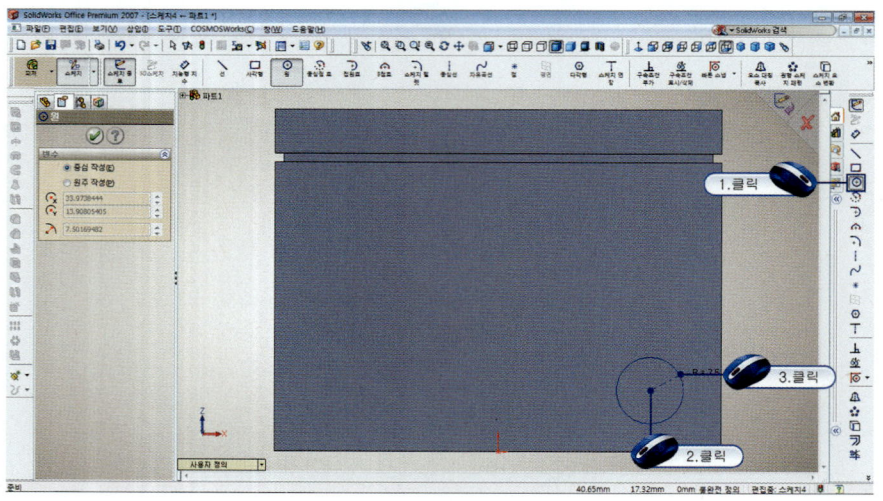

그림 1-142 《 원 그리기

[그림 1-143]에서 스케치에 치수 구속조건을 적용하기 위해 ◆Smart Dimension(지능형 치수)을 클릭하고 그림과 같이 치수를 기입한다. 등각 화면으로 보기 위해 ◐Isometric (등각보기) 아이콘을 클릭한다. Feature(피처)를 생성하기 위해 Features(피처) 도구모음에서 ▤Extruded Boss/Base(돌출 보스/베이스) 아이콘을 클릭한다.

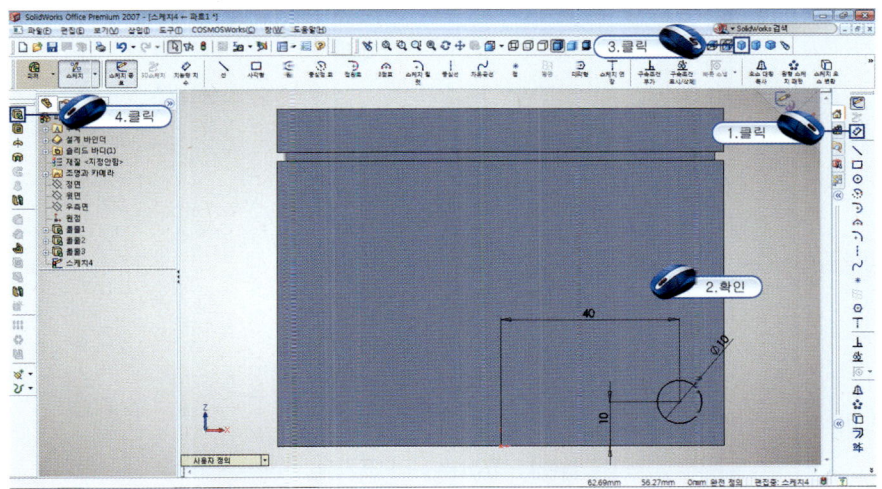

그림 1-143 « 치수 기입하기

[그림 1-144]에서 스케치 대상물을 클릭한 다음 3을 입력한 후 체크 버튼을 클릭한다.

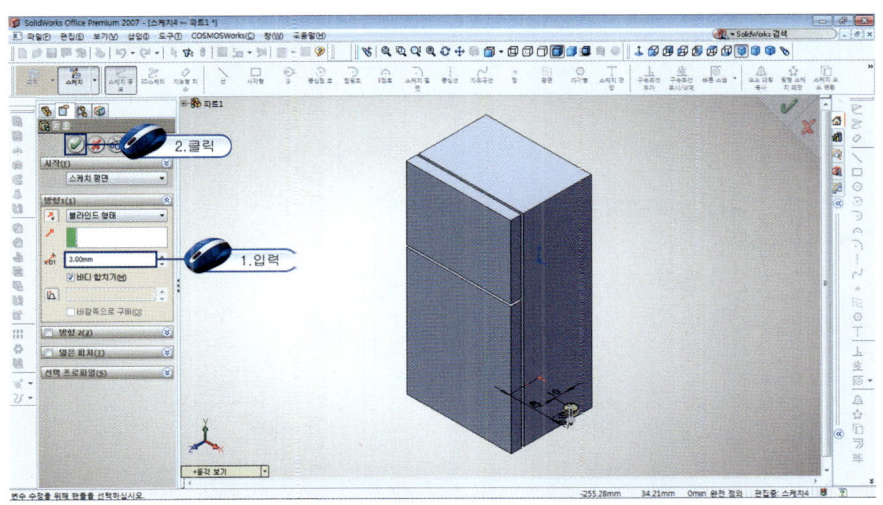

그림 1-144 « 돌출하기

[그림 1-145]에서 숨은 모서리 선을 표시하기 위해 Hidden Lines Visible(은선 표시)아이콘을 클릭한다. 선택 피처, 면, 바디를 이용하여 선형 패턴을 작성하기 위해 Linear Pattern(선형 패턴) 아이콘을 클릭한다.

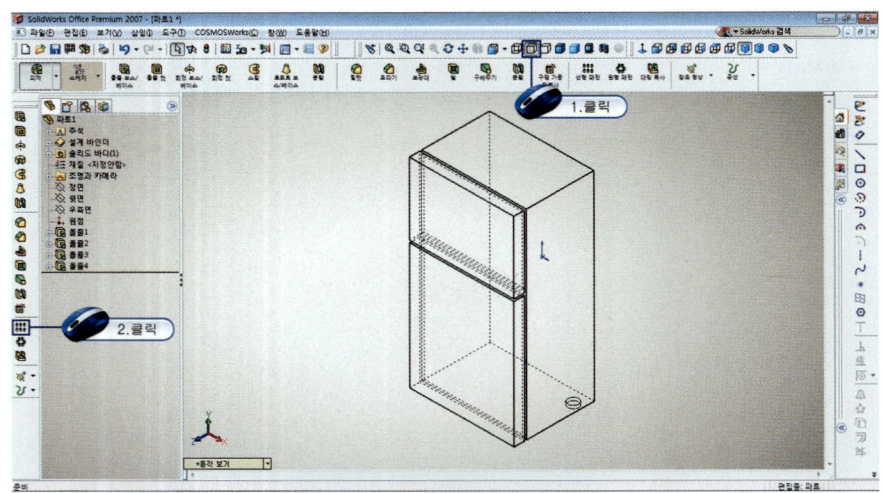

그림 1-145 ≪ 은선 표기하기

[그림 1-146]에서 그림과 같이 패턴 할 모서리를 클릭한다. 방향 1/2 패턴개수 값 2를 입력한다.

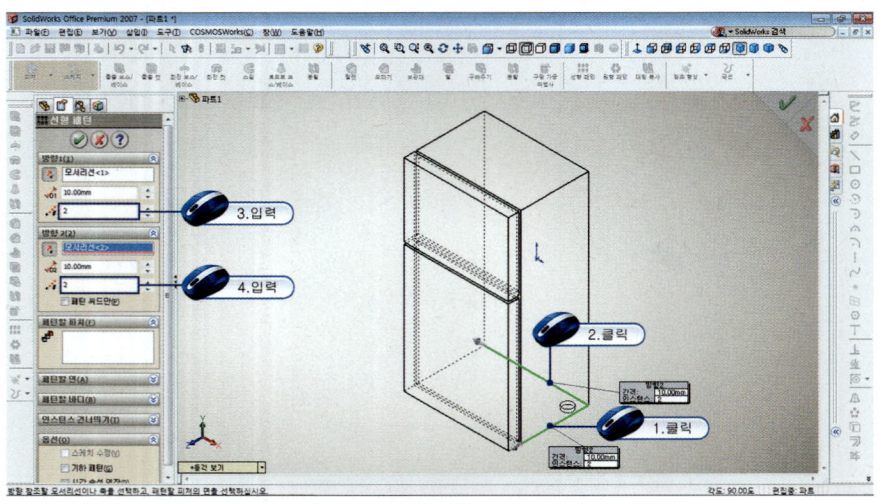

그림 1-146 ≪ 패턴 할 모서리 선정하기

[그림 1-147]에서 패턴 할 피처를 선택하기 위해 그림과 같이 파트1을 클릭한다.

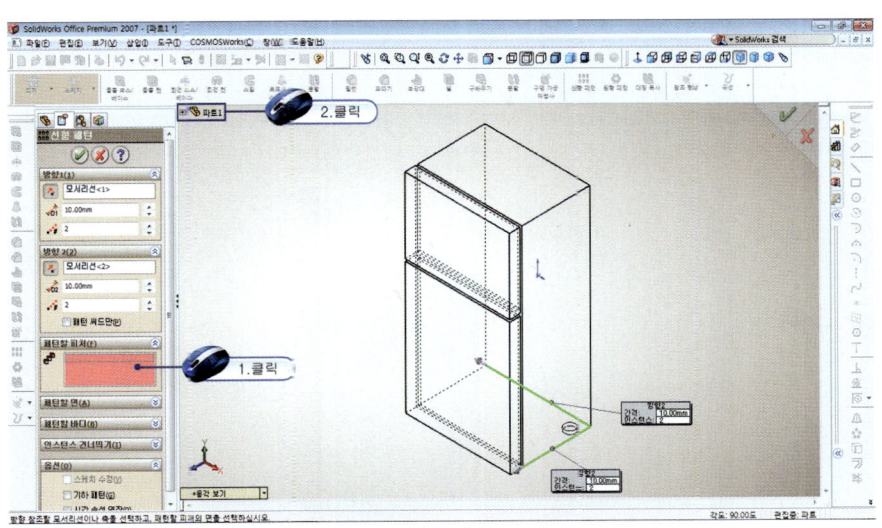

그림 1-147 《 패턴 할 피처 선정하기

[그림 1-148]에서 돌출4를 클릭하고 방향1의 패턴 거리 값 45를 입력한 다음 방향 2 거리 값 80을 입력한 후 체크 버튼을 클릭한다.

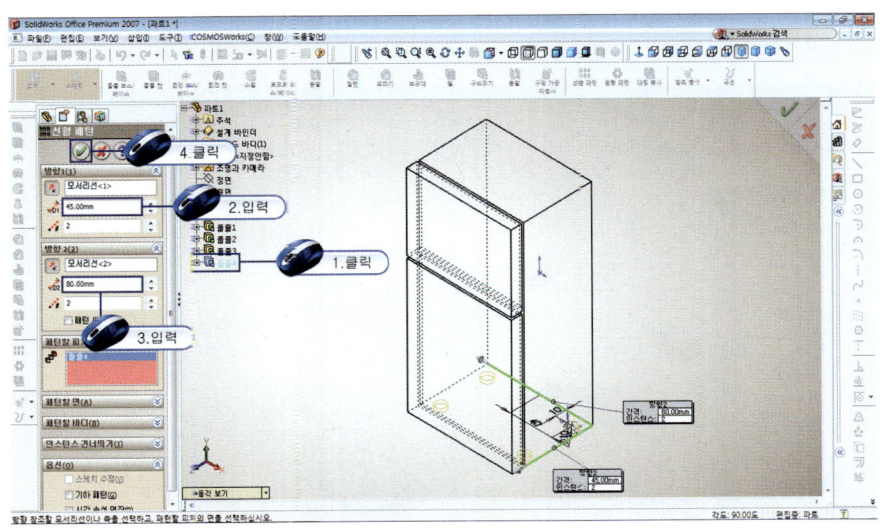

그림 1-148 《 패턴하기

[그림 1-149]에서 모델을 모서리선 표시 상태의 음영 뷰로 표시하기 위해 모서리 표시 음영 아이콘을 클릭한다. 모서리를 따라 안쪽 면이나 바깥쪽 면에 둥근 필렛을 생성하기 위해 Fillet(필렛) 아이콘을 클릭한다.

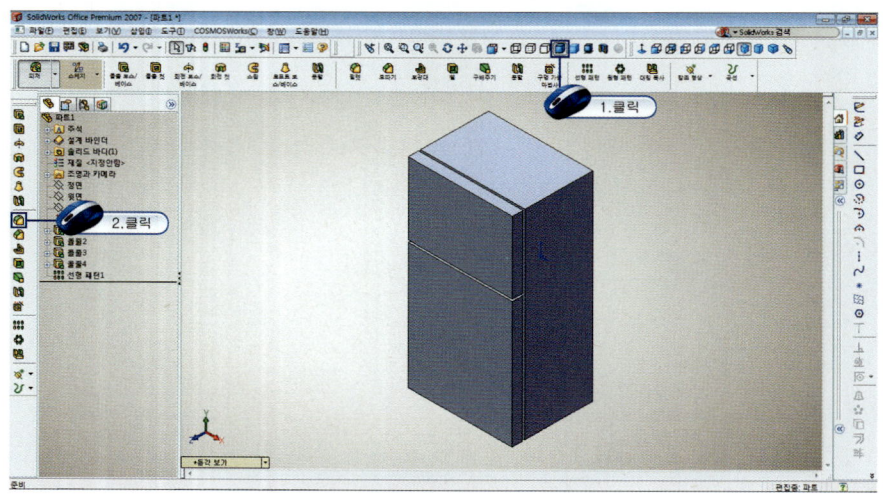

그림 1-149 ≪ 모서리 표시 음영 실행

[그림 1-150]에서 필렛 값 2를 입력한 다음 그림과 같이 모서리를 클릭한 후 체크 버튼을 클릭한다.

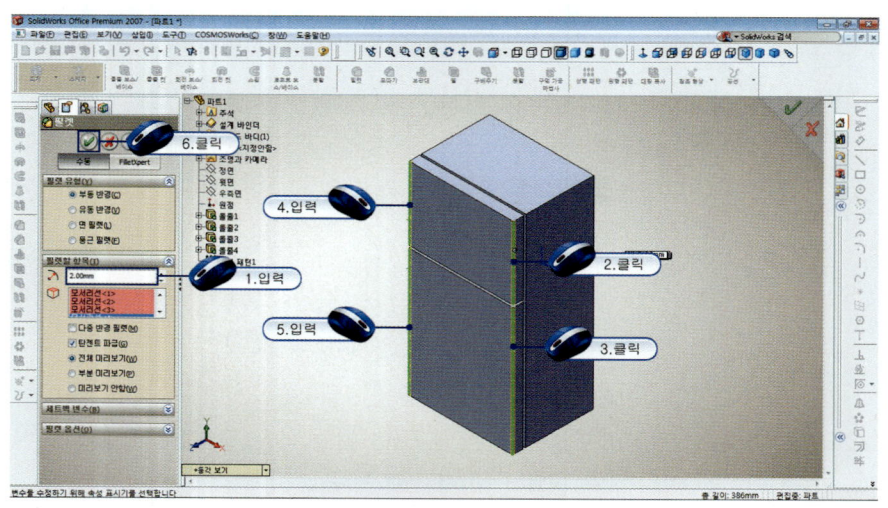

그림 1-150 ≪ 필렛하기

[그림 1-151]에서 냉장고 제품모형을 완성하였다.

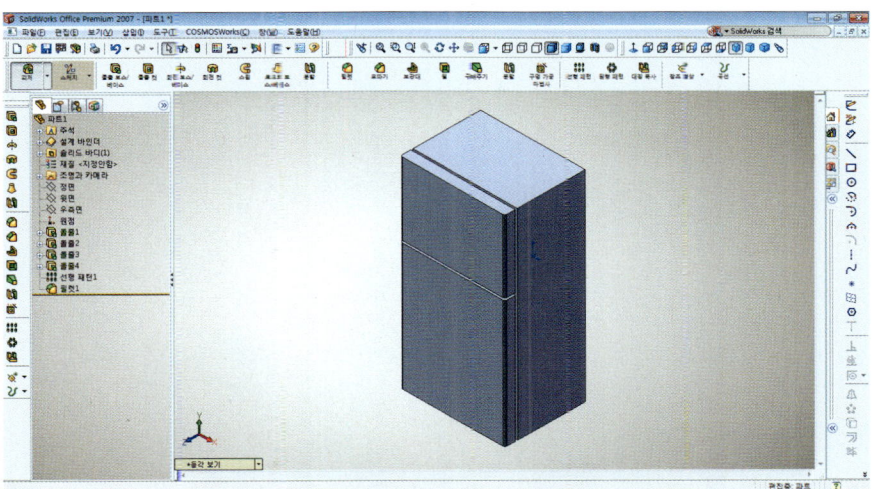

그림 1-151 ≪ 냉장고 제품모형 완성

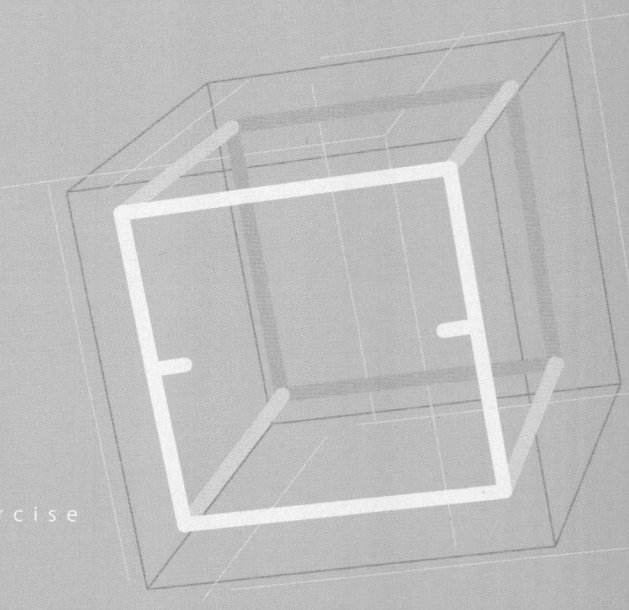

제품모델링 & 모형제작 실습_ 제품응용모델링 기능사 실기 대비서
Product Modelling & Modelling Exercise

Chapter 02

2D 도면
(SolidWorks Drawing)

제1절 _ 도면 시작하기
제2절 _ 도면 시트 설정하기
제3절 _ 도면 윤곽선 만들기
제4절 _ 표제란 만들기
제5절 _ 중심마크 그리기
제6절 _ 완성된 도면 템플릿
제7절 _ 2D 도면 불러오기
제8절 _ 치수 기입하기
제9절 _ 치수 텍스트 편집하기
제10절 _ 모서리 선 숨기기

제품모델링 & 모형제작 실습_ 제품응용모델링 기능사 실기 대비서
Product Modelling & Modelling Exercise

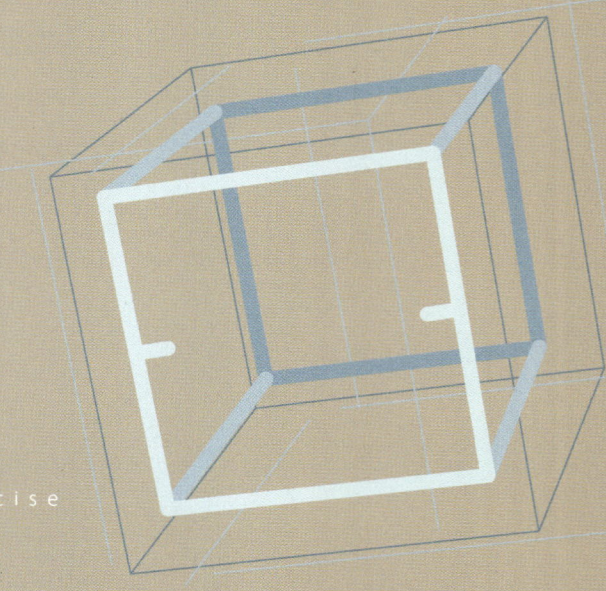

CHAPTER 02 2D 도면(SolidWorks Drawing)

도면 창은 Part(파트) 모델링한 제품을 2D 도면화 시키는 작업이다.

제1절 도면 시작하기

가. File(파일) – 새 문서 또는 새 문서 아이콘을 선택한다.
나. 템플릿 탭에서 도면을 선택한다.
다. 시트 형식/크기 대화상자에서 사용자 정의 시트 크기를 클릭 한 후 A4 도면 크기로 설정한다.
라. 확인 버튼을 클릭한다.

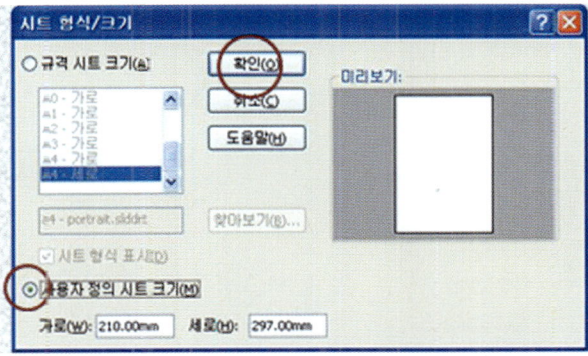

그림 2-1 《 시트 형식/크기 설정

제2절 도면 시트 설정하기

가. 제1각법으로 지정되어 있으면 3각법으로 변경해주어야 한다.
나. 속성 – 제3각법을 클릭한다.

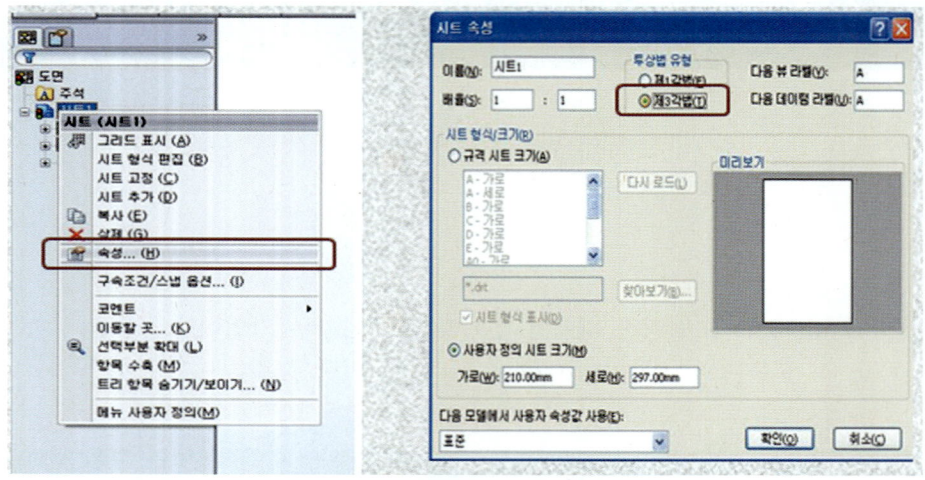

그림 2-2 《 도면 시트 설정하기

다. 구속조건/스냅 옵션 지정한다.
라. 문서속성 – 치수 – 유형을 클릭한다.

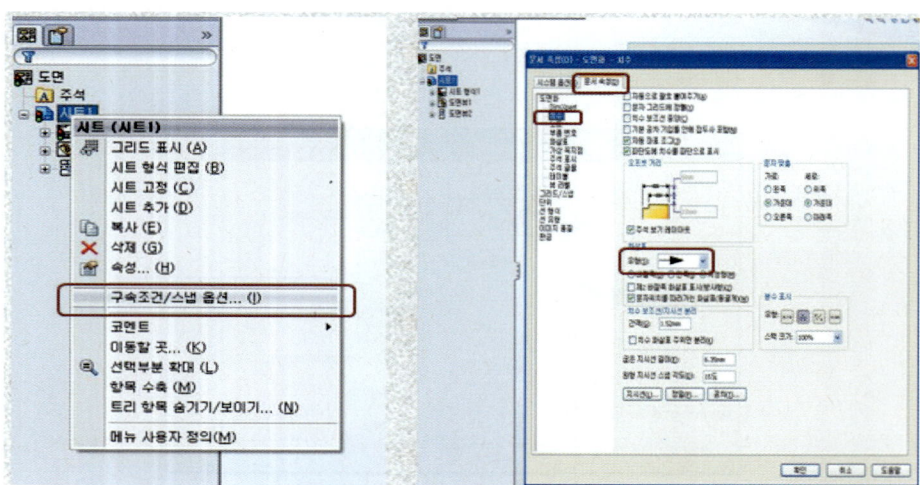

그림 2-3 《 문서 속성

마. 화살표를 클릭한다.
바. 치수 높이로 축척 체크한다
사. 단면도 화살표 문자- 높이로 축척 체크한다.

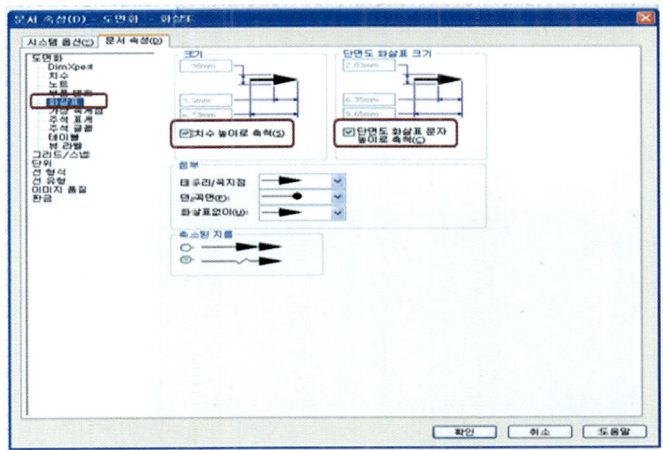

그림 2-4 《 화살표

아. 지시선을 클릭한다.
자. 표준 지시선 표시 무시 – 원형 치수 텍스트를 클릭한다.

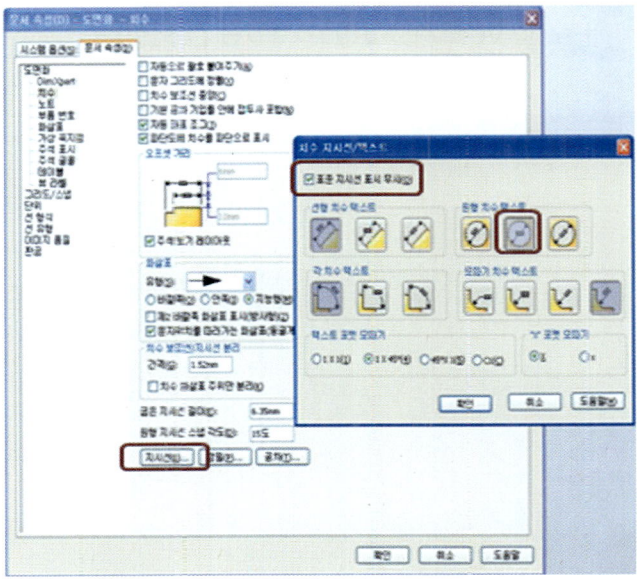

그림 2-5 《 지시선

제3절 도면 윤곽선 만들기

가. 도면 레이어가 설정되었으면 시트 형식 편집 준비를 한다.
나. 시트 작업창의 우측 마우스 버튼을 클릭, 시트 형식 편집을 한다.

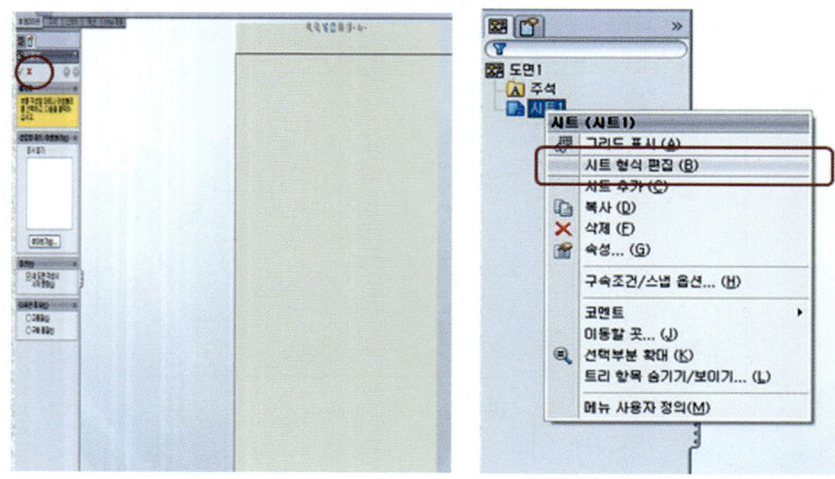

그림 2-6 《 시트 형식 편집

다. 스케치 창의 Rectangle(직사각형)을 선택한다.
라. 파라미터 도면의 윤곽선 A4 크기 X210×Y297을 입력한다.

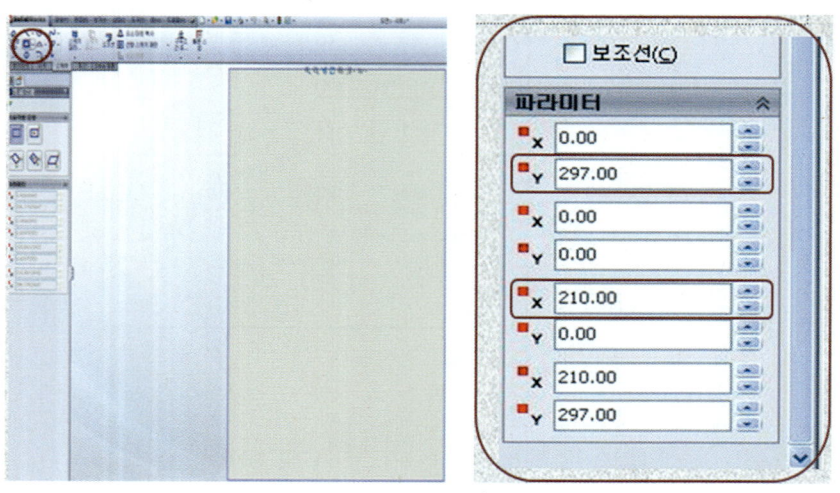

그림 2-7 《 시트 파라미터 편집

ㅁ-. 도면의 윤곽선이 나타나면 오프셋 명령을 이용해서 변수 값을 10mm로 설정한다
ㅂ-. 치수 부가, 반대 방향, 체인 선택을 체크 한다.

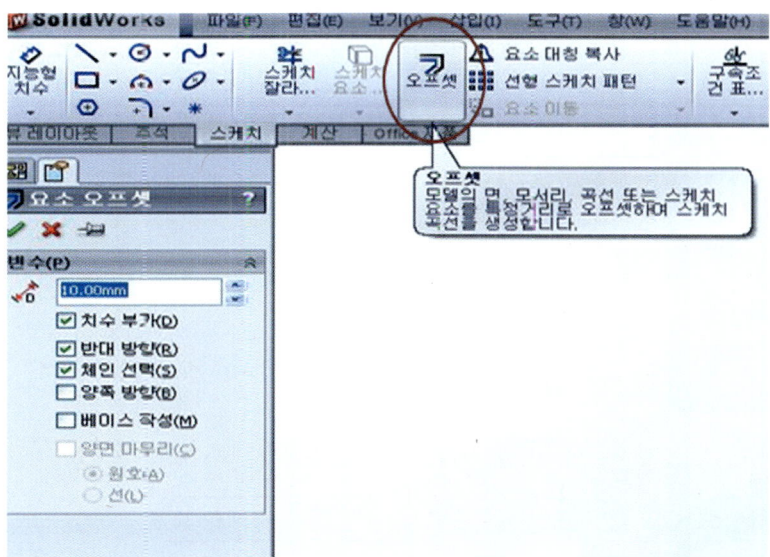

그림 2-8 《 오프셋

아. 오프셋을 명령 후 도면 가장자리의 선들을 지정 후 지운다.

그림 2-9 《 요소 잘라내기

자. 윤곽선 굵기 선정한다.

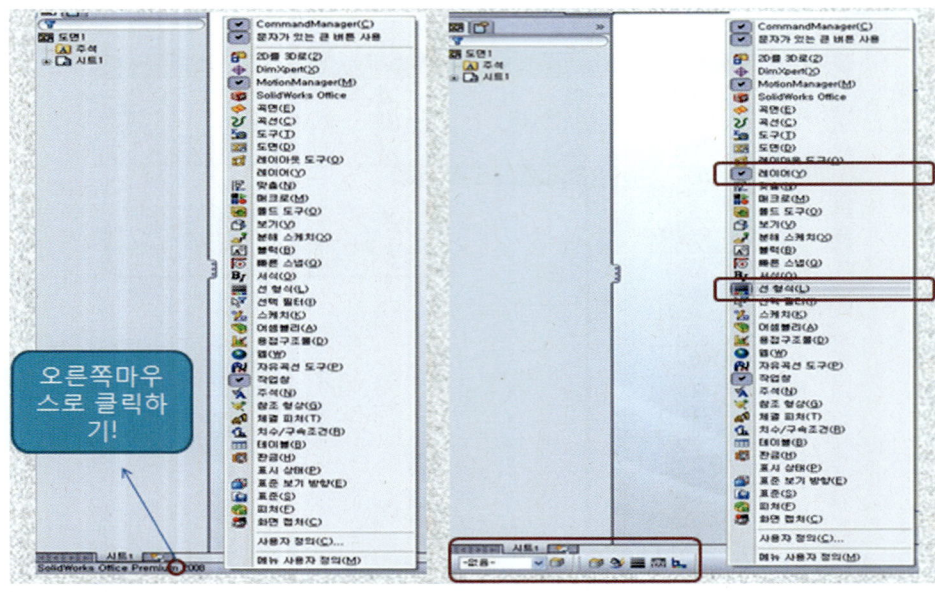

그림 2-10 《 레이어

차. 레이어를 굵은선으로 지정한다.

그림 2-11 《 선 형식

제4절　표제란 만들기

가. 스케치 창의 Line(라인)을 클릭한다.
나. 윤곽선 상단 아랫부분에 표제란을 만든다.

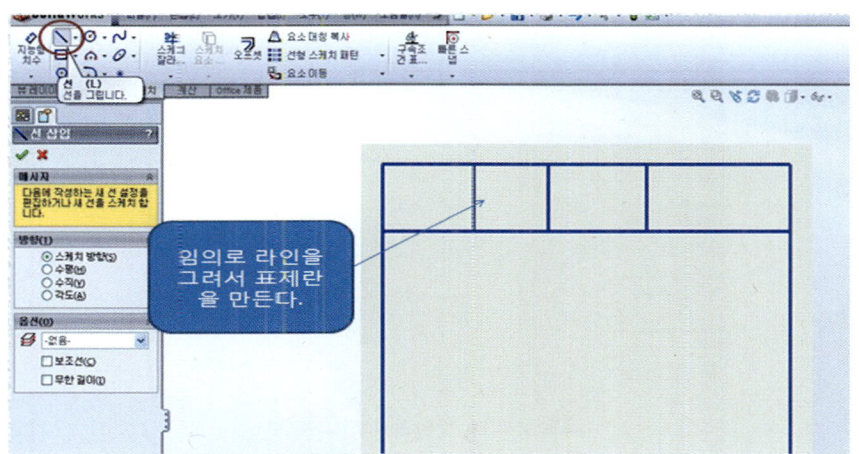

그림 2-12 « 표제란 만들기

다. 주석 도구에 노트A를 선택해서 표제란 안에 클릭한다.
라. 서식 툴바가 생성되면 기입할 표제란의 명칭들을 입력한다.
마. 글씨체를 한글 서체로 변환해야 한다.

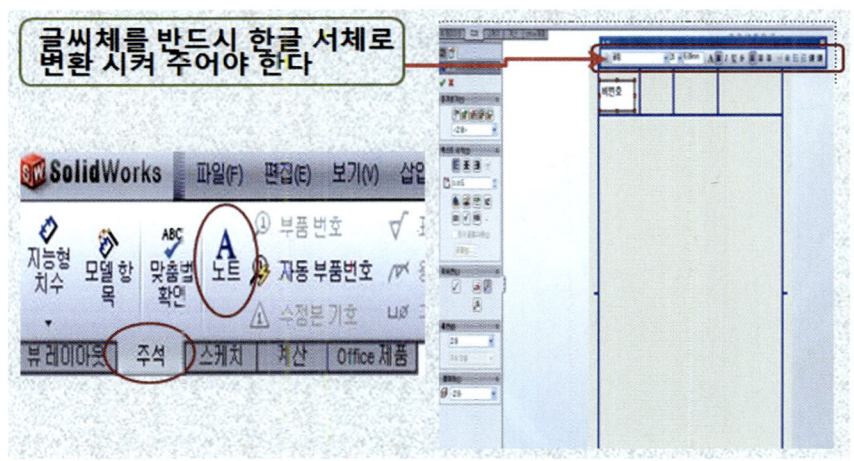

그림 2-13 « 주석 달기

제5절 중심마크 그리기

가. 스케치 창의 Line(라인)을 클릭한다.
나. 윤곽선 중심마크 라인을 그린다.
다. 윤곽선 테두리의 각 중심의 변수 값을 5로 설정한다.

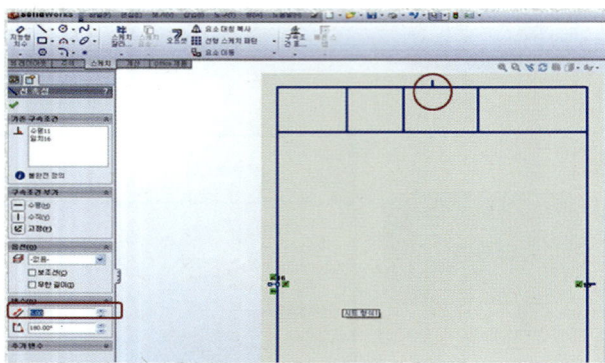

그림 2-14 ≪ 중심마크 그리기

제6절 완성된 도면 템플릿

가. 제품응용모델링 기능사의 도면 템플릿 완성

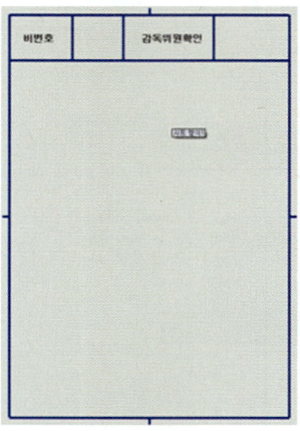

그림 2-15 ≪ 완성된 도면 템플릿

제7절 2D 도면 불러오기

가. 모델 뷰를 클릭한다.

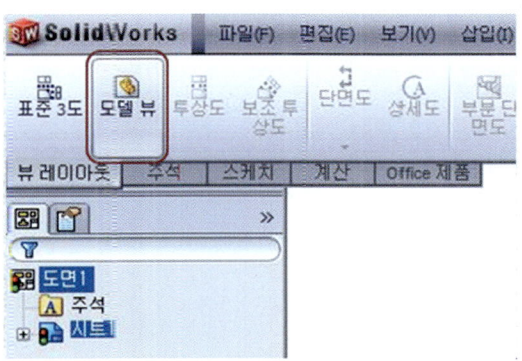

그림 2-16 « 모델 뷰

나. 찾아보기를 클릭한다.
다. 폴더에 저장된 3D모델링 작업한 제품 모델링을 찾아 클릭한다.
라. 열기를 클릭한다.
마. 정면보기를 설정한다.
바. 도면창에 모델 뷰를 삼각법어 의거 용지크기에 맞게 배치한다.

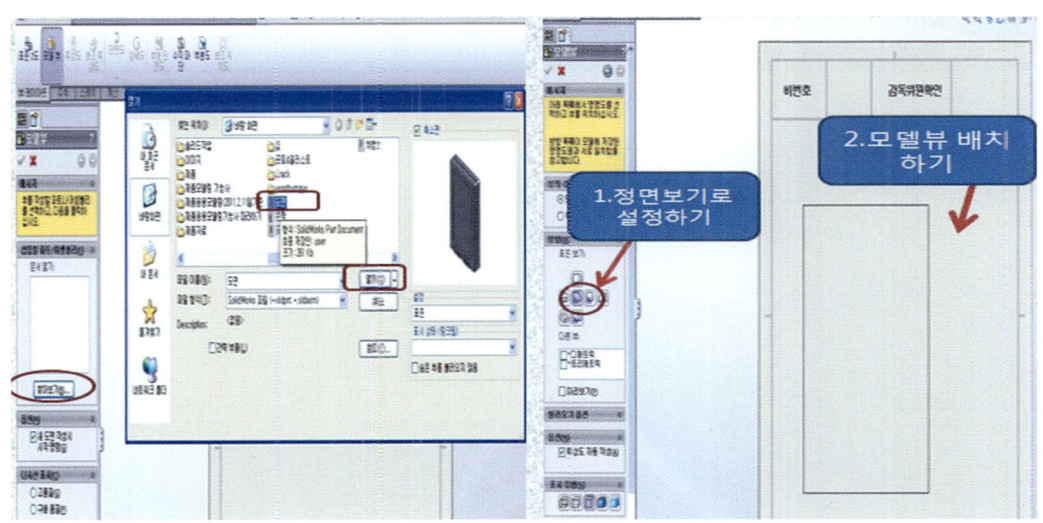

그림 2-17 « 모델 뷰 배치

사. 배치된 도면을 확인할 수 있다.

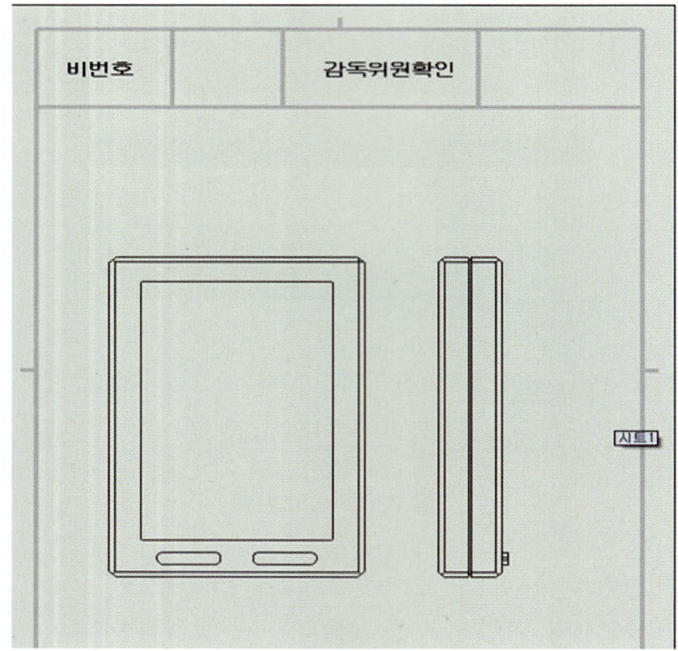

그림 2-18 « 도면 배치

제8절 치수 기입하기

가. 도면의 치수 값을 보고 모델 뷰에 치수기입을 해준다.
나. 스케치 창 – 지능형 치수기입

제9절 치수 텍스트 편집하기

가. 변경해야 할 치수 텍스트를 선정한다.
나. 치수 텍스트에서 변경한다.

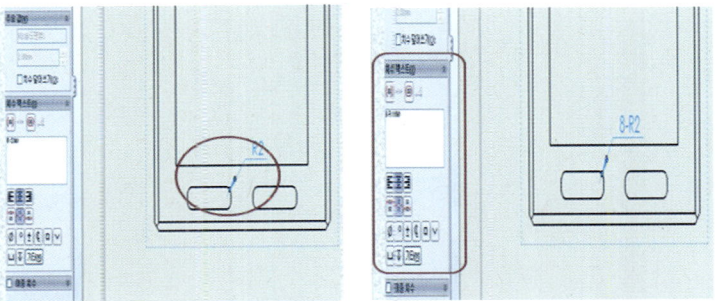

그림 2-19 « 지능형 치수 주기

제10절 모서리 선 숨기기

가. 도면의 불필요한 선들을 숨기기
나. 숨기기 위한 선형을 클릭 후 - 모서리 숨기기 클릭한다.

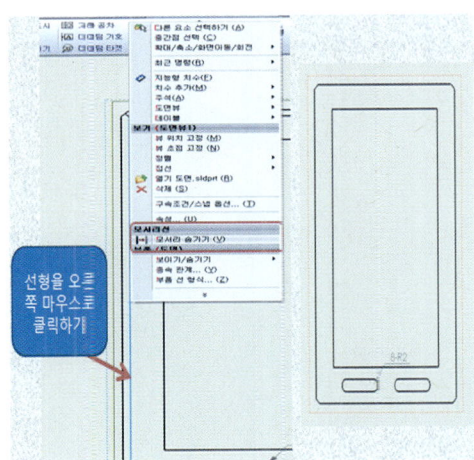

그림 2-20 « 모서리 숨기기

제품모델링 & 모형제작 실습_ 제품응용모델링 기능사 실기 대비서
Product Modelling & Modelling Exercise

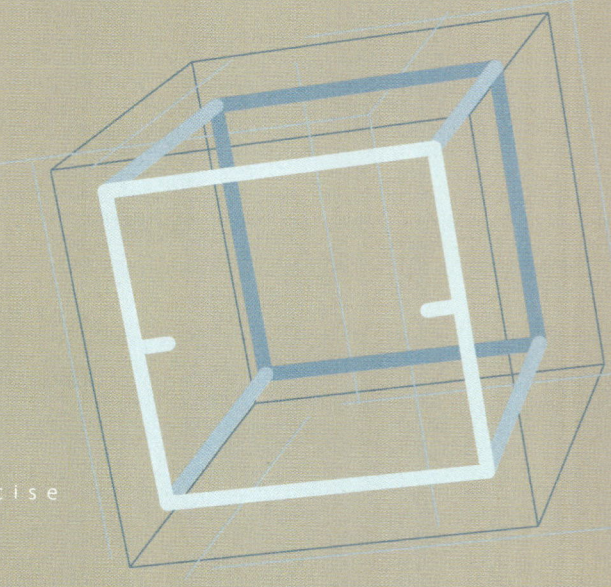

Chapter 03

제품모형제작(기초)

제1절_ 측정기 사용하기
제2절_ 수공구 사용하기
제3절_ 펀칭 및 드릴링
제4절_ ABS수지판 재단 기초 실습
제5절_ 플라스틱 열가공
제6절_ 피라미드 조형
제7절_ 보관함 만들기
제8절_ 정육면체 조형
제9절_ 다용도 꽃이함 만들기
제10절_ 석탑모형 만들기
제11절_ 명패 제작하기

제품모델링 & 모형제작 실습_ 제품응용모델링 기능사 실기 대비서
Product Modelling & Modelling Exercise

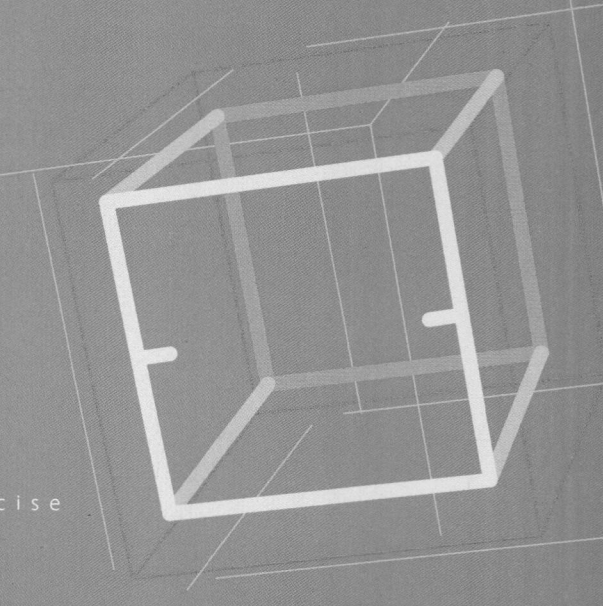

CHAPTER 03 제품모형제작(기초)

제1절 측정기 사용하기

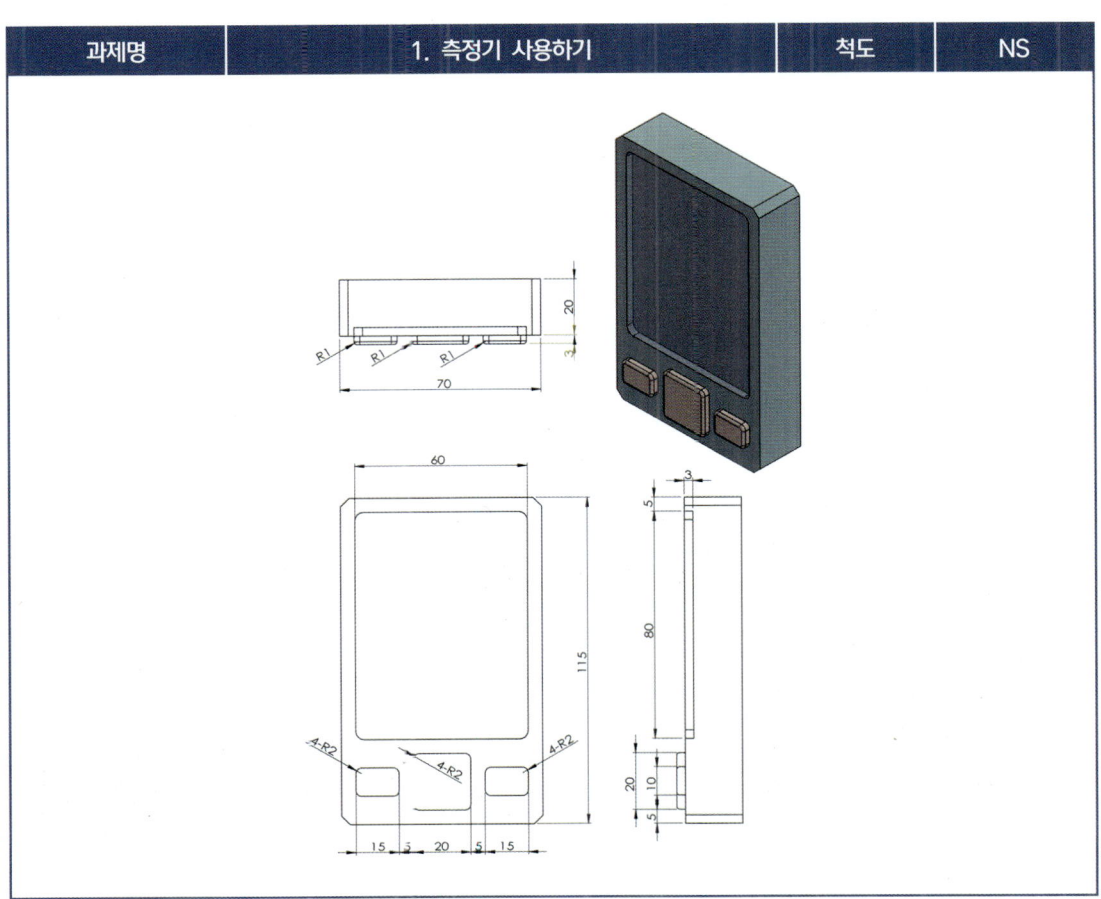

그림 3-1 《 측정기 사용하기

- **학습목표**
  1. 강철자, 직각자, 나이프직각자의 구조와 종류를 알고, 그 사용방법을 알 수 있다.
  2. 버니어캘리퍼스의 구조와 종류를 알고 눈금읽기를 할 수 있다.
  3. 버니어캘리퍼스를 사용하여 바깥지름, 안지름, 깊이 및 단차측정을 할 수 있다.
  4. 하이트게이지의 구조와 종류를 알고, 눈금읽기를 할 수 있다.
  5. 반지름게이지의 사용 방법을 알 수 있다.

- **사용 재료**
  목업제품, 면걸레, 방청유

- **기계 및 공구**
  강철자, 직각자, 나이프직각자, 버니어캘리퍼스, 하이트게이지, 반지름게이지, 정반

- **시청각 자료**
  도면, 실물제품 모형, 관련 멀티미디어 학습자료

관계지식 측정기 관련지식

1. 강철자

가. 강철자의 길이는 보통 두 가지로 표기(mm, inch), 150mm, 300mm, 500mm, 1000mm 보통은 50~1000mm이며, 1/2, 1/4, 1/8, 1/16(inch) 등으로도 나타낸다.
일반적으로 목업제품 측정시에는 300mm를 많이 사용한다.

나. 최소 측정 범위는 0.5~1mm이고, 그 재질은 스테인리스강이다.

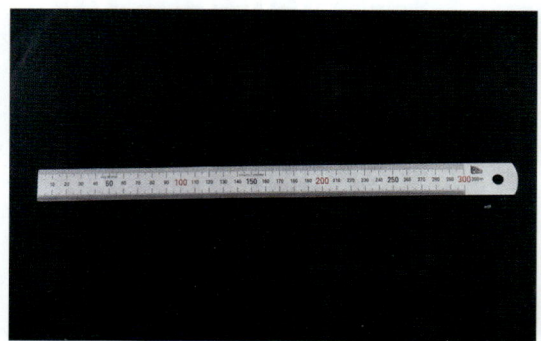

그림 3-2 « 강철자 300mm

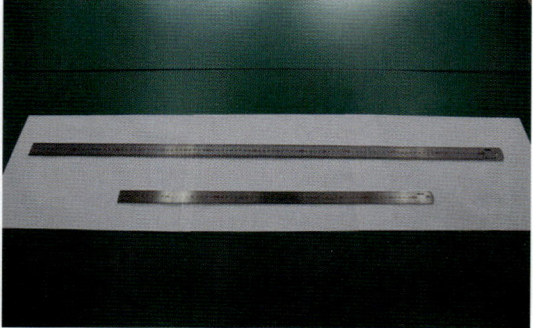

그림 3-3 « 강철자 500~1000mm

2. 직각자 · 나이프직각자

가. [그림 3-4], [그림 3-5]와 같이 날(blade)과 손잡이(handle)로 구성되어 있다.
나. 목업제품의 모형 직각이 맞는지를 점검하거나, 직각의 금긋기바늘을 이용해서 금을 그을 때 사용한다
다. 직각자의 기준이 되는 기준면 자루(handle)에 직각자를 일치시키고 직각이 되는 면의 날(blade)로 확인한다.
라. 목업제품 표면에 빛이 새어 들어오는 정도를 보고 측정하며, 굴곡이 있는 방향을 선택한다.

그림 3-4 ≪ 직각자

그림 3-5 ≪ 나이프직각자

3. 버니어캘리퍼스(Vernier calipers)

가. 구조

가장 많이 사용되고 있는 길이 측정기로서, 일명 일본어로 '노기스(ノギス)'라고도 한다. 버니어캘리퍼스(Vernier calipers)는 어미자(scale)의 끝에 있는 2개의 평행한 조(Jaw) 사이에 [그림 3-6]과 같이 아들자(vernier)의 눈금에 의하여 어미자의 눈금보다 작은 치수를 읽을 수 있게 만든 측정 기구로서, 제품의 바깥지름, 안지름, 깊이, 단차 등을 측정하여 최소 측정값 0.02mm 또는 0.05mm까지 직접 측정할 수 있다.

버니어캘리퍼스의 크기는 측정할 수 있는 최대 길이로 표시하며 150mm, 200mm, 300mm, 600mm 등이 있다. 형식에는 일반 버니어 형, 디지털 형, 다이얼 형이 있으며, 그 종류에는 M1형, M2형, CB형, CM형이 있다.

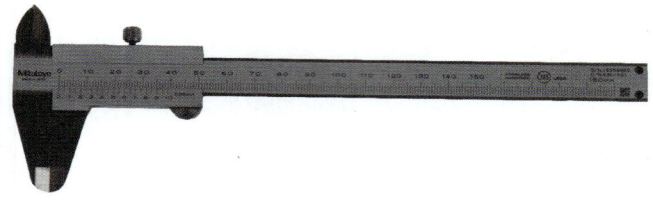

그림 3-6 ≪ 일반 버니어캘리퍼스

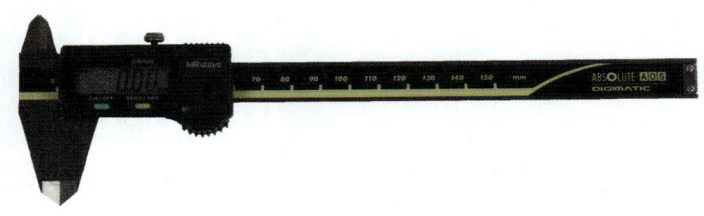

그림 3-7 ≪ 디지털 버니어캘리퍼스

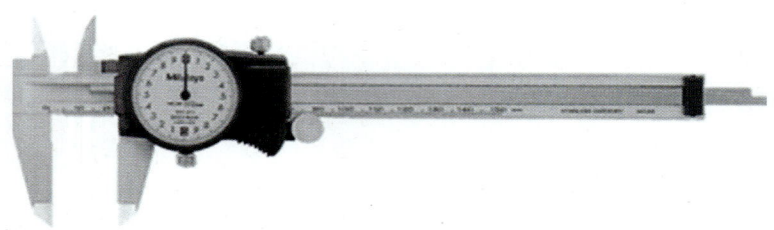

그림 3-8 ≪ 다이얼형 버니어캘리퍼스

나. 눈금 읽는 방법

① 아들자의 0이 가리키는 곳의 일치되는 기선의 어미자의 눈금을 읽는다.
② 어미자와 아들자의 눈금이 기선상의 일치하는 곳의 아들자의 눈금을 읽는다
③ 어미자와 아들자의 읽은 값을 더한 것이 측정값이다.
④ [그림 3-9] 눈금 읽는 방법 ①의 측정값을 보면, 어미자의 읽은 값은 13mm, 아들자의 읽은 값은 5차 수이지만 10눈금이므로 10×0.05=0.5mm이므로, 측정값은 13+0.5=13.5mm임을 알 수 있다.

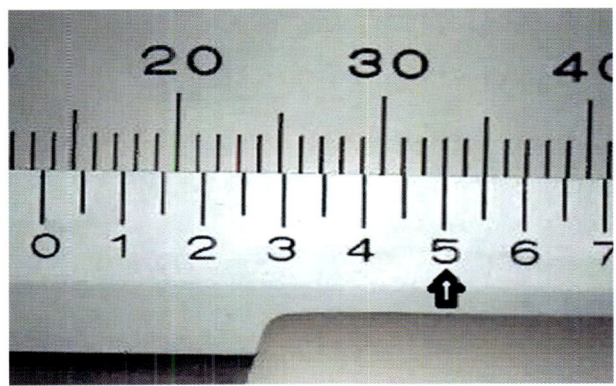

그림 3-9 《 눈금 읽는 방법 ①

⑤ [그림 3-10] 눈금 읽는 방법 ②의 측정값을 보면, 어미자의 읽은 값은 154mm, 아들자의 읽은 값은 9×0.05=0.45mm이므로, 측정값은 154+0.45=154.45mm임을 알 수 있다.

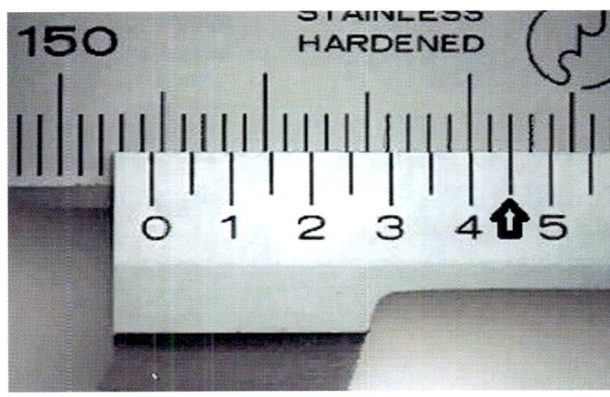

그림 3-10 《 눈금 읽는 방법 ②

다. 목업제품의 바깥지름 측정

① 목업제품의 측정면과 버니어캘리퍼스의 슬라이딩면이 깨끗한지 검사한다.
② 버니어캘리퍼스의 조를 밀착시킨 후 틈새가 있는지 확인한 후 0점을 조정한다.
③ 오른손 엄지 끝 부분을 아들자의 이동 조 손가락 걸이에 대고 아들자를 앞뒤로 슬라이딩 시켜 본다.

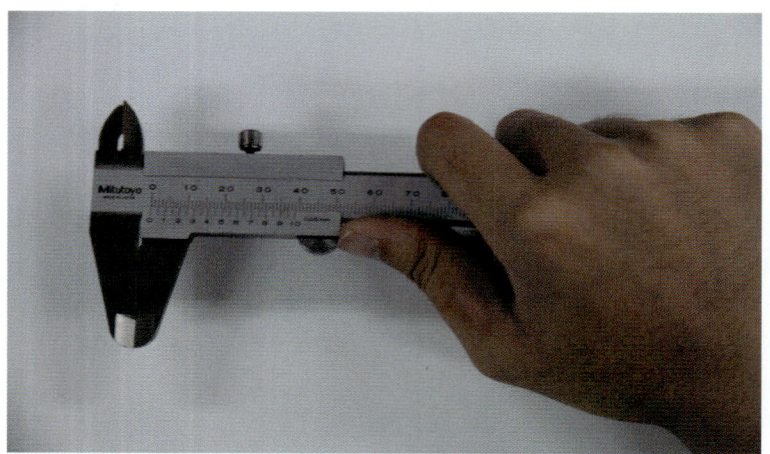

그림 3-11 ≪ 0점 조정

④ 목업제품을 왼손으로 올바르게 잡고 오른손으로 버니어캘리퍼스로 측정한다.
　(※ 왼손잡이는 손의 위치 반대방향으로 측정)

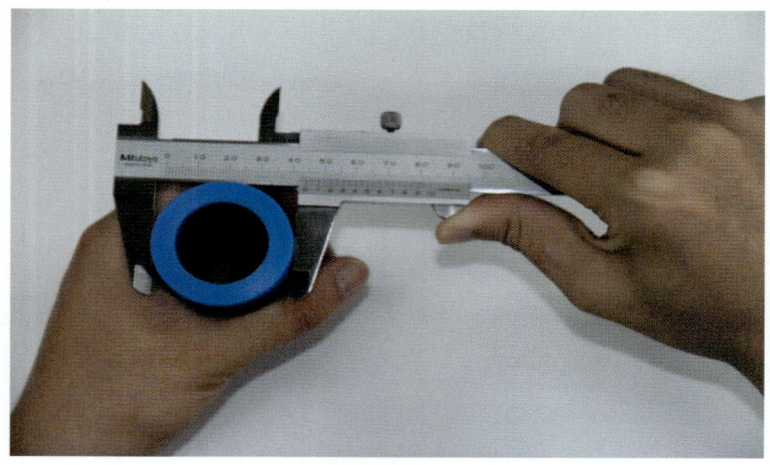

그림 3-12 ≪ 원형의 목업제품 바깥지름 측정

⑤ 고정 조를 제품측정면에 대고 아들자의 이동 조를 가볍게 슬라이딩시켜 목업제품 측정면 공작물에 닿도록 한다. 이때 목업제품은 측정면에 깊게 물리고 적당한 측정 압력으로 3~4회 반복 측정해서 평균값을 확인한다.

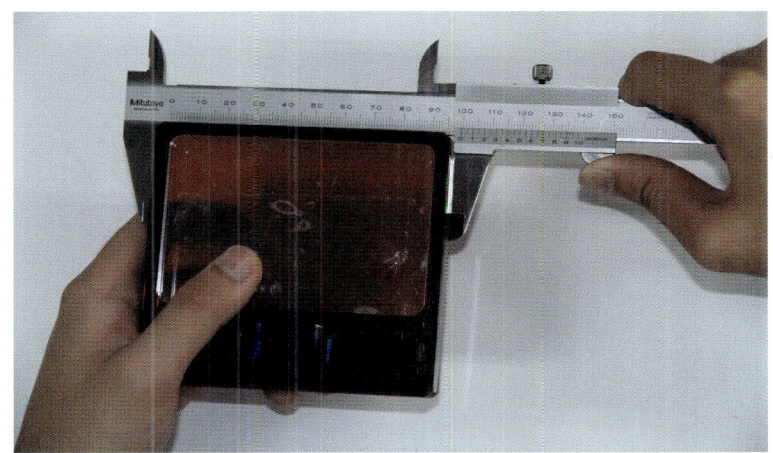

그림 3-13 ≪ 목업제품의 가로형태 측정

⑥ 목업제품을 측정면에 대해 직각방향으로 넣고 눈금선 정면에서 읽는다. 눈금을 읽기 어려울 때는 슬라이더의 고정 나사로 고정한 후 목업제품의 측정 눈금을 읽는다.

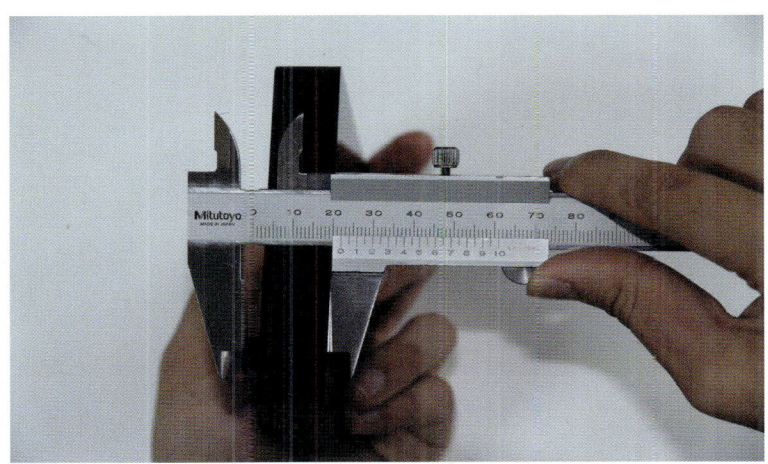

그림 3-14 ≪ 목업제품의 폭 측정

라. 목업제품의 내측 측정

① 버니어캘리퍼스의 내측 조를 목업제품의 측정면과 평행을 이루도록 한다.
② 슬라이더를 움직여 측정한다.

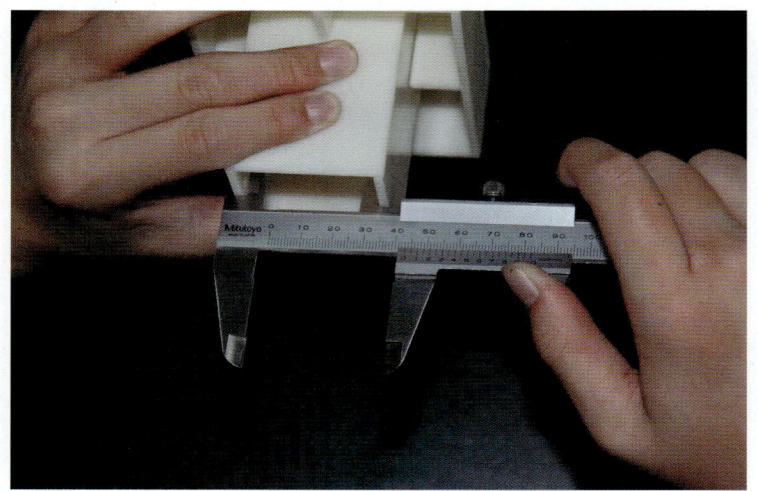

그림 3-15 ≪ 맞는 내측 측정(평면)

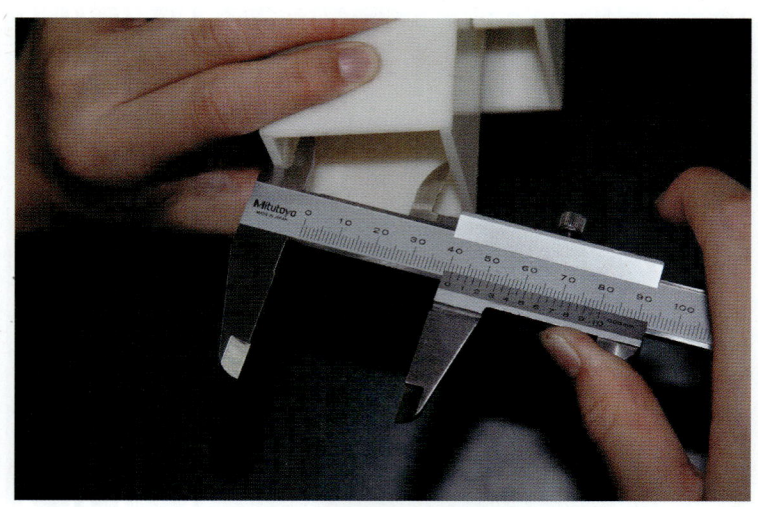

그림 3-16 ≪ 틀린 내측 측정(평면)

마. 원형의 목업제품 안지름 측정

① 원형형태 안지름을 측정할 때는 내측 조를 구멍의 축선 중심에 위치시킨다.
② 버니어캘리퍼스의 내측 조를 3~4회 반복 측정하여 평균값을 확인한다.

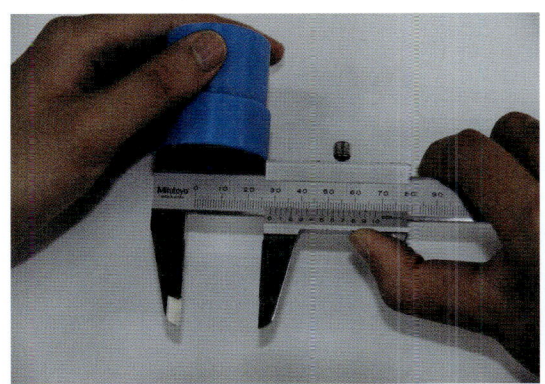 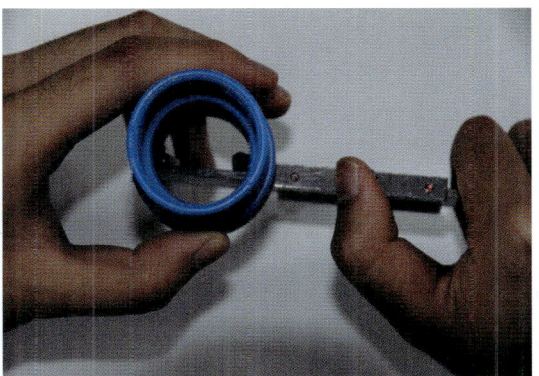

그림 3-17 ≪ 맞는 안지름 측정

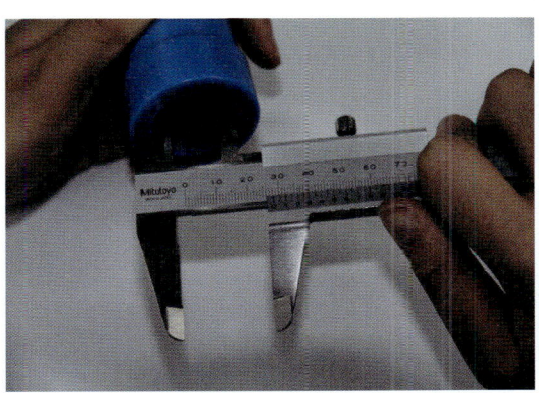 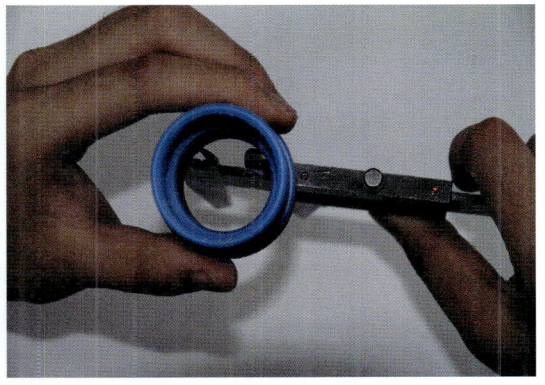

그림 3-18 ≪ 틀린 안지름 측정

바. 목업제품의 깊이 측정

① 어미자의 깊이 기준면을 목업제품의 내측 면에 밀착시킨다.
② 오른손으로 버니어캘리퍼스의 어미자 기준면이 뒤틀리지 않도록 잡고, 왼손으로 깊이 바를 목업제품 측정부위 아랫면에 접촉시킨다. 이때 목업제품의 모서리 부분에 깊이 바의 각진 부분이 밀착되도록 한다.
③ 측정할 때에는 어미자와 아들자 0점 위치와 측정자의 눈의 높이가 같아야 정확한 측정이 가능하다.

그림 3-19 « 맞는 깊이 측정

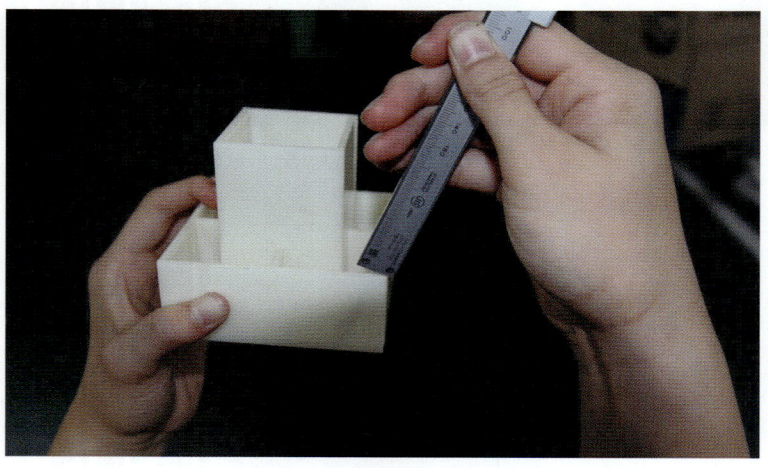

그림 3-20 « 틀린 깊이 측정

사. 목업제품의 단차 측정

① 고정 조를 목업제품의 안쪽 부위에 위치시키고, 이동 조를 제품의 바깥쪽 단에 위치시킨다.
② 눈금을 읽을 때에는 목업제품의 정 위치에서 눈금 값을 읽는다.

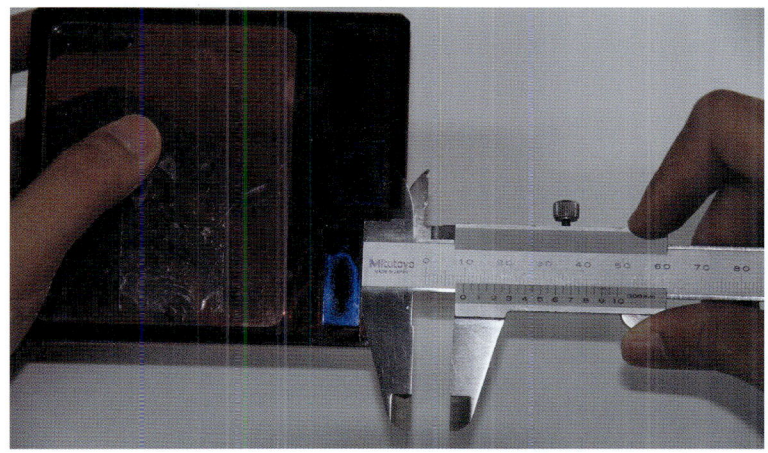

그림 3-21 ≪ 맞는 단차 측정

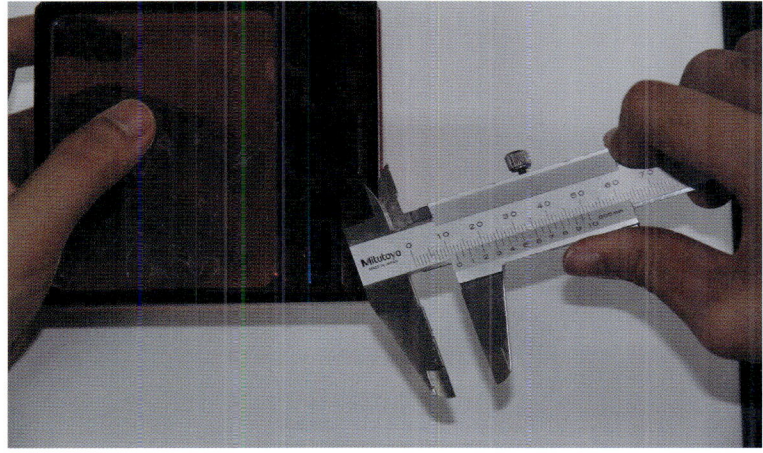

그림 3-22 ≪ 틀린 단차 측정

4. 하이트게이지(Height gauge)

가. 구조와 종류

하이트게이지(height gauge)는 목업제품을 정반위에 올려놓고 평행선을 긋거나 높이를 측정하는데 사용된다. 하이트게이지의 구조와 종류는 HM형, HB형, HT형의 3종류가 대표적이다. 그 밖에도 여러 종류가 있으며, 일반적으로 사용되는 크기로는 150mm, 200mm, 300mm, 600mm, 1000mm가 있다.

그림 3-23 《 하이트게이지

나. 금긋기 및 측정방법

① 측정 전에 정반 바닥면과 하이트게이지의 측정면 및 바닥면을 면걸레로 깨끗이 닦아야 한다.
② 정반 위에서 부재의 평행선을 정밀하게 긋거나, 높이 측정 검사를 할 때 사용된다. 본척이 고정되어 있으며, 슬라이더가 위·아래로 움직여 측정이 가능하며 원리는 버니어캘리퍼스와 같다.
③ V블록 위에 원형의 소재를 올려놓고 스크라이버의 끝으로 금긋기 작업을 할 수 있다.

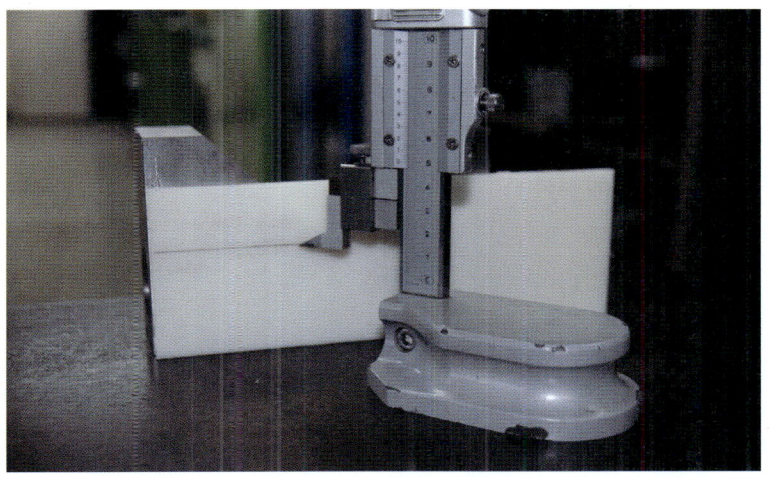

그림 3-24 « 평행선 금긋기

그림 3-25 « V블록 이용 원형 금긋기

5. 반지름게이지(Radius Gauge)

가. 반지름게이지의 용도와 크기

목업제품의 모서리 부분 둥근 형태의 모양 측정에 사용하며, 그 크기는 R1-R7, R7.5-R15, R15.5-R25 등으로 구분된다. 크기에 맞는 반지름게이지를 목업제품에 대고 빛이 통과되지 않으면 이상이 없으므로 주로 검사용으로 사용된다.

나. 반지름게이지(Radius gauge) 사용법

① 반지름게이지(Radius gauge)의 선택 : 반지름게이지는 오목부분과 볼록부분을 측정할 수 있도록 여러 개가 한 조로 묶어져 있고, 목업제품의 곡률 반지름에 맞는 크기의 반지름게이지를 선택한다.
② 반지름게이지(Radius gauge)의 측정방법 : 목업제품의 곡률 반지름에 맞춘 둥근 모양의 얇은 강철판을 소재의 면에 대었을 때 빛이 통하지 않도록 측정했을 때 가장 좋은 측정방법이다.

● 작업 순서

⋮⋮ 강철자, 직각자, 나이프직각자 측정순서

1. 강철자로 목업제품의 치수를 측정한다.

가. 도면과 제품의 측정 부위를 확인한다.
나. 강철자를 사용하여 일반치수를 측정한다.

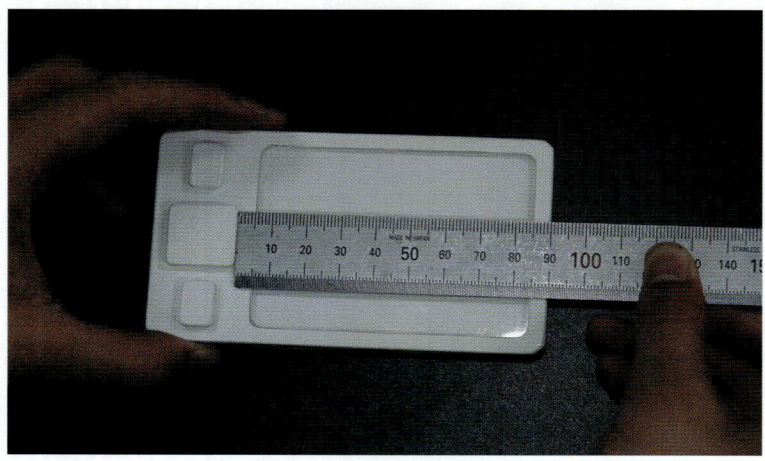

그림 3-26 《 강철자 측정

2. 목업제품의 직각과 기준면을 확인한다.

가. 직각자를 측정 부위에 대고 기준면을 기준으로 제품의 직각도를 측정한다.
나. 직각자를 이용하여 목업제품의 틈새가 있는지 또는 기울기가 있는지를 검사한다.
다. 나이프직각자를 목업제품의 대각선 방향과 베이스 평면상의 기준면을 검사한다.

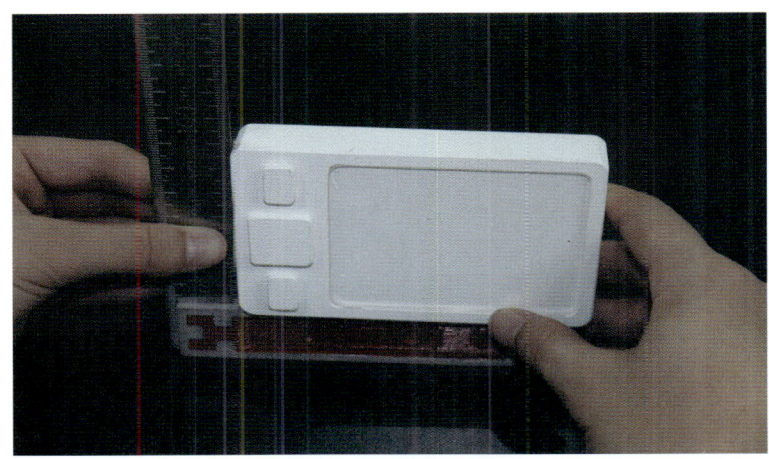

그림 3-27 « 직각자 측정

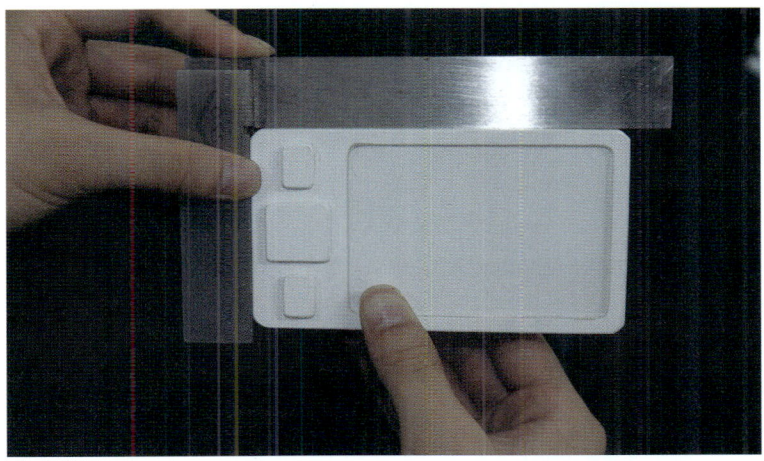

그림 3-28 « 나이프직각자 측정

⋮⋮⋮ 버니어캘리퍼스 측정순서

1. **측정기를 점검한다.**

    가. 도면과 제품의 측정 부위를 확인한다.
    나. 버니어캘리퍼스의 슬라이더를 움직여 아들자와 어미자의 0점을 확인한다. 측정기에 이상이 있으면 0점 조정을 해야 한다.

2. **목업제품의 바깥지름과 폭을 측정한다.**

    가. 목업제품의 형태에 따라 바깥지름, 안지름, 깊이, 단차측정을 정한다.
    나. 버니어캘리퍼스의 고정 조의 안쪽에 목업제품을 넣고 아들자 이동 조의 슬라이더를 움직여 측정한다.

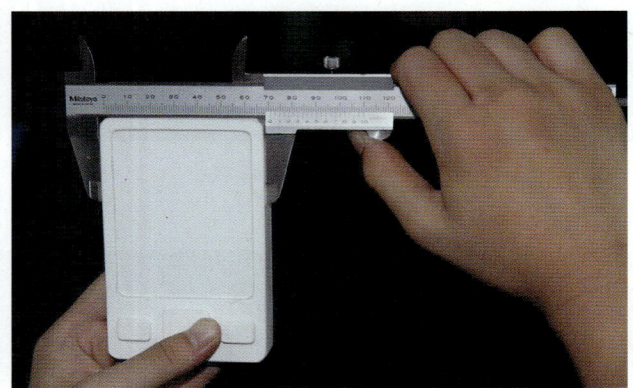

그림 3-29 ≪ 목업제품의 가로형태 측정

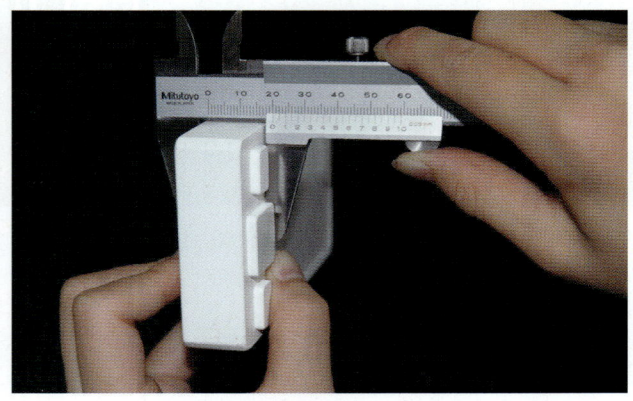

그림 3-30 ≪ 목업제품의 폭 측정

3. 목업제품의 내측을 측정한다.

가. 내측의 측정은 버니어캘리퍼스의 내측 치수 측정 조를 제품소재의 안쪽에 평행하게 위치시켜 슬라이더를 움직여 측정한다.

나. 측정자가 목업제품의 수평 상태를 유지하면서 확인 후 측정한다.

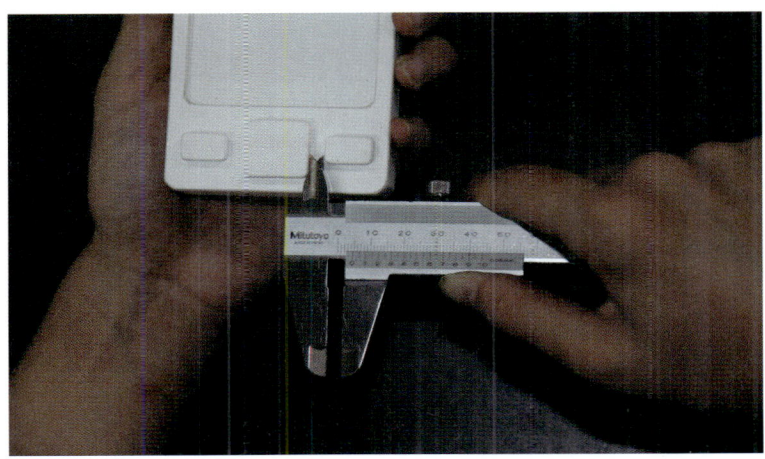

그림 3-31 ≪ 목업제품의 내측 측정

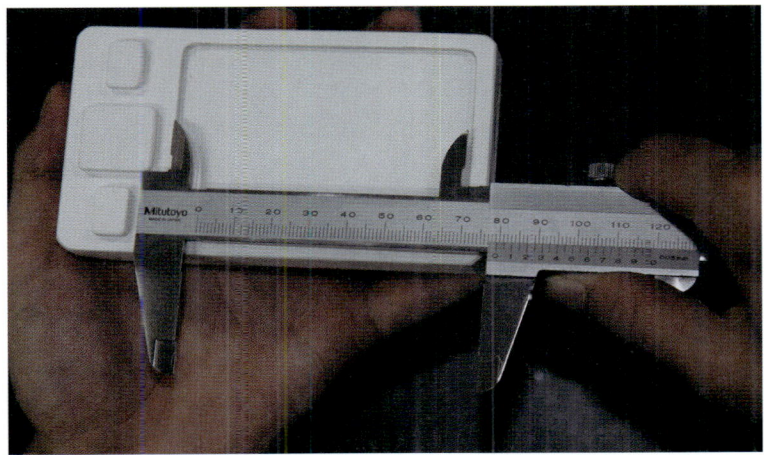

그림 3-32 ≪ 형태에 따른 내측 측정

4. 목업제품의 깊이를 측정한다.

가. 목업제품의 깊이를 측정하고자 하는 부위에 버니어캘리퍼스 깊이 바를 수직으로 움직여 고정시킨다.

나. 흔들리지 않도록 하며 깊이 바의 밀착정도에 따른 오차를 최소화시킨다.

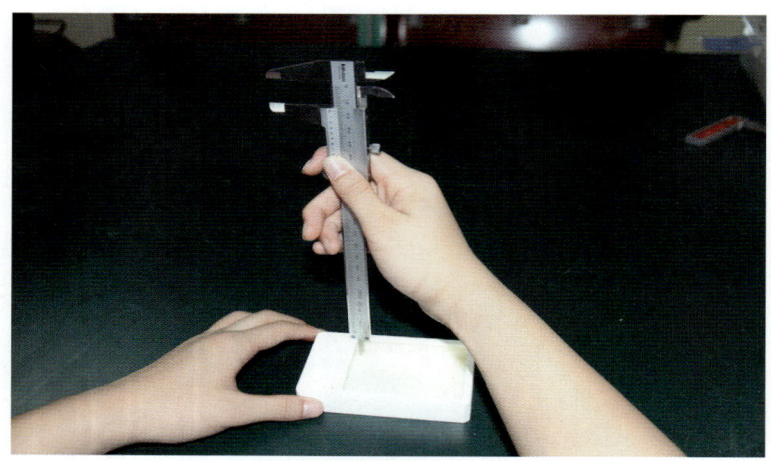

그림 3-33 《 목업제품의 깊이 측정

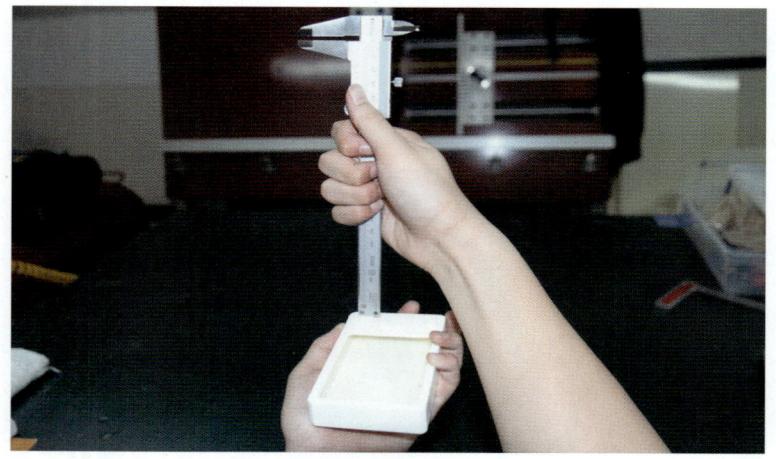

그림 3-34 《 형태에 따른 깊이 측정

5. 목업제품의 단차를 측정한다.

가. 측정하기 곤란한 계단형태의 목업제품은 고정 조를 목업제품의 안쪽에 고정시키고 이동 조 슬라이더를 움직여 목업제품 외측 단에 밀착시킨다.

나. 단차측정 시 목업제품에 뒤틀림 없이 측정해야 하므로 밀착정도에 따른 오차를 최소화시킨다.

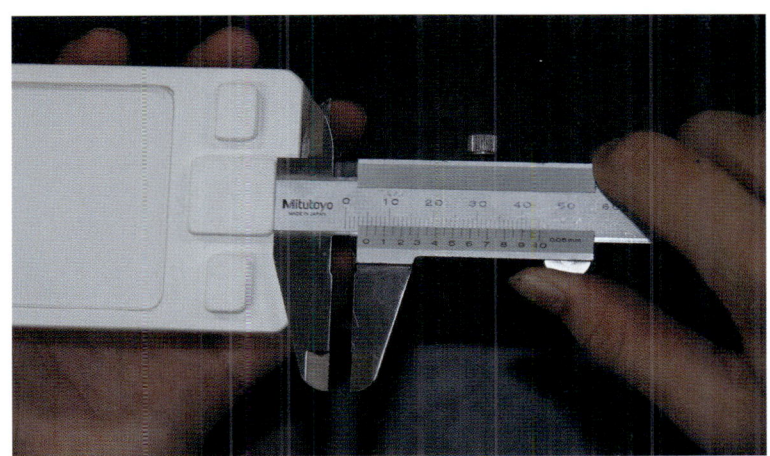

그림 3-35 ≪ 목업제품의 단차 측정

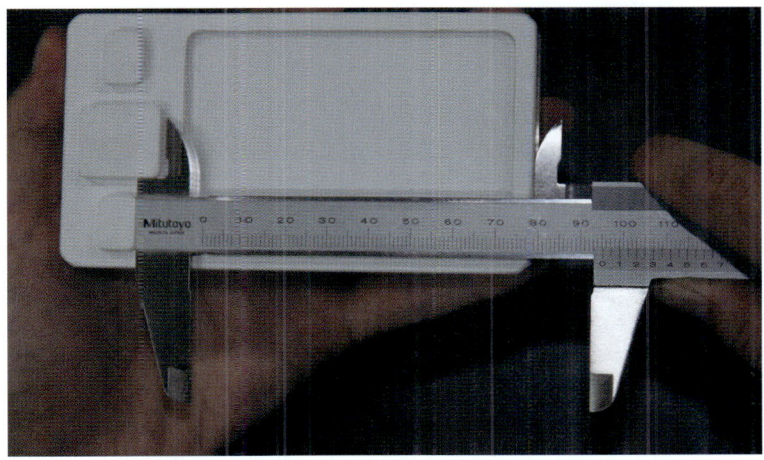

그림 3-36 ≪ 형태에 따른 단차 측정

하이트게이지 측정순서

1. 측정기를 점검한다.

2. 목업제품의 상향 측정

   가. 하이트게이지와 목업제품을 면걸레로 깨끗이 닦아 정반 위에 측정하고자 하는 부위에 올려놓는다.
   나. 목업제품의 윗면에 블록게이지를 밀착시킨다.
   다. 블록게이지 밀착 부분의 치수를 측정한다.

3. 목업제품의 하향 측정

   가. 도면에서 하향 측정할 부분에 하이트게이지의 스크라이버 밑면이 공작물의 측정면에 닿도록 가볍게 접촉시켜 측정한다.
   나. 하향 측정 시 제품부재가 떨어지지 않도록 주의해야 한다.

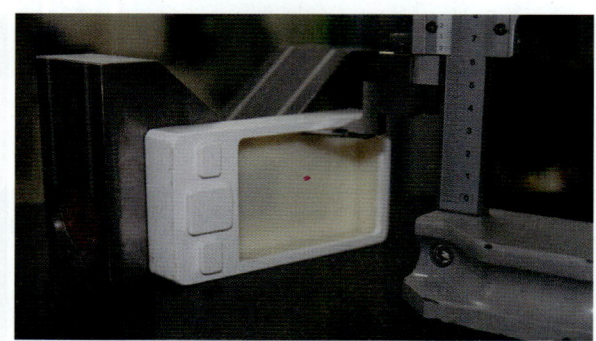

그림 3-37 « 목업제품의 상향 측정

그림 3-38 « 목업제품의 하향 측정

⋮⋮⋮ 반지름게이지 측정순서

1. **반지름게이지로 목업제품의 모서리 반지름을 측정한다.**

    가. 도면과 목업제품을 보고 측정 부위에 맞는 반지름게이지를 밀착시킨다.
    나. 반지름게이지의 얇은 강철판 사이에 빛이 들어오는지 확인한다.

2. **정리정돈을 한다.**

    가. 사용한 측정기를 깨끗이 닦아서 잘 보관한다.
    나. 목업제품과 평가측정표를 제출한다.

▶ 안전 및 유의사항

1. 직각자가 바닥에 떨어지지 않도록 주의한다.
2. 강철자로 측정 시 목측에 의한 오차가 많으므로 가공여유가 있는 곳을 측정할 때 사용한다.
3. 버니어캘리퍼스로 금긋기를 하거나 다른 용도로 사용하지 않는다.
4. 게이지의 0점 확인은 측정 전 반드시 행한다.
5. 정반 위에서 측정 후 하이트게이지가 떨어지지 않도록 안쪽으로 밀어 놓는다.
6. 나이프게이지의 날이 상하지 않도록 한다.
7. 하이트게이지의 스크라이버를 필요 이상으로 길게 빼서 사용하지 않도록 한다.
8. 스크라이버 고정나사는 잘 고정 되었는지 확인하고 사용한다.
9. 스크라이버의 날끝은 초경합금이므로 상하지 않도록 조심하여 취급한다.
10. 측정압에 의한 오차가 생기지 않도록 유의해서 측정한다.

평가

평가측정표

부품명	측정부위	구 분	측정값(mm)				비고 (오차 발생원인 기록)
			1차	2차	3차	평균값	
액정 시계	정면	버니어 캘리퍼스					
	뒷면	버니어 캘리퍼스					
	테두리판 (좌·우)	버니어 캘리퍼스(좌)					
		버니어 캘리퍼스(우)					
	테두리판 (위·아래)	버니어 캘리퍼스(위)					
		버니어 캘리퍼스(아래)					
	버튼	버니어 캘리퍼스					
		하이트 게이지					
	기준면	직각자					※ 직각도 측정(○·× 표기)
		나이프 게이지					※ 기준면 측정(○·× 표기)
	모서리	반지름 게이지					※ 반지름 측정(○·× 표기)

※ 작업자 스스로 측정하고 기록하여 평가함.

제2절 수공구 사용하기

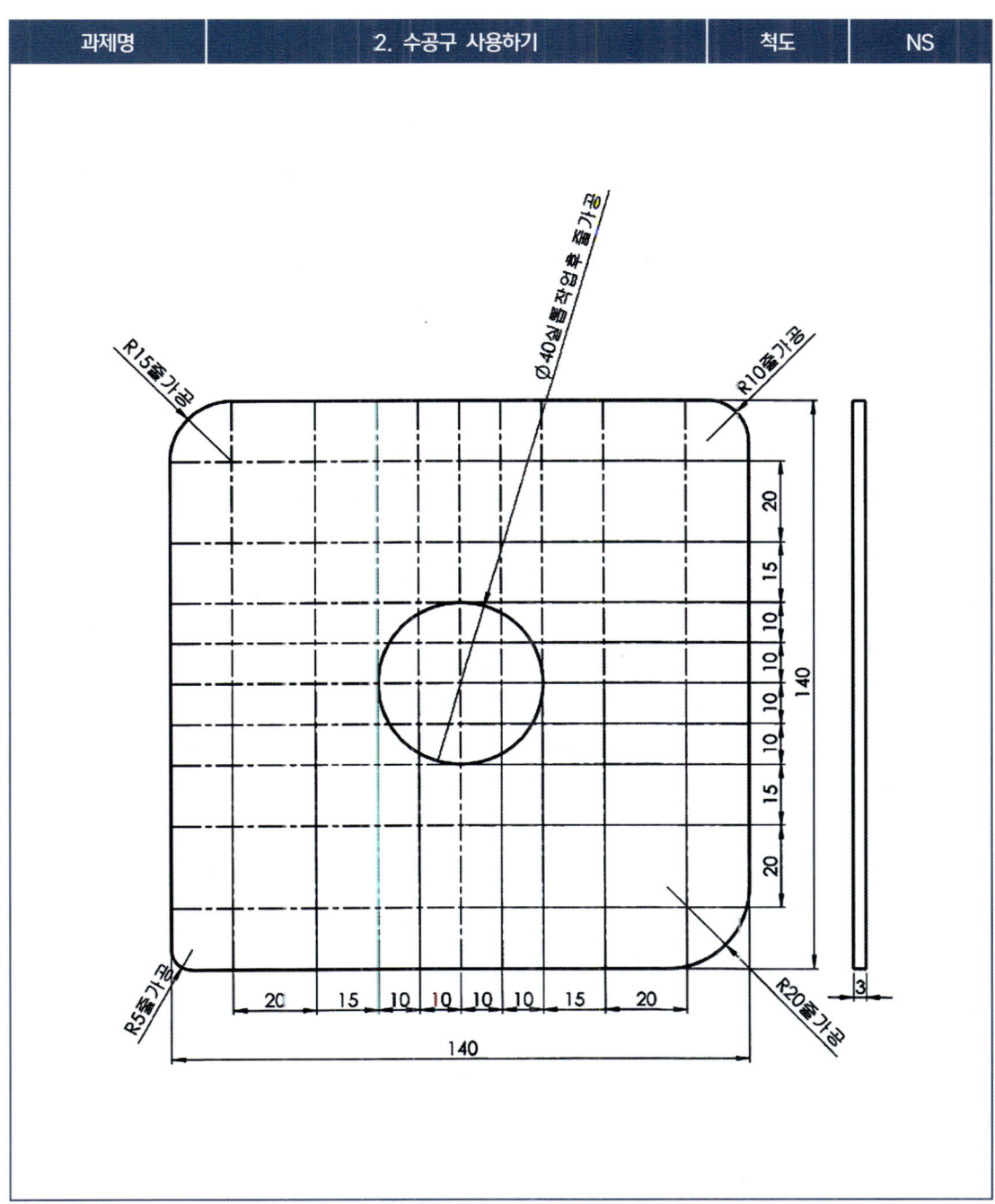

그림 3-39 « 수공구 사용하기

학습목표
1. 수공구를 사용하여 금긋기 작업을 할 수 있다.
2. 실톱과 셋트줄을 사용하여 목업제품을 가공할 수 있다.
3. 사포대를 사용하여 목업제품을 마무리 작업할 수 있다.

사용 재료
ABS수지판 150×150mm×3t 1장, 드릴 Ø5, 실톱날

기계 및 공구
소형탁상드릴머신, 실톱대, 셋트줄, 강철자, 직각자, 하이트게이지, 금긋기바늘, 원형템플릿, 서피스게이지, 평붓, 면걸레

시청각 자료
도면, 실물모형, 관련 멀티미디어 학습자료

관계지식 — 수공구

1. 금긋기 작업

도면의 치수를 보고 ABS수지판 또는 아크릴판에 강철자를 금긋기 할 곳에 위치시킨 후 금긋기바늘을 이용하여 금긋기를 한다. 그 밖에 하이트게이지, 서피스게이지 등도 금긋기 작업에 사용한다.

그림 3-40 « 하이트게이지

그림 3-41 « 서피스게이지

그림 3-42 « 금긋기바늘

가. 금긋기바늘을 사용할 경우에는 바늘을 강철자의 안쪽으로 약 15° 기울여서 한 번에 긋는다.

그림 3-43 ≪ 금긋기바늘의 사용법

나. 서피스게이지로는 ABS수지판 또는 아크릴판 부재의 중심선을 긋는다.

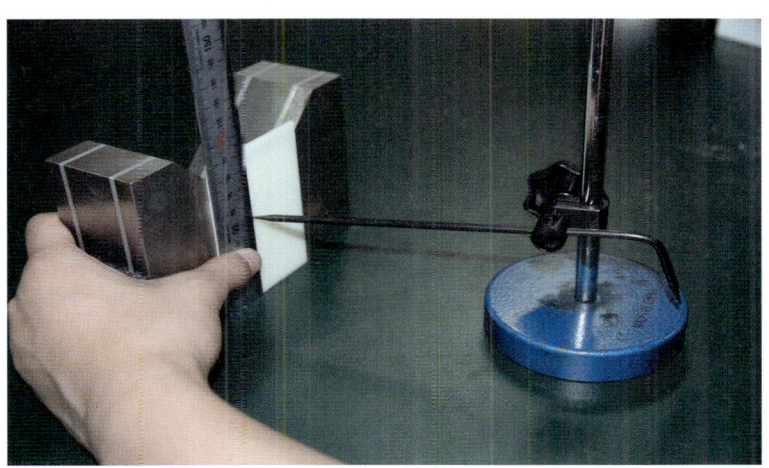

그림 3-44 ≪ 높이치수 맞추기

다. 하이트게이지를 이용한 금긋기는 스크라이버를 조절해서 끝 부분으로 정밀하게 금 긋기 할 수 있다.

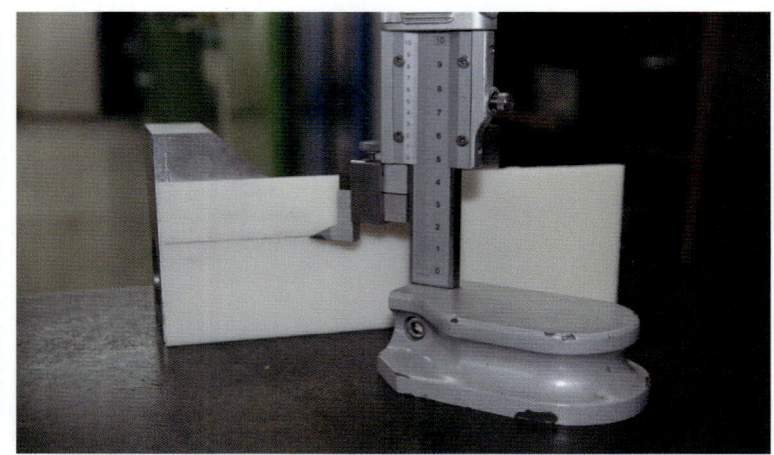

그림 3-45 ≪ 하이트게이지를 이용한 금긋기

라. 하이트게이지는 0점 조정이 필요하기 때문에 오차만큼 보정값을 확인 후 보정 해 주어야 한다.

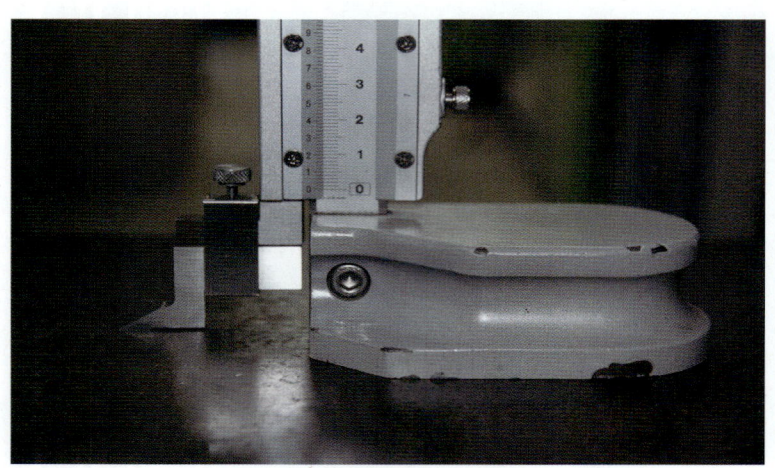

그림 3-46 ≪ 하이트게이지 보정

2. 실톱날과 실톱대

가. 실톱날의 구조는 날이 없는 양끝은 연철로 되어 있고 방향을 틀어 사용할 수 있으며 날이 있는 부분은 강철로 되어있다.

나. 실톱날의 종류는 여러 종류가 있으며, 번호가 클수록 톱날이 크고 거칠다.

다. 실톱날을 고정시킬 때에는 실톱대의 앞(※ 손잡이 반대 방향)부분을 작업대나 받침대에 밀착시켜 손잡이 부분을 신체의 복부에 밀착시키고, 왼손으로 실톱날을 상부 실톱대 고정죔나사 틈에 넣은 후 오른손으로 나비너트의 나사를 돌려 견고히 고정시킨 다음 하부 고정죔나사에 실톱날을 넣어 고정한다. 이때 실톱날이 약간 휘었다가 퍼지려는 반발력으로 인해 톱날이 당겨지면서 팽팽히 고정된다.

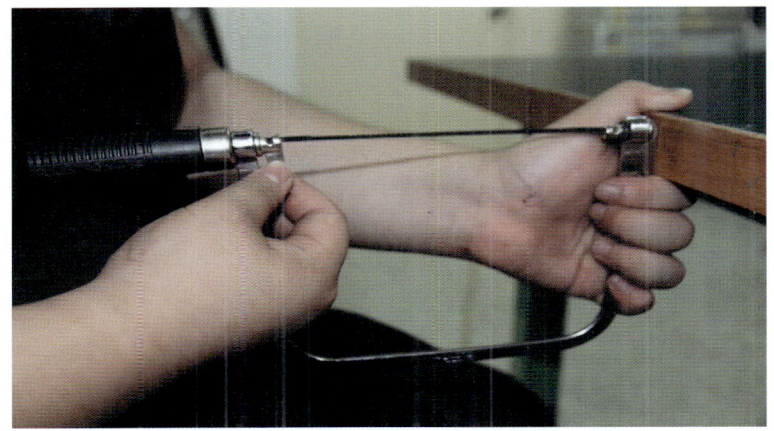

그림 3-47 ≪ 실톱대에 실톱날 고정하기

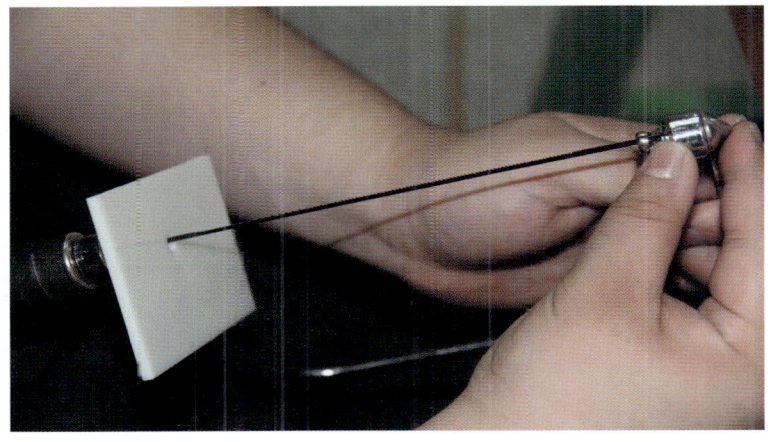

그림 3-48 ≪ 실톱날 구멍뚫린 부재에 넣고 고정하기

라. 실톱대의 종류는 구조상 죔나사가 두 개인 것과 길이 조정 나사 등을 포함하여 세 개 이상의 것으로 구분된다.

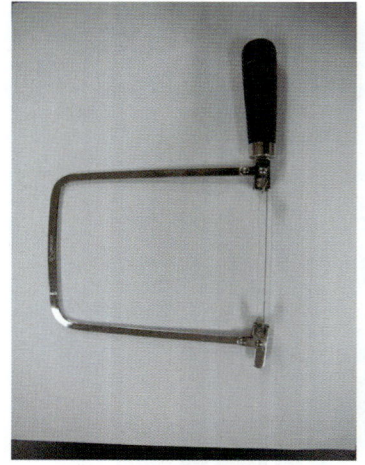
그림 3-49 《 종류별 실톱대 ①

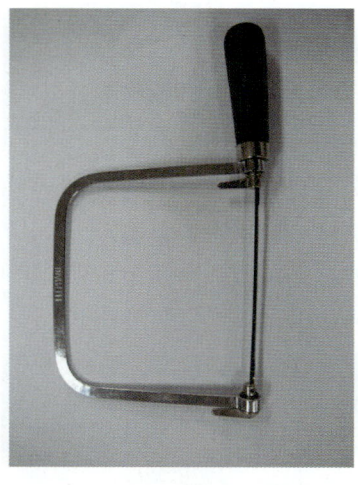
그림 3-50 《 종류별 실톱대 ②

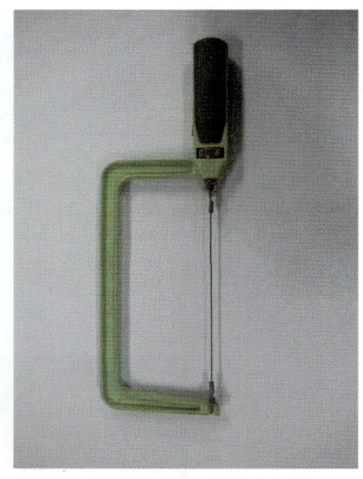
그림 3-51 《 종류별 실톱대 ③

마. 실톱대의 구조

바. 실톱대의 크기는 실톱날에서 톱틀까지의 간격(높이)을 톱대의 크기로 한다.

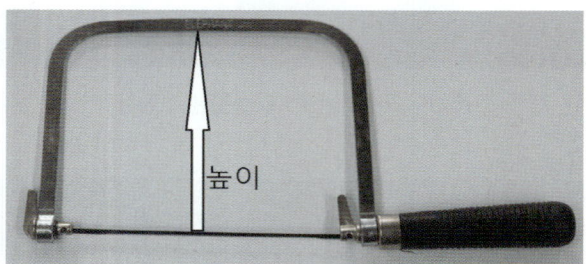
그림 3-52 《 실톱대의 크기

3. 줄

줄의 종류는 크기, 줄눈의 거칠기, 단면 형상 및 줄눈 방향에 따라 분류한다.

가. 줄은 줄눈이 새겨진 길이로 그 크기를 나타내고, 셋트줄은 5본조, 7본조, 10본조, 12본조 등으로 구분한다.

나. 줄눈의 크기에 따라서 황목, 중목, 세목, 유목으로 구분한다.

다. 줄의 단면 형상은 12종류가 있다.

라. 줄날의 방향에 따라서 흩줄날(단목), 두줄날(복독), 라스프줄날(귀목), 곡선줄날(파목) 등의 4종류가 있다.

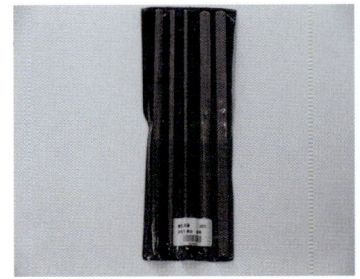
그림 3-53 « 5본조 셋트즐

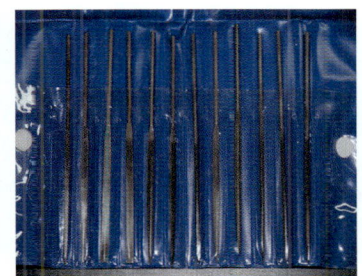
그림 3-54 « 12본조 셋트줄

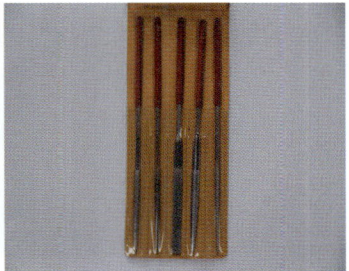
그림 3-55 « 다이아몬드 셋트줄

4. 줄작업 방법

가. 줄작업의 기본자서

줄작업의 기본자세는 사진법, 병진법, 직진법 등이 있지만, 목업제품 작업에서는 특성상 공작물의 형상이나 모양 또는 재질에 따라 다양한 방법을 사용한다.

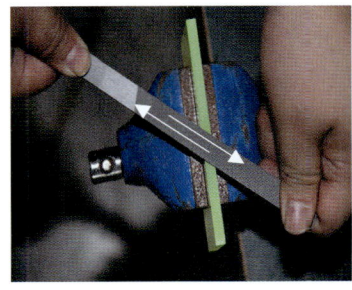
그림 3-56 « 사진법

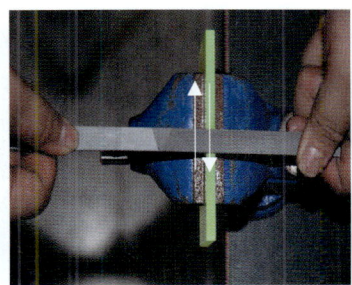
그림 3-57 « 병진법

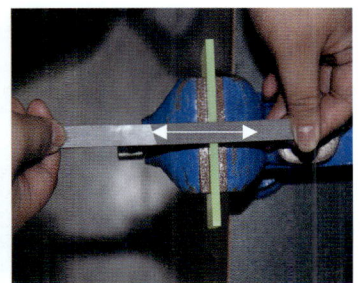
그림 3-58 « 직진법

나. 태장대를 이용한 중목 줄작업

부재를 가공 위치에 따라 태장대를 작업대상판 테두리에 고정시킨 후 목업제품의 형상에 따라 위치를 적절히 선택한 후, 다듬질 절삭이 이루어질 수 있도록 수시로 도면치수에 맞게 확인하여 줄작업을 한다.

그림 3-59 《 중목 평줄을 이용한 다듬질

다. 셋트줄을 이용한 마무리 줄작업

셋트줄 작업에 있어서는 평줄, 원형줄, 사각줄 등 가공 면에 맞는 줄을 선택하여 사용하며, 주로 마무리 줄가공에 많이 사용한다.

그림 3-60 《 셋트줄을 이용한 다듬질

4. 기타 도구를 사용하는 방법

가. 사포대를 이용한 마무리 작업

재단한 부재의 형태에 따라 제작된 평형, 원형 등의 사포대를 이용한 마무리 작업을 한다.

나. 강철자를 이용한 마무리 작업

재단한 부재의 모서리 모따기 또는 칩의 제거 시 가무리 작업을 한다.

그림 3-61 ≪ 사포대를 이용한 마무리 작업

그림 3-62 ≪ 강철자를 이용한 칩 제거

◎ 작업 순서

1. **작업준비를 한다.**

    가. 제시된 도면을 검토하고 작업공정을 생각한다.
    나. 공정 순서대로 작업공구를 테이블 위에 가지런히 정리한다.

2. **부재 위에 금긋기 작업을 한다.**

    가. ABS판 140×140mm×3t 부재를 준비한다.
    나. 금긋기바늘과 강철자를 이용하여 도면의 치수대로 금긋기 한다.
    다. 금긋기바늘과 직각자를 사용하여 도면의 치수대로 금긋기 한다.(※ 현장에서는 도구가 없을 시 버니어캘리퍼스를 이용해서도 금긋기가 가능하다. 다만, 측정기구이기 때문에 주의해서 사용해야 한다.)
    라. 보드마카를 이용해서 금긋기 한 선에 칠하고 면걸레로 닦으면 금긋기 한 선이 선명하게 나타난다.

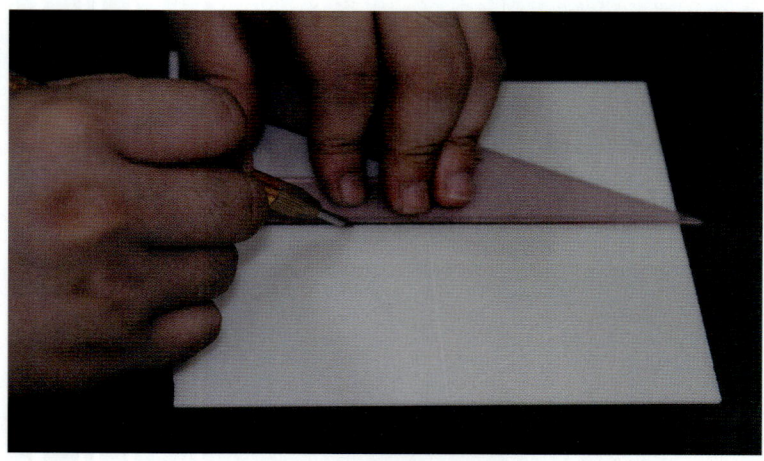

그림 3-63 ≪ 직각자 이용 금긋기

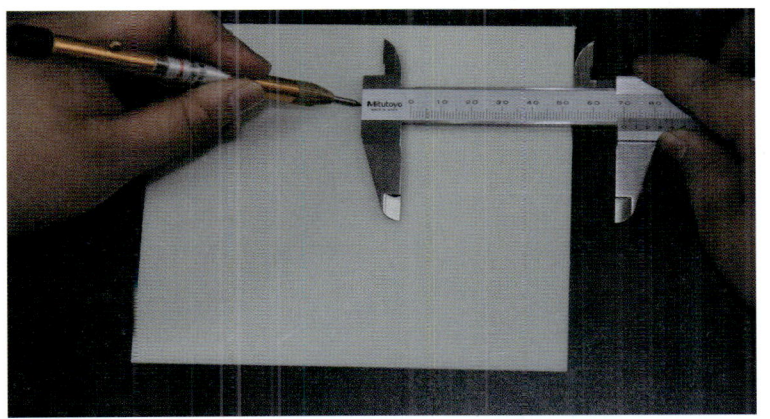

그림 3-64 《 버니어캘리퍼스 이용 금긋기

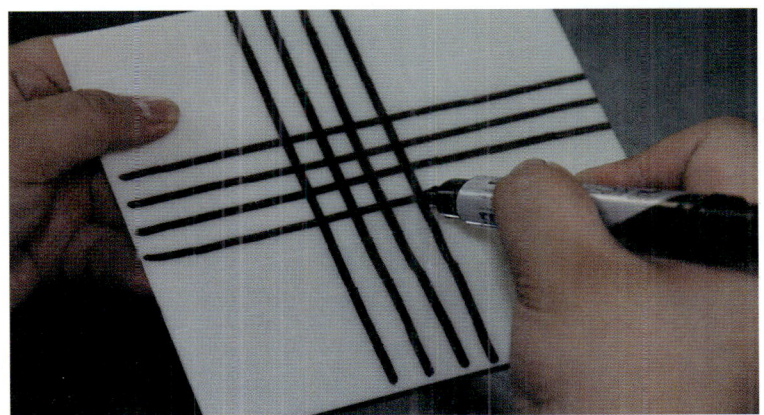

그림 3-65 《 보드마카 칠하기

그림 3-66 《 금긋기 한 선의 형태

마. 원형템플릿를 사용하여 원호와 원을 그린다.(※ 현장에서는 버니어캘리퍼스 및 컴퍼스를 이용해서도 원호와 원을 그린다. 다만, 버니어캘리퍼스는 측정기이기 때문에 사용 시 주의해야 한다.)

바. 금긋기바늘로 금긋기가 끝나면 강철자를 이용하여 도면의 치수대로 금긋기선이 정확한지 확인한다.

사. 금긋기 한 원에 보드마카를 이용해서 칠하고 면걸레로 닦으면 원이 선명하게 나타난다.

그림 3-67 ≪ 원형템플릿 이용 원 그리기

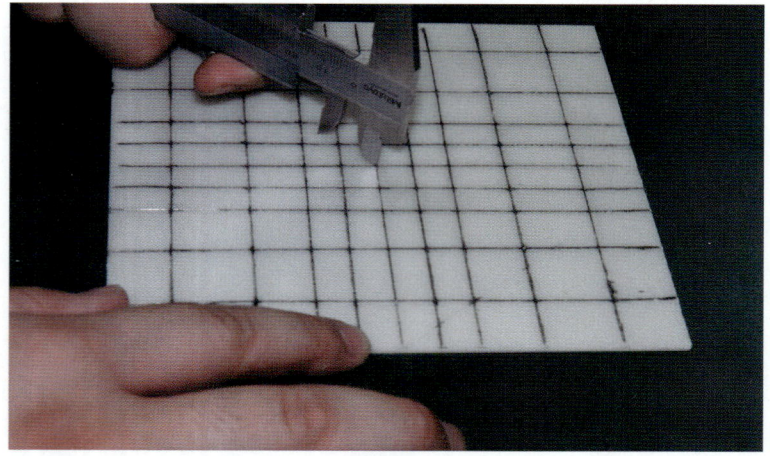

그림 3-68 ≪ 버니어캘리퍼스 이용 원 그리기

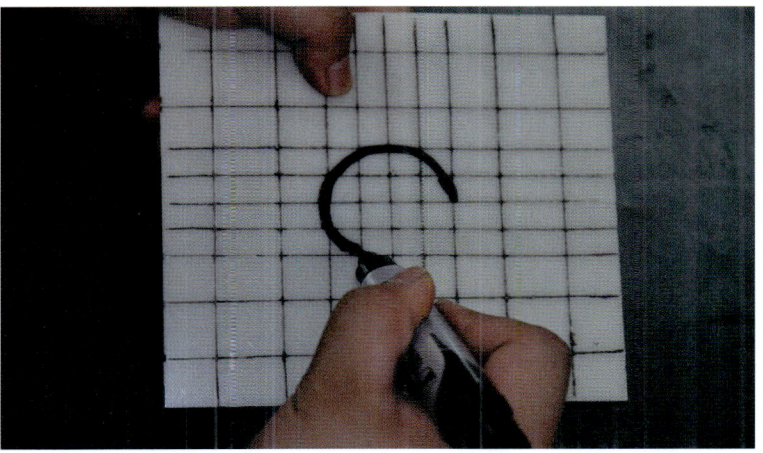

그림 3-69 « 보드마카 칠하기

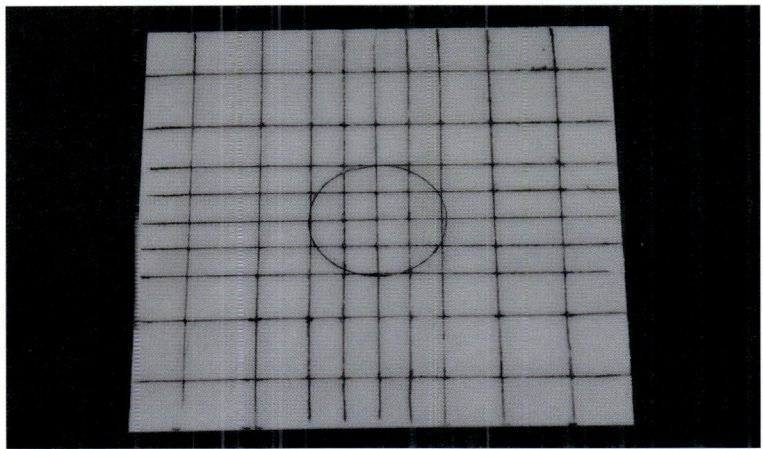

그림 3-70 « 금긋기 한 원의 형태

3. 실톱대를 이용한 실톱작업을 한다.

가. 도면 확인 후 작업공정을 생각한다.

나. 원Ø40을 Ø5 이하의 드릴로 원의 안쪽에 구멍을 뚫는다.

그림 3-71 《 드릴 구멍자리 잡기

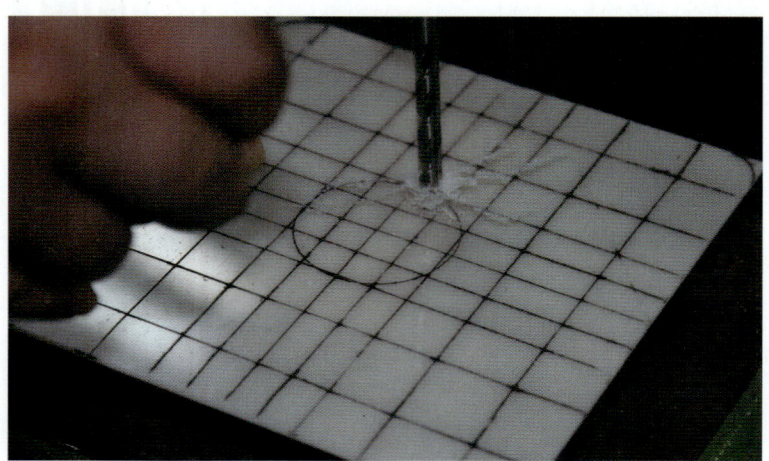

그림 3-72 《 드릴 구멍 뚫기

다. 두꺼운 부재의 실톱작업은 실톱날에 부재가 마찰열에 의해 눌러붙는 경우가 있는데, 재단선에 마스킹 테이프를 붙여서 실톱작업을 하면 이를 방지할 수 있다.

라. 실톱대의 손잡이를 신체의 복부에 위치시키고, 실톱대 상단 죔나사에 톱날을 고정한다. 이때, 톱날의 절삭방향이 손잡이쪽으로 향하도록 한다.

마. 드릴 가공한 부재의 구멍 사이로 실톱대 실톱날을 끼운다.
바. 실톱대의 손잡이를 복부에 고정 후 실톱대 상단의 대를 잡아당겨 실톱날을 견고히 고정시키고, 손잡이쪽 죔나사로 견고히 고정시킨다.
사. 실톱작업의 시작은 실톱날 각을 60°정도로 눕혀서 실톱작업할 소재 기준점에서 밀어 올려 엄지손가락을 직각으로 세워 실톱날 자리를 잡게 한다.
아. 실톱날 선이 소재에 자리를 잡으면 손으로 소재를 단단히 고정시키고, 실톱대의 각을 90°로 세워 상하반복운동을 하면서 실톱작업을 한다.

그림 3-73 « 재단선 마스킹테이프 부착

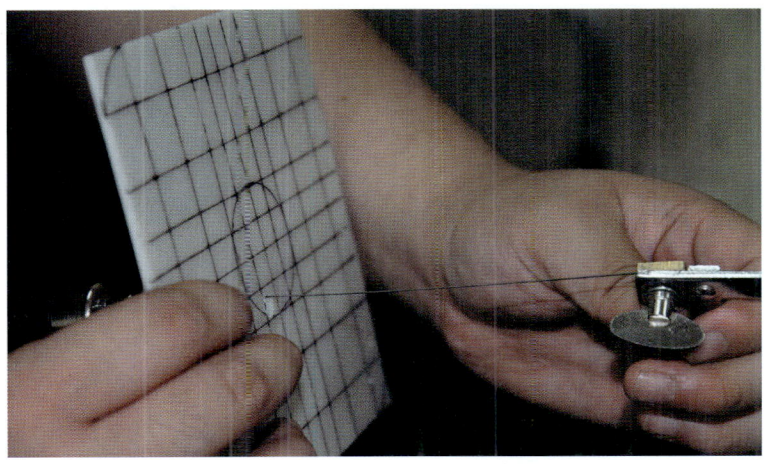

그림 3-74 « 공작물에 실톱날 끼우기

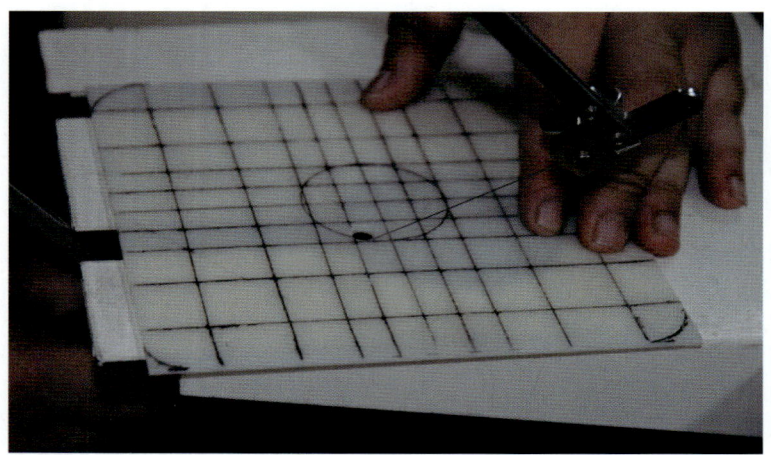

그림 3-75 ≪ 톱날 자리잡기

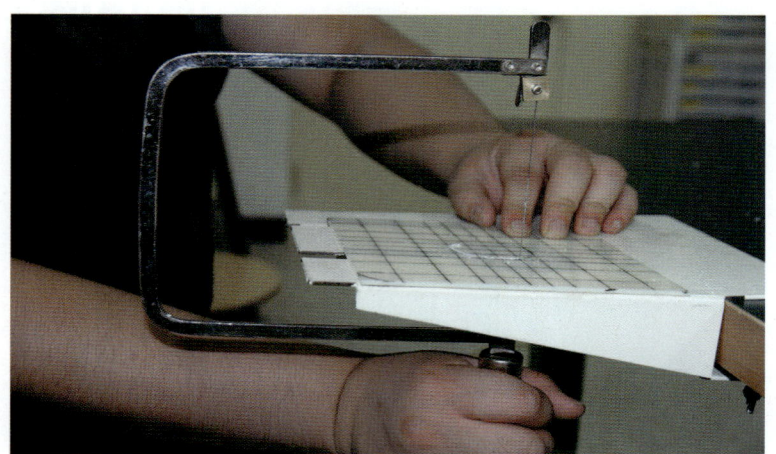

그림 3-76 ≪ 실톱작업

자. 밀어 올릴 때에 손목의 힘을 빼고, 내릴 때 손목에 일정한 힘을 준다. 이때, 강한 힘을 주면 실톱날이 부러지고, 소재에 부러진 실톱날이 낄 수가 있으니 주의해서 작업한다.

차. 실톱작업 후 마무리 다듬질 작업을 할 수 있도록 여유를 남긴다.

4. 줄 작업을 한다.

가. 소재의 아래 우측코너를 부분 R20으로 평줄 다듬질한다.
나. 소재의 위 좌측코너를 부분 R15로 평줄 다듬질한다.
다. 도면치수에 맞게 전체적으로 정밀하게 다듬질한다.
라. 목업제품 모서리 부분은 강철자를 이용해서 일반 모따기를 하도록 한다.

그림 3-77 « 평줄 다듬질 하기

그림 3-78 « 강철자 이용 모따기 처리

5. 마무리 다듬질 작업을 한다.

가. 목업제품의 형태에 따라 셋트줄을 선택한다.
나. 태장대에 재단한 부재를 올려놓고 한 손으로 단단히 누르며 다른 한 손으로 셋트줄을 잡는다.
다. 반원줄 자루 부분에 엄지와 새끼손가락으로 고정시킨 후 다듬질 면에 직각으로 밀착시켜 세밀히 다듬질한다.
라. 평면사포대 및 원형사포대를 사용해서 세밀히 다듬질한다.

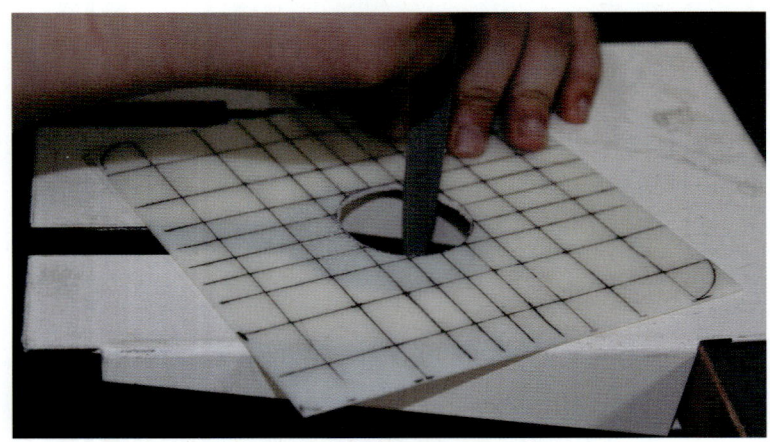

그림 3-79 《 반원줄로 다듬질

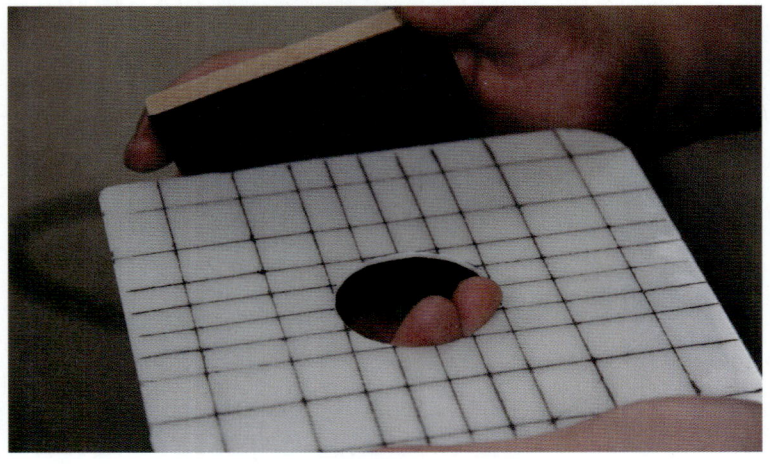

그림 3-80 《 평면사포대로 다듬질

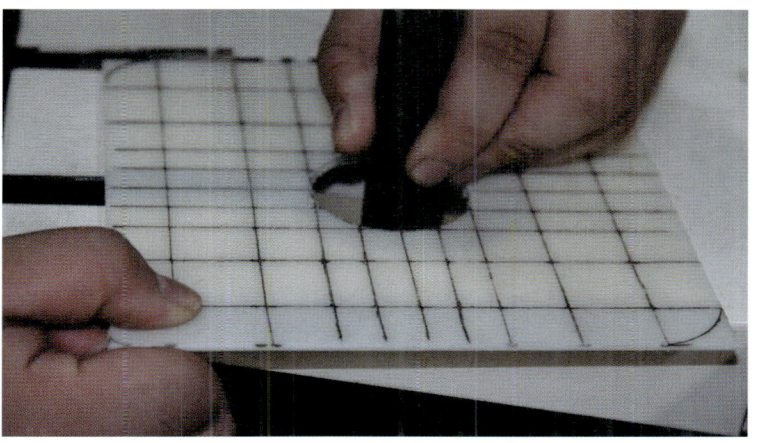

그림 3-81 « 원형사포대로 다듬질

6. 검사한다.

가. 도면의 치수를 확인 후 측정기로 검사한다.
나. 평가측정표에 기록한다.

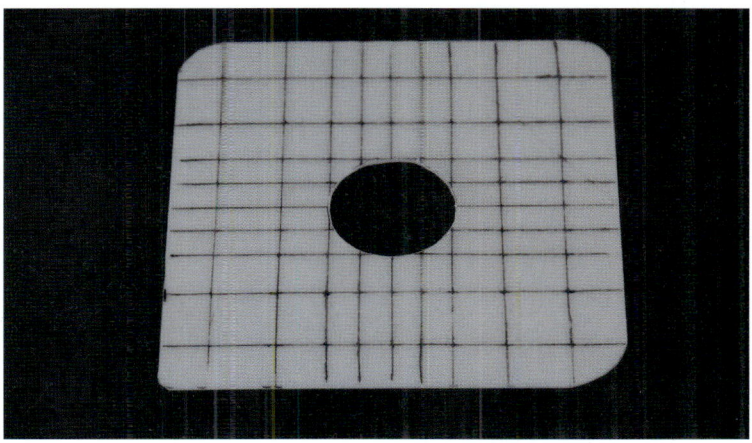

그림 3-82 « 수공구 사용하기 완성된 부재

7. 정리정돈을 한다.

가. 공구를 깨끗이 닦아 공구함에 보관한다.
나. 실톱작업과 셋트줄 작업어 의해서 발생한 칩 부스러기를 평붓이나 진공청소기로 제거한다.

▶ 안전 및 유의사항

1. 금긋기용으로 사용하는 공구들은 끝이 예리하기 때문에 작업자의 부주의한 실수로 안전사고 우려가 있으니 유의한다.
2. 실톱날이 부러져 상처를 입거나 목업제품에 파손되는 일이 없도록 무리한 힘을 주지 않는다.
3. 줄작업으로 생긴 칩 부스러기는 반드시 평붓이나 줄솔로 제거한다.
4. 줄의 손잡이가 잘 고정되었는지 확인한다.
5. 줄작업 시 장난을 치면 위험하므로 장난을 금한다.

평가

평가측정표

평가 영역	평가 사항	평가 상	평가 중	평가 하
이해 (15)	1. 도면 숙지와 가공공정 순서를 설명할 수 있는가?	5	4	3
	2. 줄 가공방법 및 순서를 바르게 설명할 수 있는가?	5	4	3
	3. 실톱날의 체결과 쿠재의 작업하는 순서를 설명할 수 있는가?	5	4	3
태도 (15)	1. 수공구 사용의 안전 수칙을 지키며 작업했는가?	5	4	3
	2. 가공공정순서에 맞게 작업했는가?	5	4	3
	3. 작업 후 정리정돈을 했는가?	5	4	3

(소 계 : 30)

평가 영역	항 목	도면값	측정(3회) 평균값	배 점	득 점	비 고
기능 (70)	일반 치수	˚00		10		
		˚00		10		
		20		10		
		15		10		
		10		10		
	직각도 (○·× 표기)			10		
	평면도 (○·× 표기)			10		

※ 작업자 스스로 측정하고 기록하여 평가함.

제3절 펀칭 및 드릴링

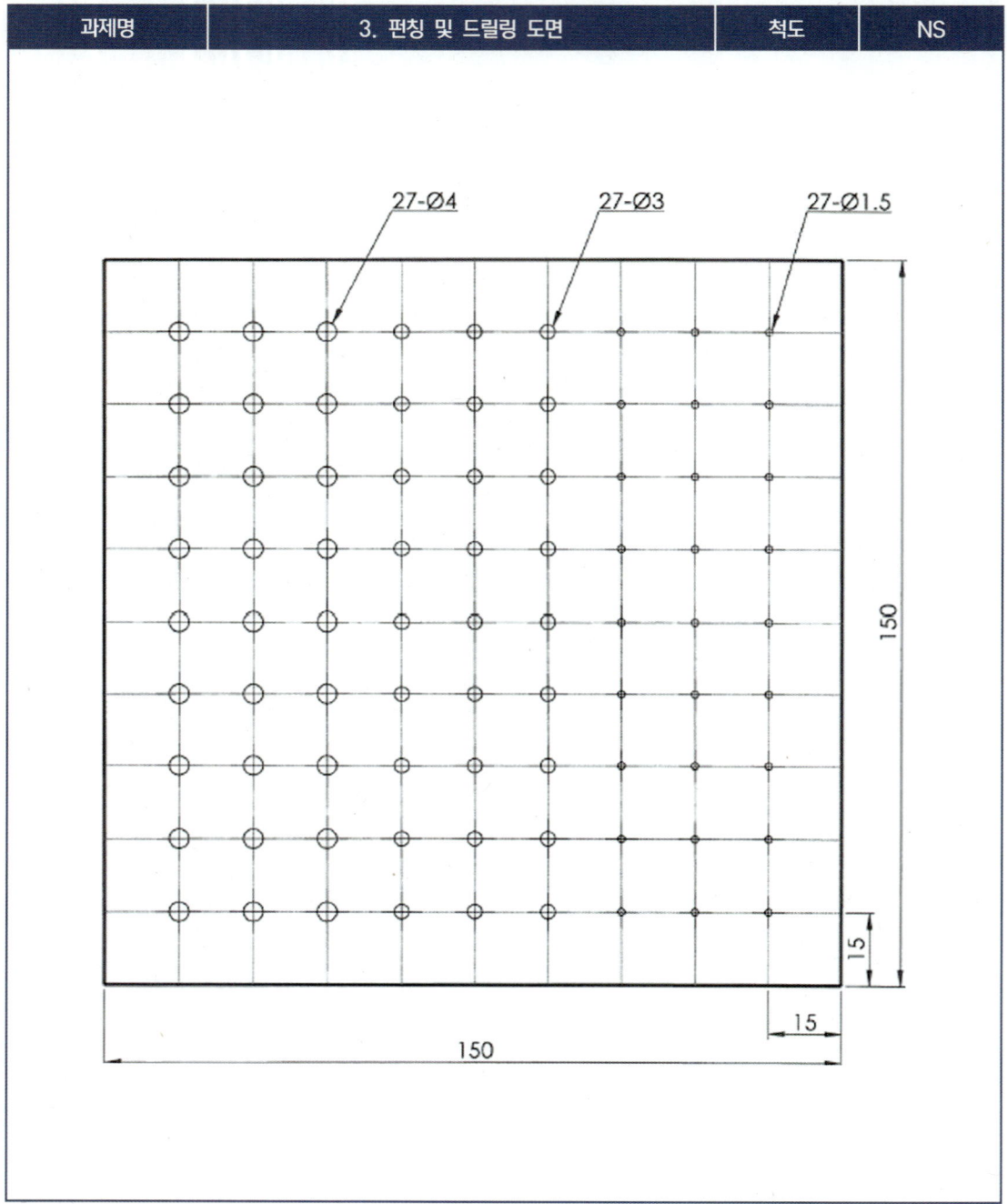

그림 3-83 《 펀칭 및 드릴링 도면(1차)

| 과제명 | 3. 펀칭 및 드릴링 모델링 | 척도 | NS |

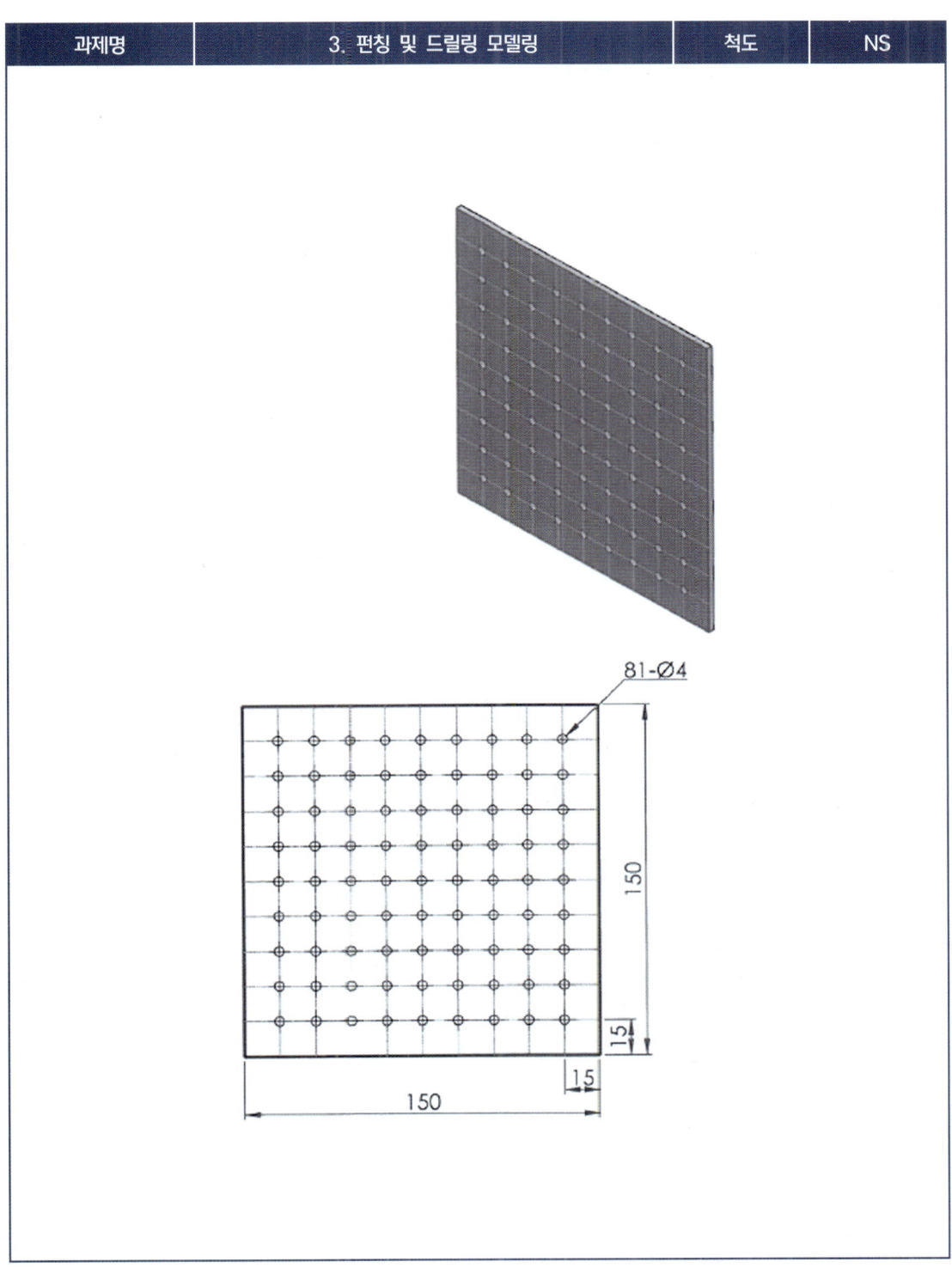

그림 3-84 ≪ 펀칭 및 드릴링 2D도면 및 3D모델링(2차)

◐ **학습목표**
1. 고무망치와 센터펀치를 사용하여 펀칭할 수 있다.
2. 드릴의 종류를 알고 그 구조와 사용법을 알 수 있다.
3. 제시된 도면과 같은 치수로 정확하게 구멍 뚫기를 할 수 있다.

◐ **사용 재료**
ABS수지판 150×150mm×3t 1장, 드릴날 ∅1.5, ∅3, ∅4 각 1개씩

◐ **기계 및 공구**
센터펀치, 고무망치, 소형탁상드릴머신, 직각자, 강철자, 버니어캘리퍼스, 서피스게이지, 금긋기바늘, 공구함, 평붓, 면걸레

◐ **시청각 자료**
도면, 실물모형, 관련 멀티미디어 학습자료

◐ 관계지식 드릴링

가. 구멍을 뚫어야 할 드릴을 드릴 척에 끼우고 척 핸들로 조인다.

나. 부재를 수평바이스에 견고히 물린다.

다. 드릴척의 위치와 수평바이스의 높이를 조정한다.([그림 3-86 참조])

그림 3-85 ≪ 소형탁상드릴머신

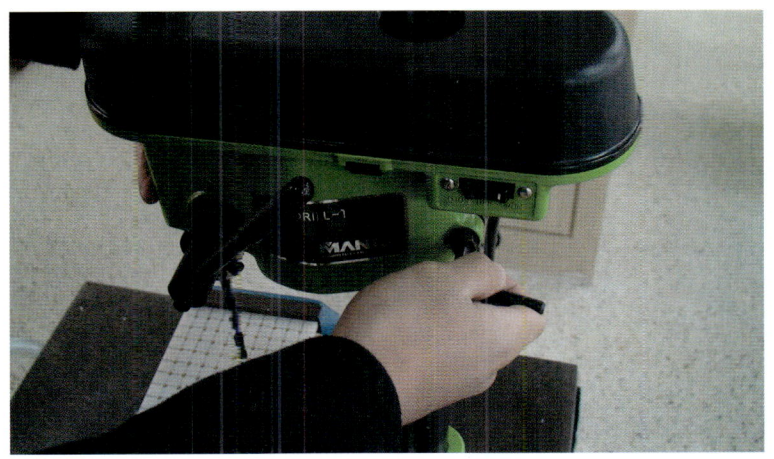

그림 3-86 《 높이 조정

라. 재료의 재질과 모양에 따라 소형탁상드릴링 V벨트 단차를 조정한다.
마. 드릴링이 끝난 후 금긋기 선 중앙에 구멍이 정확하게 뚫렸는지 확인한다.
바. 드릴 구조 : 드릴의 기본적인 구성요소는 몸체, 자루, 날끝으로 이루어져 있다.
  ① 몸체(body)는 드릴의 본체가 되는 부분이며 홈이 있다.
  ② 자루(shank)는 드릴을 드릴 머신에 고정하는 부분으로 곧은 자루(∅ 13 이하)와 모스테이퍼 자루(∅ 13 이상)가 있다.
  ③ 드릴 날끝(drill point)은 드릴의 절삭날이며, 이 부분으로 절삭한다.
  ④ 홈(flute)은 드릴 몸체에 나선 또는 직선으로 파여진 홈을 말하며, 절삭 칩을 원활하게 배출하거나 절삭유를 공급할 목적으로 만들어졌다.
사. 드릴 고정 방법
  ① 사용하고자 하는 드릴의 지름을 확인한다.
  ② 드릴 척을 사용하는 방법 : 드릴은 고정된 드릴 척(Drill chuck)에 드릴을 끼워놓고 척 핸들로 고정하여 사용한다. 이때, 드릴을 회전시켜서 일정하게 원하는 속도와 진원도가 나오는지 확인한다.

그림 3-87 《 드릴 날 지름 확인

그림 3-88 《 드릴 척을 이용한 드릴 날 고정

◐ 작업 순서

1. 작업준비를 한다.

  가. 도면을 보고 전체적인 작업공정을 생각한다.
  나. 작업에 필요한 공구를 테이블 위에 가지런히 준비한다.

2. 부재 표면에 금긋기 작업을 한다.

  가. ABS수지판 150 × 150mm × 3t 부재를 준비한다.
  나. 도면의 치수대로 15mm 간격으로 금긋기바늘을 이용하여 금긋기 한다.
  다. 금긋기 한 선에 보드마카를 이용해서 선 따라 칠하고 면걸레로 닦으면 금긋기 한 선이 선명하게 나타난다.

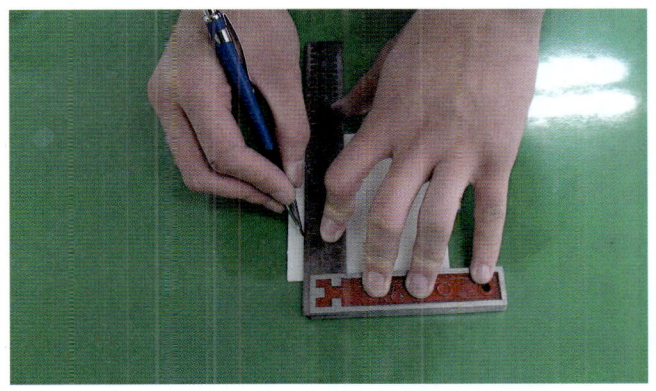

그림 3-89 ≪ 금긋기바늘을 이용한 부재 금긋기

그림 3-90 ≪ 금긋기 한 부재

3. 센터펀치로 펀칭한다.

가. 센터 펀치를 60°정도 기울여 금긋기 한 선의 교차점에 맞춘 다음 수직이 되도록 세운다.

나. ABS수지판에 금긋기 한 선의 교차점에 고무망치를 이용해서 센터 펀치를 90° 세워 펀칭을 약하게 하며, 중심에서 어긋나면 안 된다.

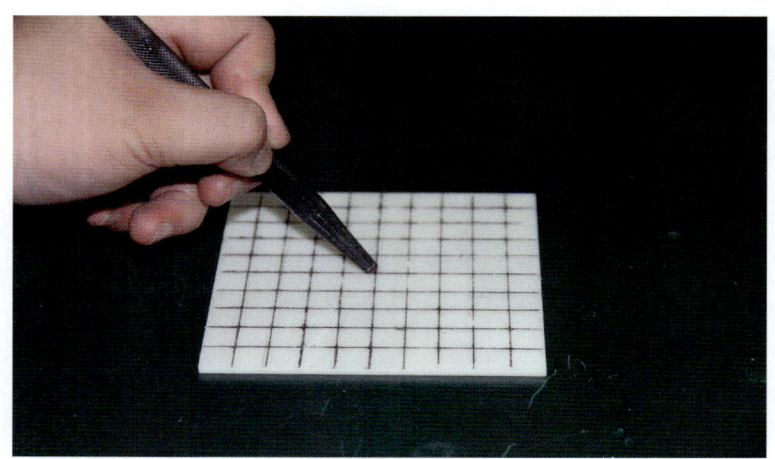

그림 3-91 ≪ 센터펀치 60° 기울이기

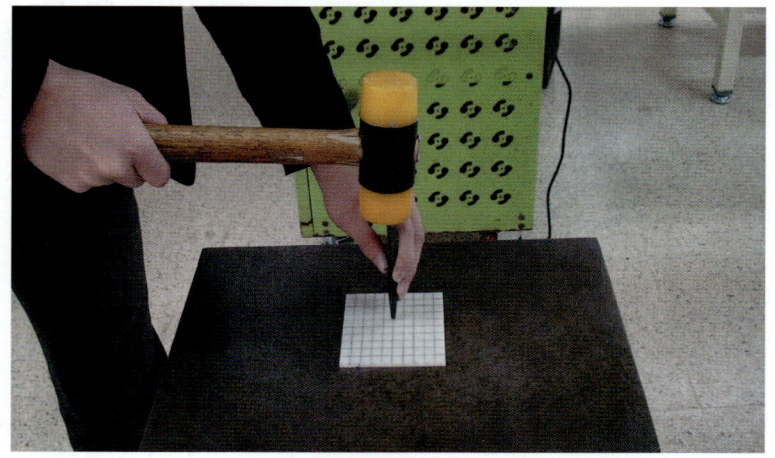

그림 3-92 ≪ 센터펀치 90° 세워 펀칭

4. 부재에 구멍을 뚫는다.

가. 사용할 드릴Ø1.5를 드릴 척에 끼운다.
나. 부재를 수평바이스에 견고히 물린다.
다. 소형탁상드릴머신의 드릴 높이를 조정한다.

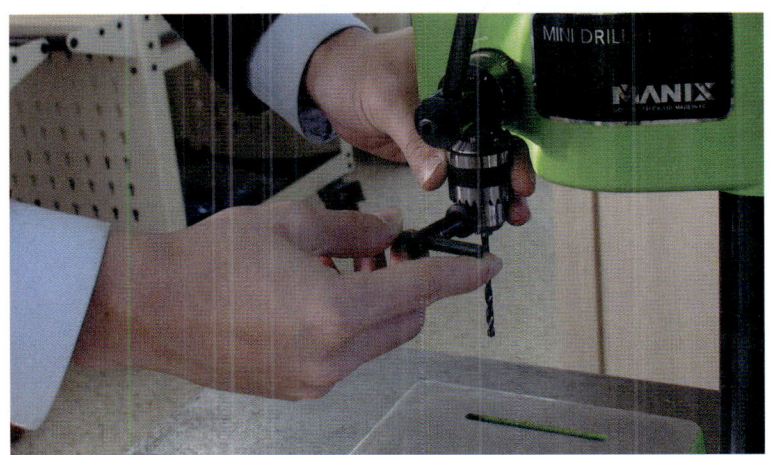

그림 3-93 ≪ 드릴 척에 드릴 고정

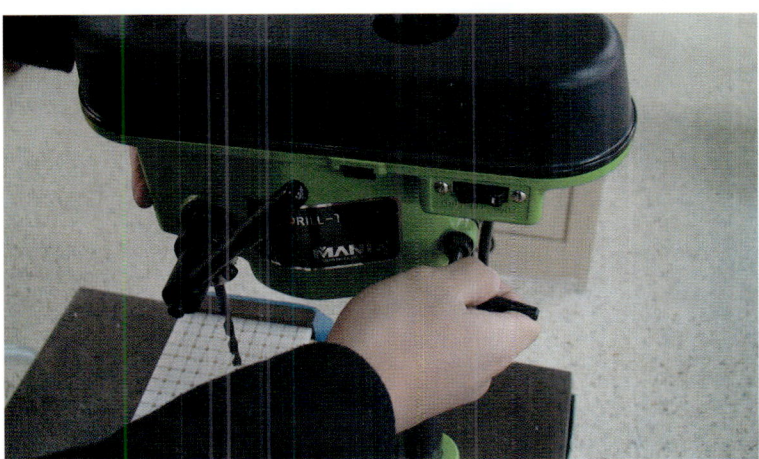

그림 3-94 ≪ 높이 조정

라. 부재의 재질에 맞는 속도로 소형탁상드릴링머신의 V벨트 단차를 조정한다.
마. 드릴Ø1.5를 사용하여 81개의 센터자리에 동일한 압력으로 드릴핸들에 힘을 주어 서서히 관통시킨다.

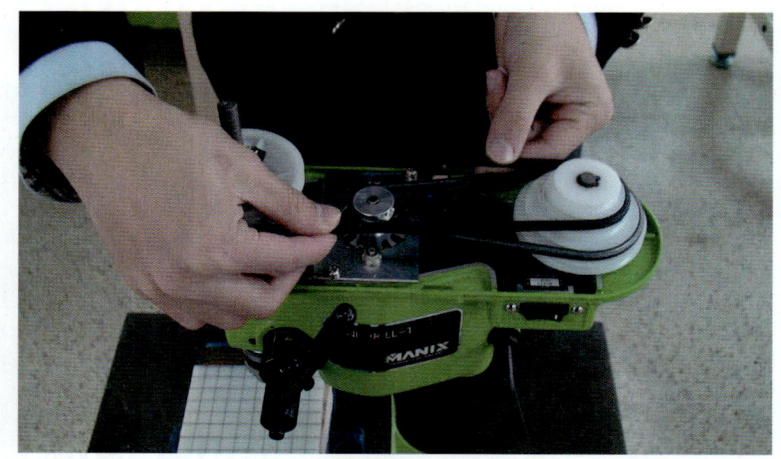

그림 3-95 « V벨트 단차 조정

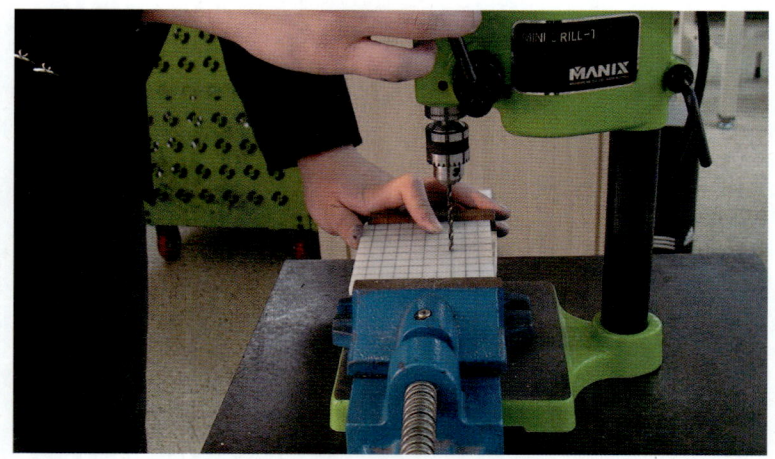

그림 3-96 « 센터 자리 구멍 뚫기

바. 처음 자리 잡은 Ø1.5구멍을 보고 드릴구멍27-Ø3, 27-Ø4를 교환시켜 구멍을 뚫는다.
사. 2차 도면을 보고 드릴구멍80-Ø4로 뚫어 완성한다.

5. 작업 종료 후 금긋기 선이 교차된 중심에 구멍이 정확하게 뚫렸는지 확인한다.

그림 3-97 《 구멍 뚫기 부재 확인

6. **모따기 자리파기를 한다.**

   가. 제품이 완성된 부재를 드릴Ø10로 소형탁상드릴링 머신에 설치 후 드릴 핸들로 뚫린 구멍의 가장자리 모서리를 모따기 자리파기를 한다.

   나. 부재 앞과 뒤의 가장자리 모서리를 모두 제거하는 모따기와 다듬질을 한다.

그림 3-98 《 구멍 뚫기 부재의 모다기 작업

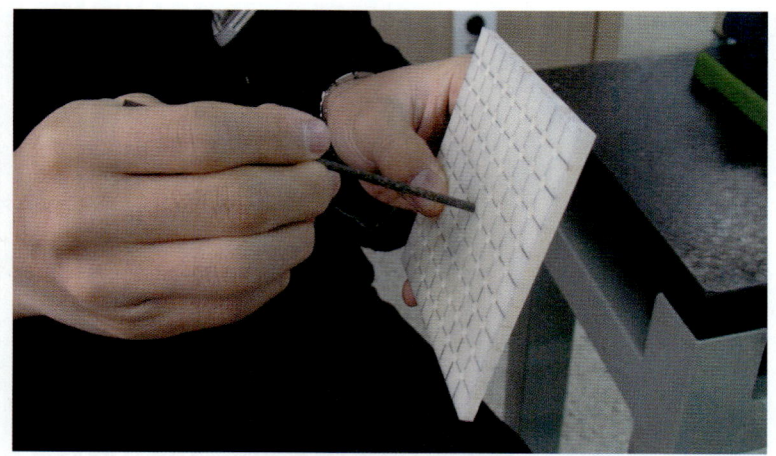

그림 3-99 ≪ 둥근줄로 다듬질

7. 정리정돈을 한다.

가. 소형탁상드릴머신을 깨끗이 청소한다.

나. 공구를 잘 닦아서 공구함에 보관한다.

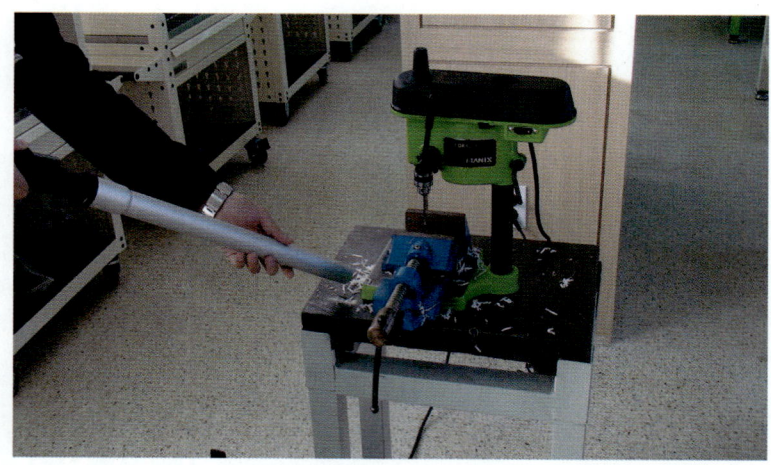

그림 3-100 ≪ 기계 청소 ①

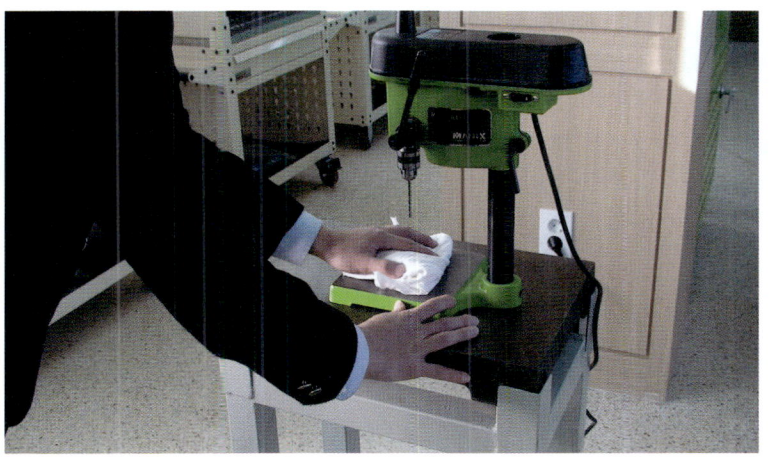

그림 3-101 《 기계 청소 ②

◉ 안전 및 유의사항

1. 드릴작업 시 목장갑을 끼지 않는다.
2. 부재를 수평바이스에 고정 후 작업한다.
3. 회전하는 드릴 날을 손으로 잡지 않는다.
4. 센터펀치의 끝이 손상되지 않도록 관리하며, 펀칭포인트에 정확하게 펀칭되도록 한다.

평가

1. 도면의 이해와 펀칭, 드릴 작업의 정확성 및 실습태도
2. 부재의 정밀한 재단 및 가공, 수평·수직의 안정성, 브재의 변형 및 손상정도, 거칠기, 완성도

제4절 ABS수지판 재단 기초 실습

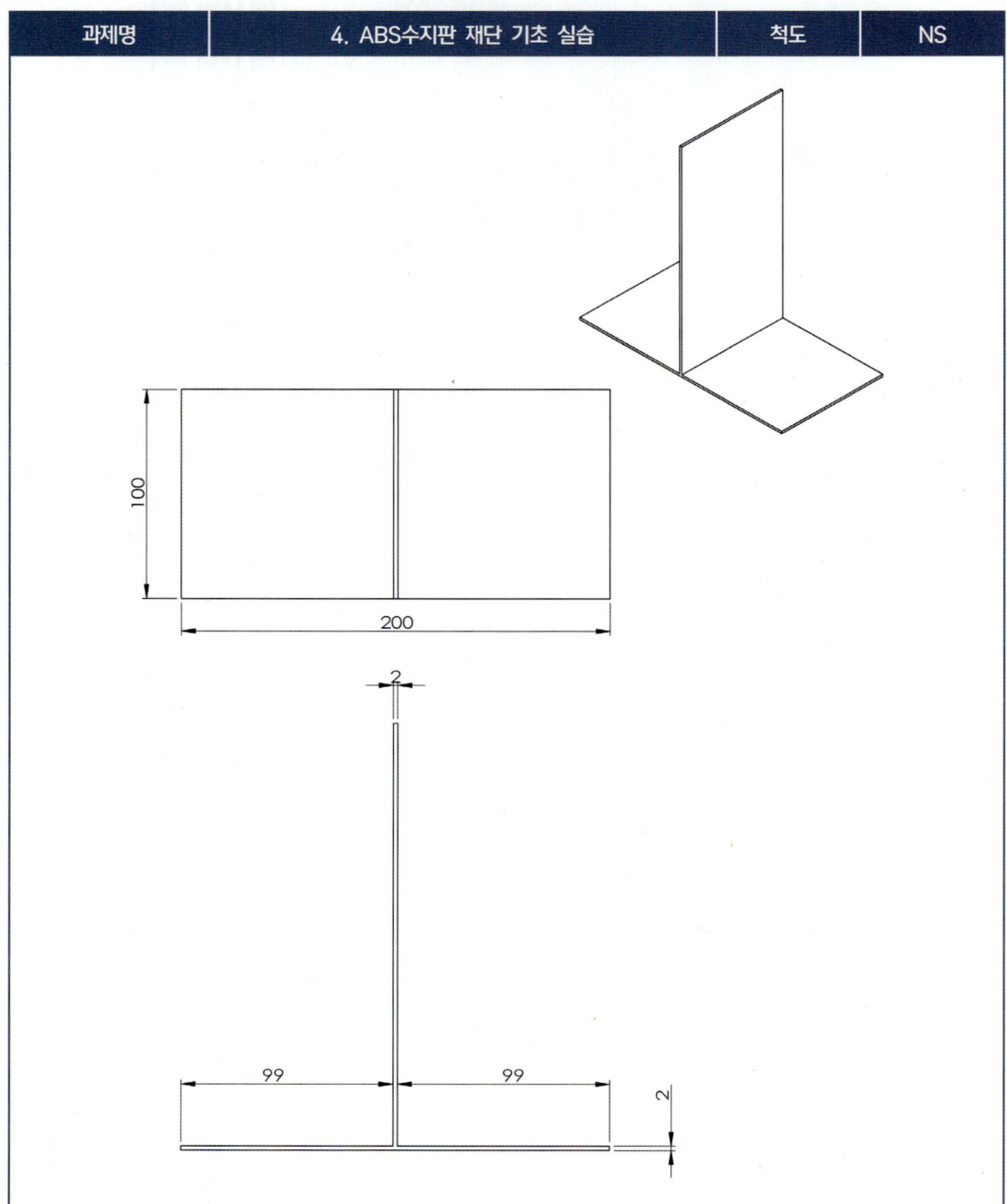

그림 3-102 « ABS수지판 재단 기초 실습

- **학습목표**
  1. ABS수지의 일반적인 성질을 이해한다.
  2. 커터칼과 아크릴칼을 이용하여 ABS수지판을 올바르게 자를 수 있다.
  3. 회전톱을 이용하여 ABS수지판을 재단할 수 있다.
  4. 띠톱을 이용하여 ABS수지판을 재단할 수 있다.
  5. 도면을 보고 ABS수지판을 아크릴접착제(클로로포름)를 이용해 접착시킬 수 있어야 한다.

- **사용 재료**
  ABS수지판 200×100mm×2t 8장, 사포, 아크릴접착제(클로로포름), 평붓, 면걸레

- **기계 및 공구**
  아크릴칼, 회전톱, 다기능 띠톱, 붓, V블록, 버니어캘리퍼스, 강철자, 커터칼, 사포대, 직각자

- **시청각 자료**
  도면, 실물모형, 관련 멀티미디어 학습자료

관계지식   아크릴 칼

재료는 아크릴판, ABS수지판 등을 자르거나 재단선을 내거나 할 때 사용된다.

작업 순서

∷ 커터칼을 이용한 부재 자르기

1. 작업 준비하기

가. 절단할 ABS수지판 부재를 준비한다.
나. 커터칼, 직각자, 강철자를 준비한다.

2. 커터칼을 이용하여 ABS수지판 자르기

가. ABS수지판 부재를 테이블 위에 놓는다.
나. 커터칼을 강철자 측면에 밀착시켜 가볍게 재단선을 낸다.
다. 커터칼을 수직으로 유지하면서 재단선을 낸 부분에 2~3회 반복해서 그어준다.

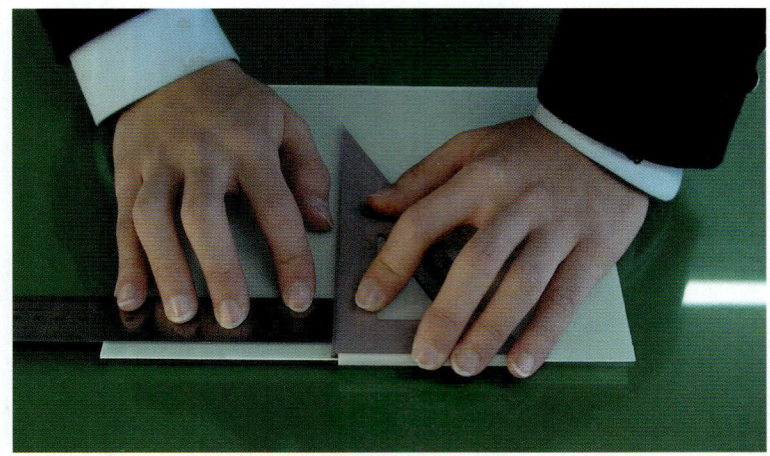

그림 3-103 ≪ 도구를 이용한 작업준비

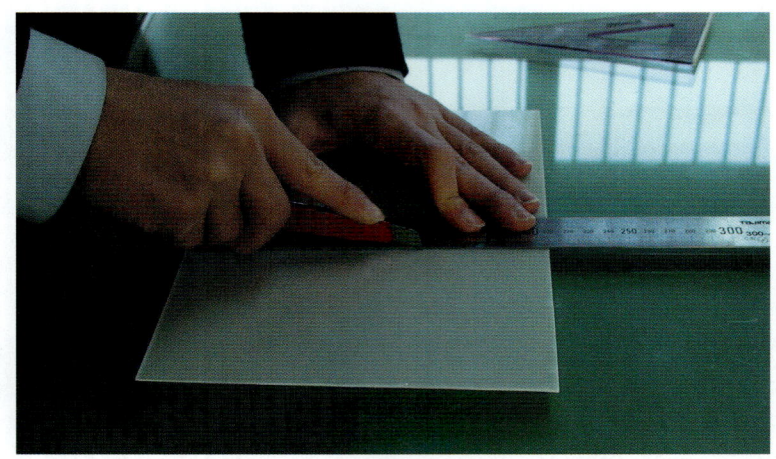

그림 3-104 ≪ 커터칼 재단선 내기

라. 부재의 양쪽을 손으로 잡고 균일한 힘을 주어 뒤편으로 젖히면 절단된다.

그림 3-105 « 양손으로 부재잡기

그림 3-106 « 부재 절단

3. 사포대로 다듬질한다.

가. 절단된 표면을 사포대로 곱게 다듬는다.//
나. 정확한 각도를 유지하면서 사포대로 다듬는다.

그림 3-107 ≪ 절단면 다듬기

그림 3-108 ≪ 모서리 부분 다듬질

아크릴칼을 이용한 부재 자르기

1. 작업 준비하기

가. 절단할 ABS수지판 부재를 준비한다.
나. 금긋기바늘을 이용해서 금을 긋는다.
다. 금긋기 한 곳에 보드마카를 칠해 선이 나타나도록 면걸레로 닦아준다.

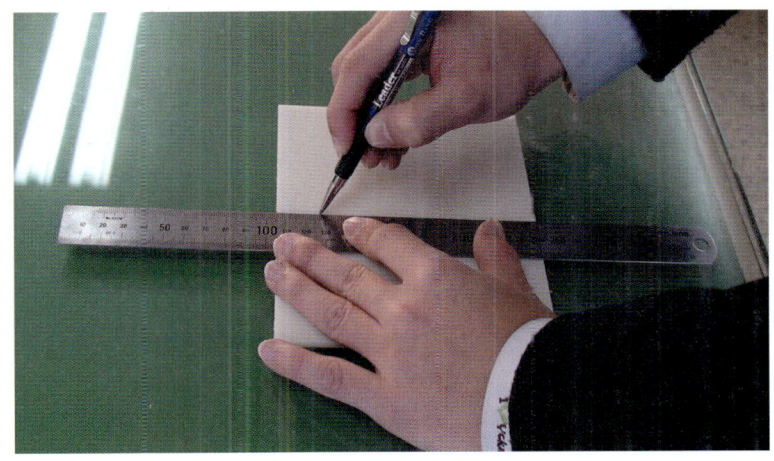

그림 3-109 ≪ 강철자를 이용한 금긋기

그림 3-110 ≪ 금긋기 한 부재

2. 아크릴칼을 이용하여 ABS수지판 자르기

가. 아크릴칼을 강철자 측면에 밀착시켜 시점과 끝점을 확인 후 자르려는 부분을 한 번 그어준다. 이때, 아크릴칼은 반듯하게 수직을 유지해야 한다.

나. 재단선을 낸 부분에 2~3회 반복해서 그어준다.

그림 3-111 《 아크릴칼 재단선 내기

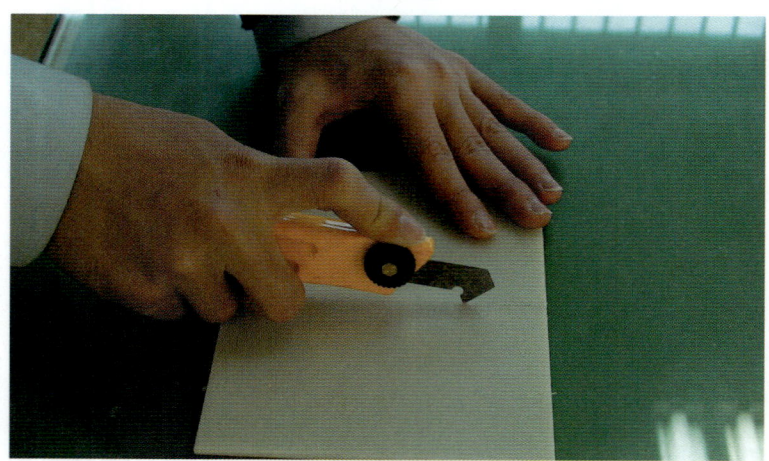

그림 3-112 《 반복 재단선 내기

다. 부재의 양쪽을 손으로 잡고 균일한 힘을 주어 뒤편으로 젖히면 절단된다.

그림 3-113 《 부재 절단

3. 사포대로 다듬질한다.

가. 절단된 표면을 사포대로 곱게 다듬는다.
나. 정확한 각도를 유지하면서 사포대로 다듬는다.

그림 3-114 《 절단면 다듬기

그림 3-115 « 모서리 부분 다듬질

∷ 회전톱을 이용한 부재 자르기

1. 작업 준비하기

가. 절단할 ABS수지판 부재를 준비한다.
나. 금긋기바늘을 이용해서 금을 긋는다.
다. 금긋기 한 곳에 보드마카를 칠해 선이 나타나도록 면걸레로 닦아준다.

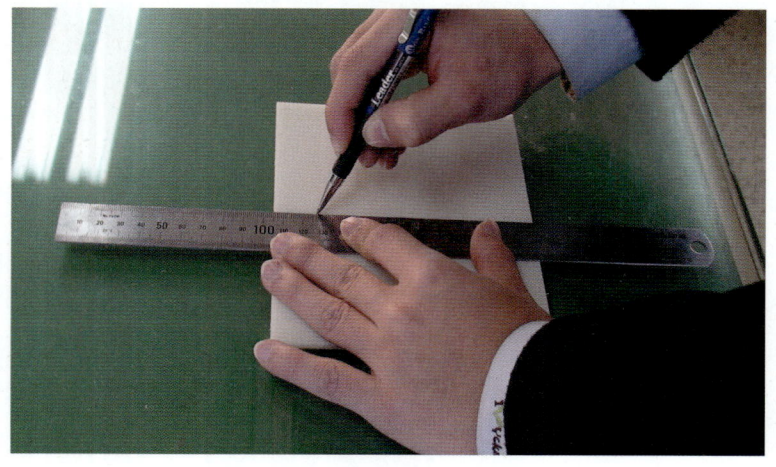

그림 3-116 « 강철자를 이용한 금긋기

그림 3-117 « 금긋기 한 부저

2. 회전톱을 이용한 ABS수지판 자르기

가. 직각대 톱날과의 폭을 가공 폭에 맞게 조정하고 직각자를 이용하여 직각을 맞춘 뒤 직각대를 고정한다.

나. 회전수에 맞게 조정한 후, 회전톱의 전원을 넣고 톱날의 이상 유무를 확인한다.

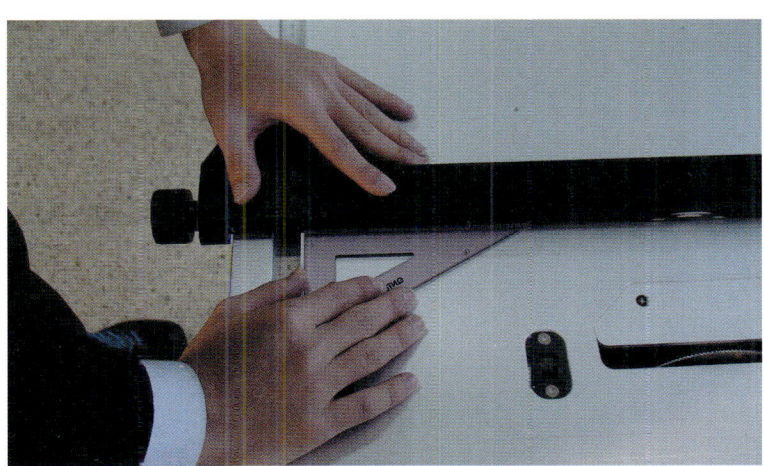

그림 3-118 « 직각대 직각 맞추기

그림 3-119 ≪ 회전톱 시동

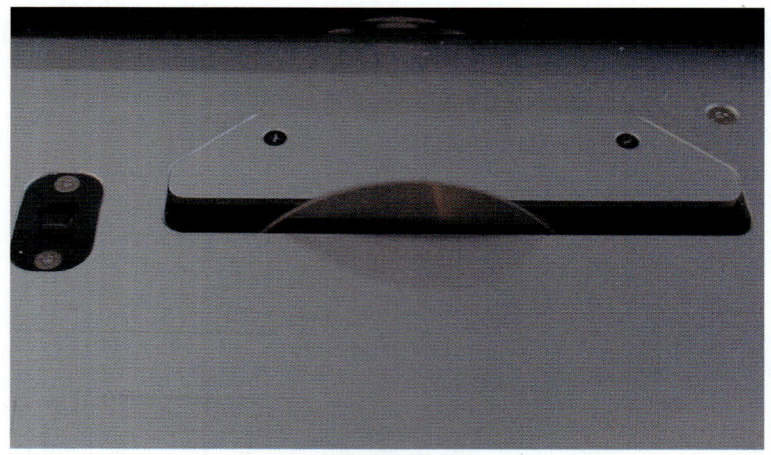

그림 3-120 ≪ 회전속도 확인

다. ABS수지판을 직각대에 대고 오른손은 여분의 부재를 누르고 왼손은 재단할 부재를 누르면서 동시에 서서히 밀어주면서 절단한다.
   (※ 회전톱 사용시 손의 방향과 이송속도, 톱날의 회전속도에 따라 재질의 단면 거칠기가 다르며, 처음 기계를 다루는 작업자는 숙련을 거쳐야 한다.)

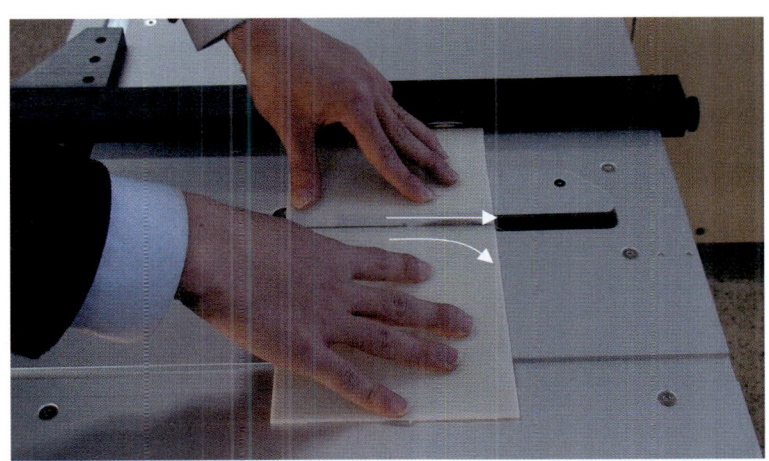

그림 3-121 ≪ 측면 절단 모습

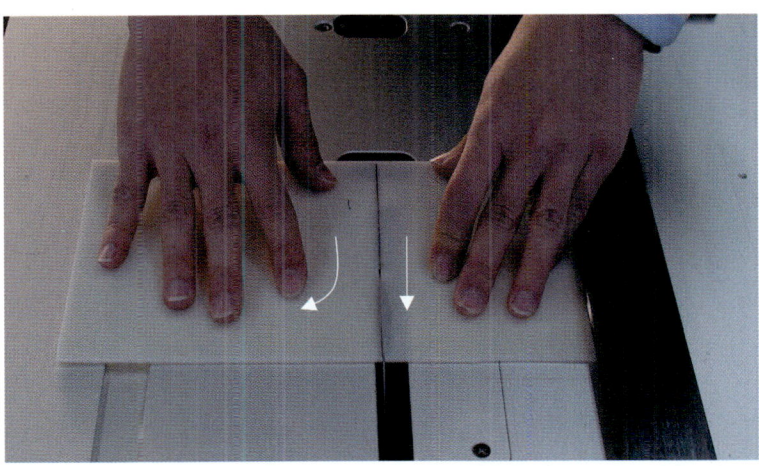

그림 3-122 ≪ 정면 절단 모습

3. 강철자 및 사포대로 다듬질한다.

가. 절단된 표면 모서리를 강철자를 45° 조정해서 칩을 제거한다.
나. 절단된 표면을 사포대로 곱게 다듬는다.
다. 정확한 각도를 유지하면서 사포대로 다듬는다.

그림 3-123 « 강철자 이용 칩 제거

그림 3-124 « 절단면 다듬기

띠톱을 이용한 부재 자르기

1. 작업 준비하기

가. 절단할 ABS수지판 부재를 준비한다.
나. 금긋기바늘을 이용해서 금을 긋는다.
다. 금긋기 한 곳에 보드마카를 칠해 선이 나타나도록 면걸레로 닦아준다.

2. 띠톱을 이용한 ABS수지판 자르기

가. 직각대 톱날과의 폭을 가공 폭에 맞게 조정하고 직각자를 이용하여 직각을 맞춘 뒤 직각대를 고정한다.
나. 회전수에 맞게 조정한 후, 띠톱의 전원을 넣고 톱날의 이상 유무를 확인한다.

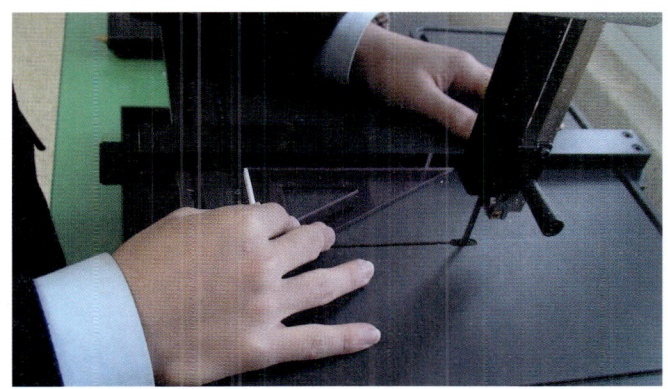

그림 3-125 « 직각대 직각 맞추기

그림 3-126 « 띠톱날 회전속도 맞추기

다. ABS수지판을 직각대에 대고 오른손은 여분의 부재를 누르고 왼손은 재단할 부재를 누르면서 동시에 서서히 밀어주면서 절단한다.
(※ 띠톱기계 사용시 손의 방향과 이송속도 띠톱날의 회전속도에 따라 단면 거칠기가 다르며, 처음 접하는 작업자도 손쉽게 작업할 수 있다. 다만 띠톱날 파손에 주의를 기울여야 한다.)

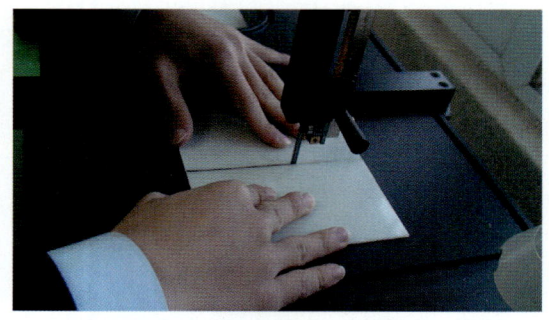

그림 3-127 « 부재 절단하기

3. 강철자 및 사포대로 다듬질한다.

가. 절단된 표면의 칩은 강철자를 이용해서 제거한다.
나. 절단된 표면을 사포대로 곱게 다듬는다.
다. 정확한 각도를 유지하면서 사포대로 다듬는다.

4. 부재접착

가. 붙이고자 하는 부분의 시점과 끝점에 아크릴접착제(클로로포름)를 바른다.
나. 도면의 크기 배치에 따라 부재를 붙이고 나이프 직각자로 직각을 맞춘다.
다. 붓을 이용하여 아크릴접착제(클로로포름)를 접착면에 균일하게 바르도록 한다.

그림 3-128 « 부재 접착면 아크릴접착제 바르기

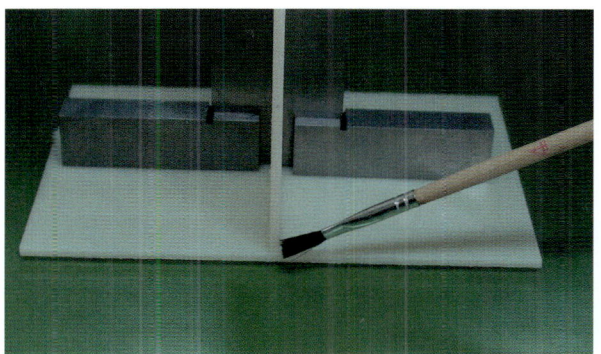

그림 3-129 « 나이프 직각자로 고정 후 접착면 바르기

라. 아크릴접착제(클로로포름)가 마를 때까지 부재가 어긋나지 않도록 직각자를 이용하여 손으로 잡는다.

마. 아크릴접착제(클로로포름)를 발라 고정된 ABS수지

그림 3-130 « 나이프 직각자로 직각맞추기

그림 3-131 « 고정된 ABS수지

5. 정리정돈을 한다.

가. 사용한 공구를 공구함에 가지런히 정리한다.

나. 기계사용 후 칩 부스러기를 진공청소기로 제거한다.

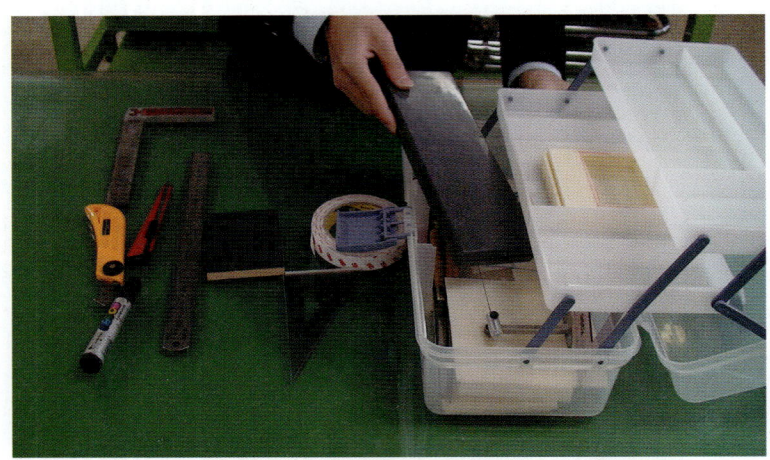

그림 3-132 « 공구함 정리정돈

그림 3-133 « 청소하기

◉ 안전 및 유의사항

1. 아크릴칼 및 커터칼은 날카로우므로 손을 다치지 않도록 유의한다.
2. 아크릴칼 및 커터칼은 바닥에 떨어뜨리지 않는다.
3. 아크릴접착제(클로로포름)는 유해 물질이므로 환기가 잘되는 곳에서 사용하고 냄새를 맡지 않는다.
4. 아크릴칼로 부재를 자를 때 날 끝부분이 작업대 밑판에 닿지 않도록 유의한다.
5. 회전톱 사용 시 회전하는 날이 손이 닿지 않도록 한다.
6. 띠톱 사용 시 날이 파손되지 않도록 무리하게 가공하지 않는다.

평가

1. 각종 기계의 사용방법 이해와 정확성 및 실습태도
2. 부재의 정밀한 재단 및 가공, 수평·수직의 안정성, 부재의 변형 및 손상정도, 조칠기, 완성도

제5절 플라스틱 열가공

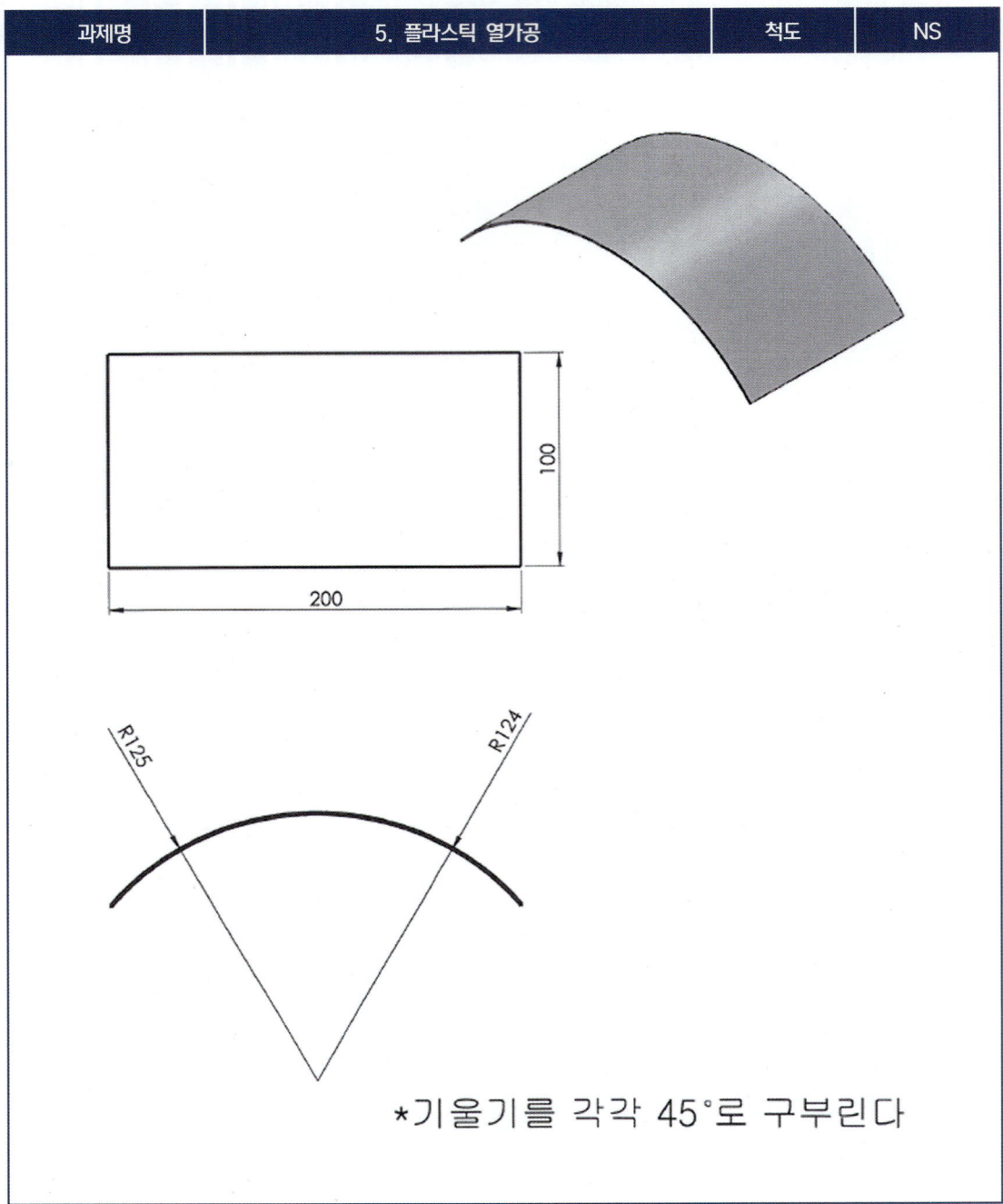

그림 3-134 《 열풍기를 이용한 플라스틱 열가공

| 과제명 | 5. 플라스틱 열가공 | 척도 | NS |

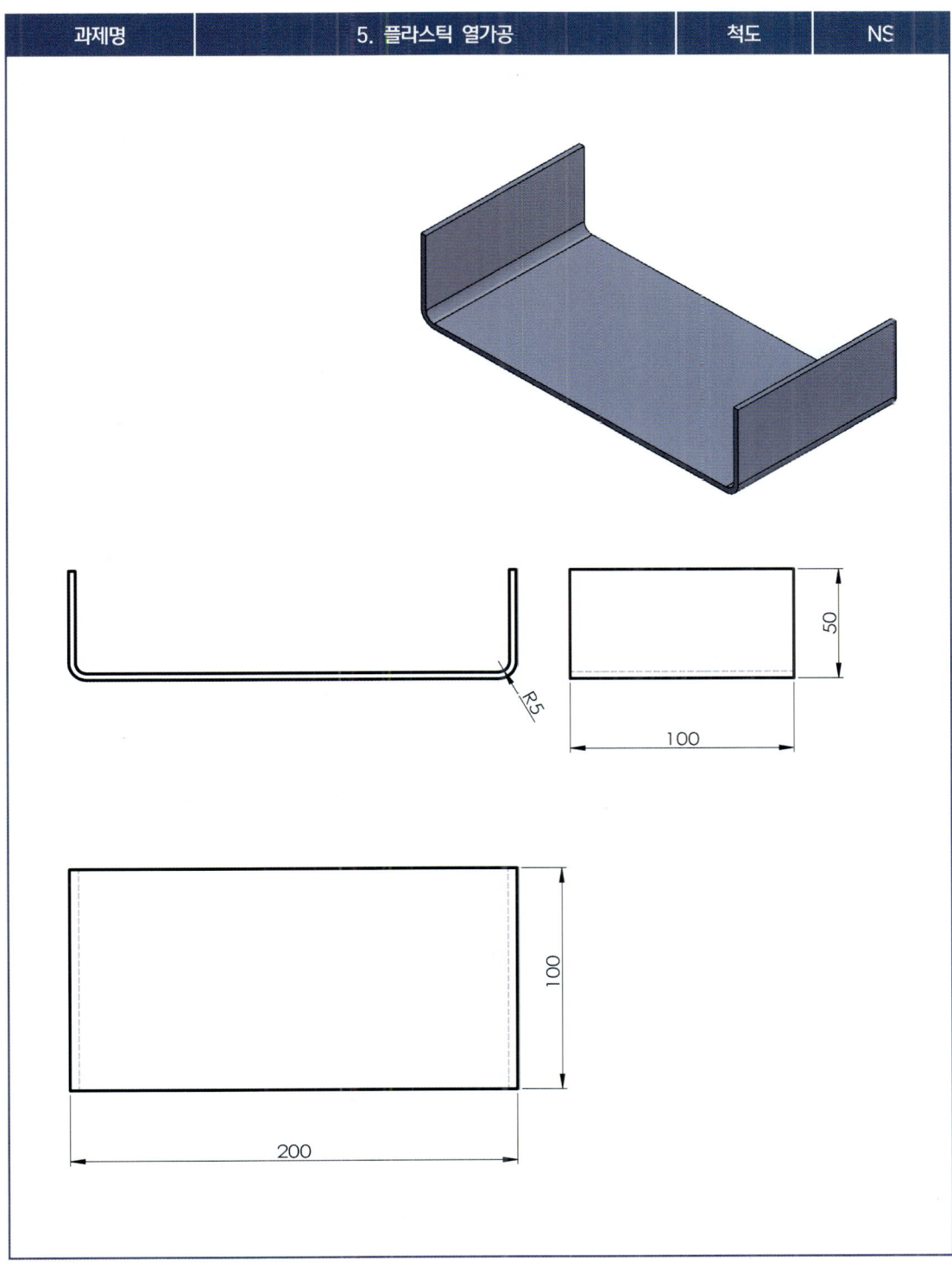

그림 3-135 《 다기능 절곡기를 이용한 플라스틱 열가공

○ 학습목표
1. 플라스틱의 일반적인 성형 방법을 설명할 수 있다.
2. 열풍기를 사용하여 소재를 라운딩 가공할 수 있다.
3. 다기능 절곡기를 사용하여 소재를 직각으로 구부릴 수 있다.

○ 사용 재료
아크릴판 300×100mm×2t 2장

○ 기계 및 공구
열풍기, 다기능 절곡기, 라디오펜치, 니퍼, 지지대, 수평바이스, 드라이버, 쇠톱, 금긋기바늘, 실톱, 사포대, 직각자

○ 시청각 자료
도면, 실물모형, 관련 멀티미디어 학습자료

○ 작업 순서

::: 열풍기를 사용해서 아크릴판 곡면 만들기

1. 작업 준비하기

가. 재료와 공구를 준비한다.
나. 작업 순서를 계획한다.
다. 공구 및 기자재의 상태를 확인한다.
라. 아크릴판 300×100mm×2t 크기로 1장 재단하여 준비한다.
마. 도면을 검토하여 공정을 구상한다.

2. 아크릴판 구부리기

가. 열풍기로 부재의 가열 부위를 가열한다.

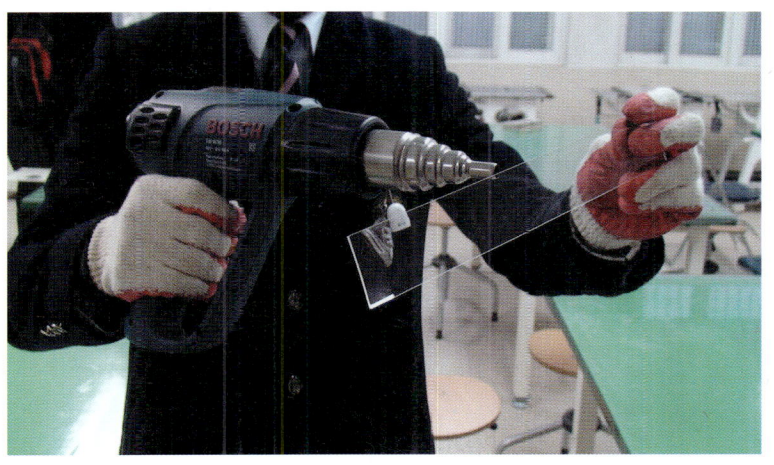

그림 3-136 《 아크릴판과 열풍기 준비

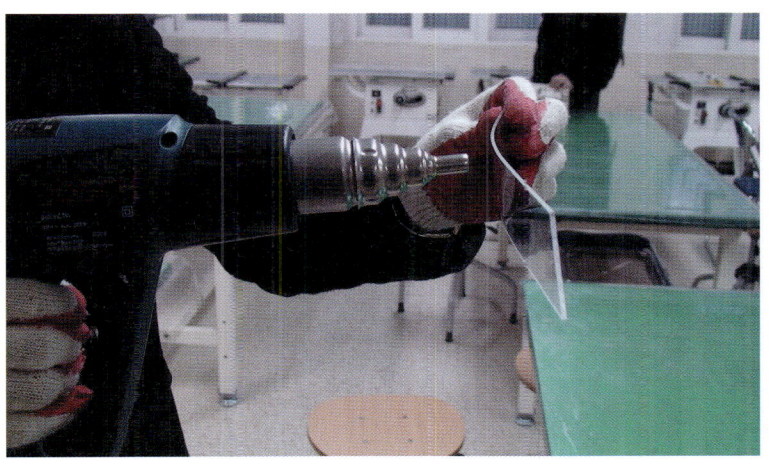

그림 3-137 《 열풍기로 아크릴판 가열하기

나. 손으로 부재의 양쪽을 잡고 곡면을 만든다.
다. 아크릴판이 식을 때까지 각도에 맞게 구부린 상태로 유지한다.

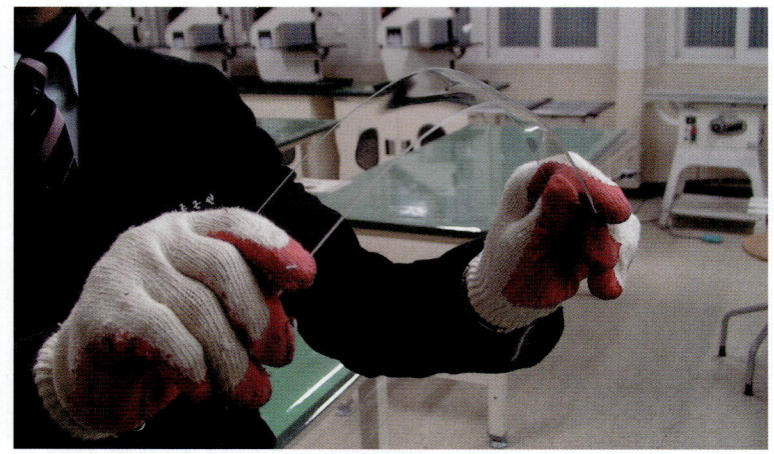

그림 3-138 ≪ 곡면 구부리기

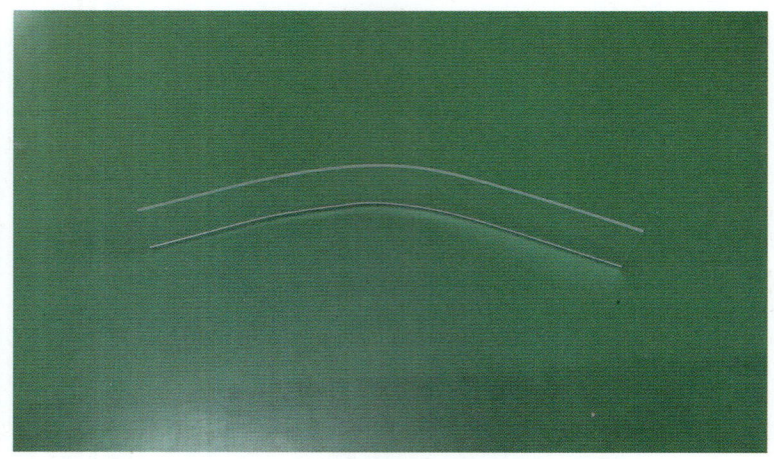

그림 3-139 ≪ 완성된 부재

⁝⁝⁝ 다기능 절곡기를 사용해서 아크릴 직각 구부리기

1. 작업 준비와 점검하기

    가. 재료와 다기능 절곡기를 준비한다.
    나. 작업 순서를 계획한다.
    다. 공구 및 기자재의 전원상태를 확인한다.
    라. 아크릴판 300×100mm×2t 크기로 1장 재단하여 준비한다.
    마. 도면을 검토하여 공정을 구상한다.

2. 다기능 절곡기 사용하기

가. 아크릴 누름

아크릴판을 양손을 이용하여 위로 올려 앞쪽으로 살짝 걸쳐 주고, 누름판이 올라온 상태로 고정시킨다.

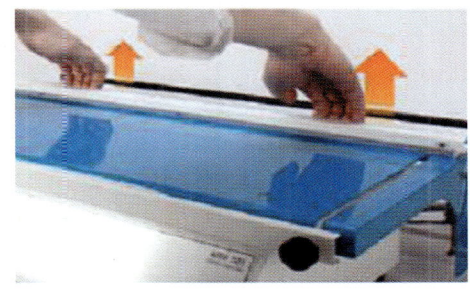

나.
올려진 누름판 밑으로 아크릴판을 밀어넣고 누름판을 뒤로 살짝 밀어 아크릴판이 눌러지도록 한다.

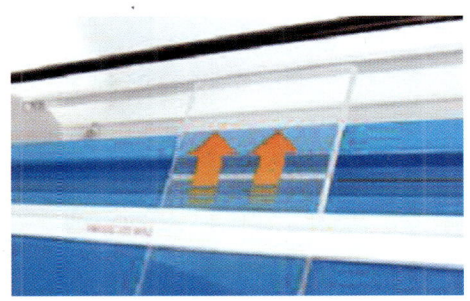

다.
전원스위치 ①을 켜면 스위치에 빨갛게 불이 들어오고, 온도조절스위치 ②로 열선의 온도를 조정한다. 제품에 과부하가 걸리면 브레이커 ④가 작동하여 휴즈 ③이 나갈 수 있다.

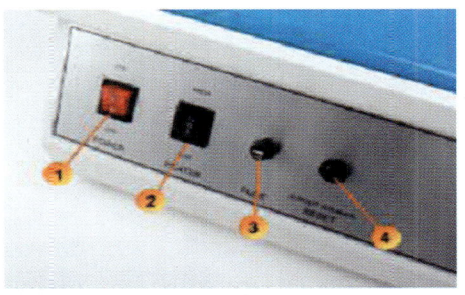

라.
일정한 길이로 반복적인 절곡을 할 때에는 그림과 같이 아크릴 받침대를 사용해도 무방하다.

마. 그림과 같이 상판 위에 눈금이 표시되어 아크릴 받침대를 원하는 위치로 이동시켜 손잡이를 돌려 고정시킨다.

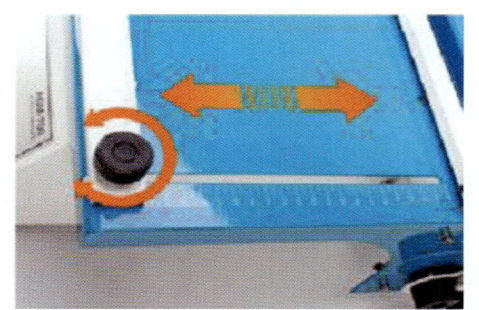

바. 본체 앞쪽의 아크릴 가열 시간을 참조하여 일정 가열시간이 되면 아크릴판을 그림과 같이 절곡하여 준다.

사. 아크릴의 열이 식을 때까지 절곡상태를 유지해야 한다.

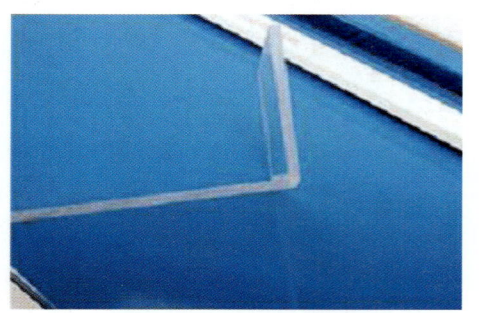

아. 본체 측면 뒤쪽에는 그림과 같이 각도를 설정할 수 있는 장치가 있어 핸들 ①을 돌려 원하는 각도로 설정할 수 있다.

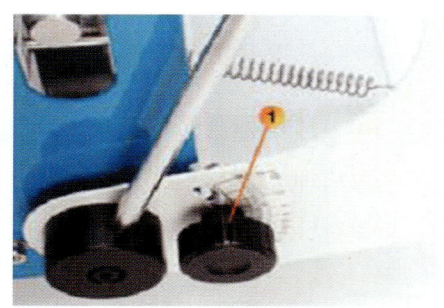

자. 그림과 같이 레버를 뒤로 밀어준다.

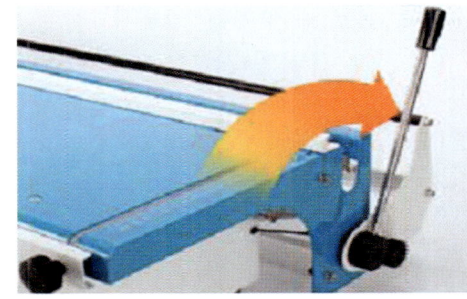

차. 아크릴을 그림과 같이 세킹한다.

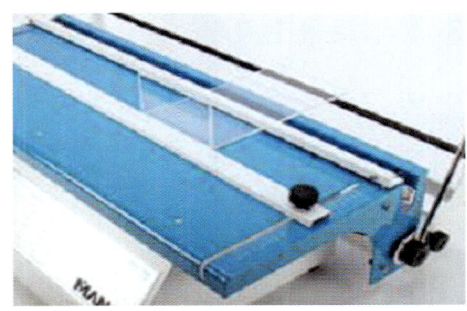

카. 아크릴이 가열되면 레버를 앞쪽으로 천천히 당겨서 아크릴을 절곡한다.

타. 레버는 세팅된 각도에서 멈추게 되어 있다. 이때 전원스위치를 끄고, 아크릴이 식을 때까지 기다린다.

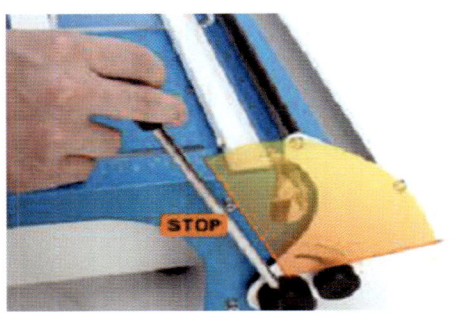

파. 본체 뒤쪽에는 그림과 같이 여분의 열선이 감겨있다.

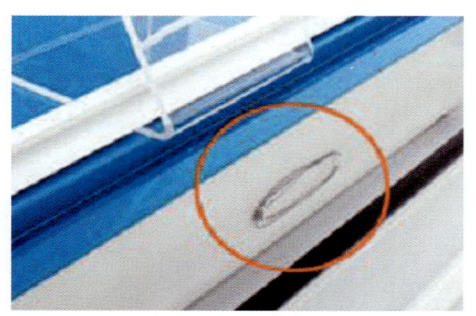

3. 정리정돈을 한다.

가. 사용한 공구를 공구함에 가지런히 정리한다.
나. 다기능 절곡기 주변의 전원을 분리시키고 청소한다.

● 안전 및 유의사항

1. 열풍기 및 다기능 절곡기를 사용할 때 손에 화상을 입지 않도록 유의한다.
2. 아크릴을 열가공할 경우 보호 장갑을 착용하고 실습한다.
3. 열풍기를 타인을 향해 사용하지 않아야 한다.
4. 기기가 젖어서는 안 되며, 습도가 높은 곳에서 기기를 사용해서도 안 된다.
5. 작업 시 발생하는 가스와 증기가 건강에 유해하므로 항상 실습장의 환기가 잘 되도록 해야 한다.
6. 기계에 심한 충격을 주거나 떨어뜨리지 않도록 주의한다.
7. 전원을 켜두고 사용치 않을 때 화재 발생의 원인이 될 수 있다.
8. 사용치 않을 때에는 콘센트로부터 전원 코드를 뽑아둬야 한다.

평가

1. 열풍기 및 다기능 절곡기 사용방법과 실습태도
2. 부재의 정밀한 재단 및 가공, 수평·수직의 안정성, 부재의 변형 및 손상 정도, 거칠기, 완성도

제6절　피라미드 조형

| 과제명 | 6. 피라미드 조형 | 척도 | NS |

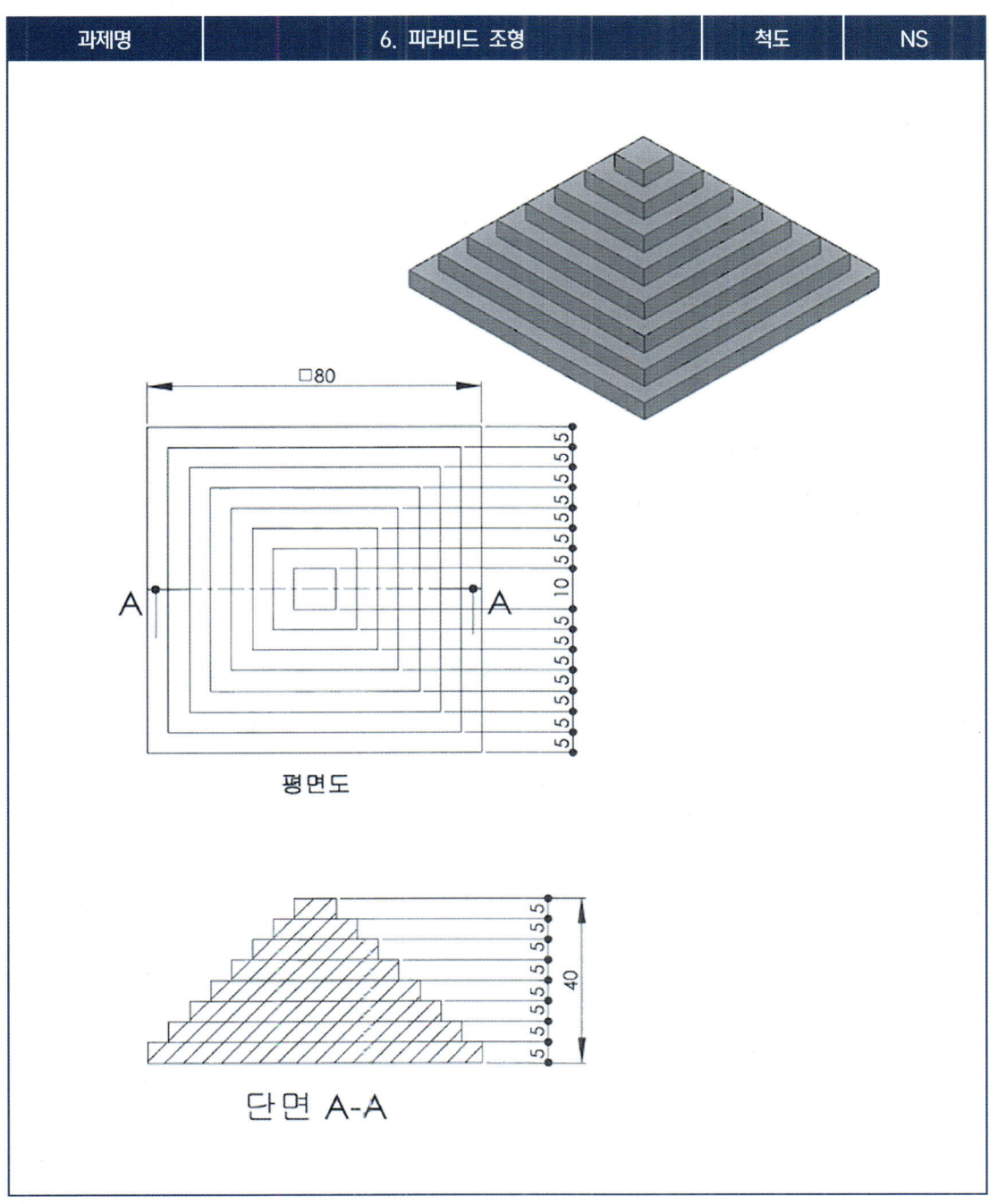

그림 3-140 《 피라미드 조형

○ **학습목표**
1. 올바른 커터칼 사용법을 알고 제품을 만들 수 있다.
2. 우드락 재료를 가공해서 우드락 본드로 접착할 수 있다.
3. 규정된 도면에 맞게 피라미드 조형을 제작할 수 있다.

○ **사용 재료**
우드락, 우드락 본드

○ **기계 및 공구**
커터칼, 강철자, 직각자, 직각 삼각자, 사포대, 커팅매트, 버니어캘리퍼스

○ **시청각 자료**
도면, 실물모형, 관련 멀티미디어 학습자료

○ 작업 순서

1. 작업준비를 한다.

가. 도면을 검토하고 공정을 구상한다.
나. 작업에 필요한 공구를 준비한다.
다. 작품별 부재 재단 규격 목록에 재단규격(가공치수)을 작성한다.

2. 피라미드 조형 부재 절단하기

가. 우드락을 80×80mm×5t의 크기로 커터칼을 이용하여 절단한다. (※ 커터칼이 어긋나지 않도록 직각 유지하기)
부재의 규격을 정확하게 재단하기 위하여 치수가 표시된 철자나 버니어캘리퍼스를 이용하여 실측하고, 커팅 표식은 커터칼 날의 끝을 이용하거나 금긋기바늘을 사용하여 정확하게 표시하도록 한다.
나. 우드락을 70×70mm×5t의 크기로 커터칼을 이용하여 절단한다.
다. 우드락을 60×60mm×5t의 크기로 커터칼을 이용하여 절단한다.
라. 우드락을 50×50mm×5t의 크기로 커터칼을 이용하여 절단한다.
마. 우드락을 40×40mm×5t의 크기로 커터칼을 이용하여 절단한다.
바. 우드락을 30×30mm×5t의 크기로 커터칼을 이용하여 절단한다.
사. 우드락을 20×20mm×5t의 크기로 커터칼을 이용하여 절단한다.
아. 우드락을 10×10mm×5t의 크기로 커터칼을 이용하여 절단한다.

그림 3-141 ≪ 부재 절단하기

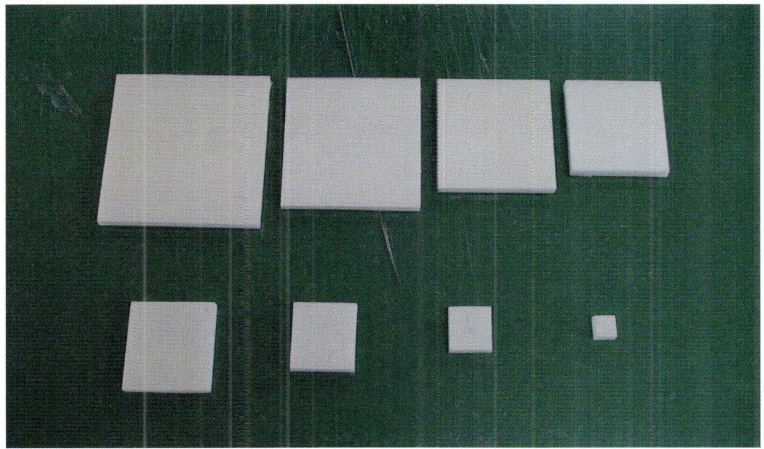

그림 3-142 ≪ 크기별 부재

3. 사포대로 다듬질한다.

가. 절단된 표면 테두리를 사포대로 곱게 다듬는다.
나. 우드락 소재가 파손되지 않도록 주의를 기울여서 다듬질한다.

그림 3-143 《 부재 절단면 다듬기

4. 피라미드 조형 부재 접착하기

가. 각 부재를 대각선 모양으로 표시를 낸다.(※ 피라미드의 사각형 상부의 부재를 정확하게 중앙에 배치하여 붙일 때에는 하부 사각형 판재에 대각선을 미리 표시하여 상부 사각형 판재 모서리 꼭짓점이 4개의 대각선상에 정확하게 일치하도록 배치하여 접착한다.)

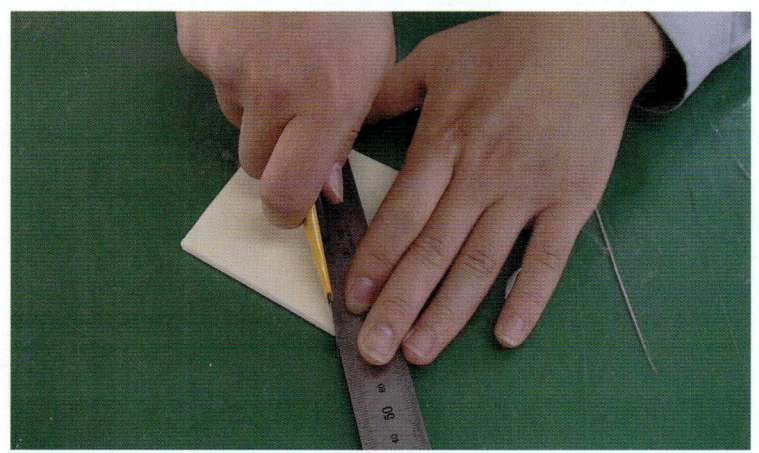

그림 3-144 《 대각선 표시내기

그림 3-145 ≪ 표시된 부재

나. 우드락 80×80mm×5t의 크기의 부재를 하단에 위치시킨다.
다. 우드락 70×70mm×5t의 크기의 부재를 바닥 전체 우드락 본드로 고르게 바른다.

그림 3-146 ≪ 우드락 본드 칠하기

그림 3-147 « 부재 붙이기

라. 하단 부재 위에 대각선 칼집난 선에 부재 70×70mm×5t를 모서리를 맞추고 접착한다.
마. 위의 실습 내용에 맞게 부재 60×60mm×5t ~ 10×10mm×5t를 순서대로 접착한다.

그림 3-148 « 순서별로 부재 붙이기

5. 검사한다.

가. 접착상태를 점검한다.
나. 접착된 각 부품의 치수를 검사하고 제출한다.

그림 3-149 《 버니어캘리퍼스로 측정하기

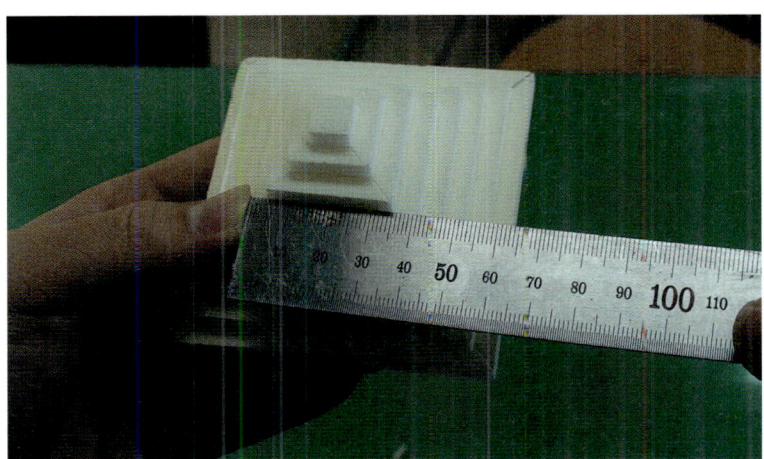

그림 3-150 《 강철자로 측정하기

6. 정리정돈을 한다.

가. 사용한 공구를 공구함에 가지런히 정리한다.
나. 칩 부스러기를 진공청소기로 제거한다.

◉ 안전 및 유의사항

1. 커터칼 사용 시 주의하고 날이 상한 경우에는 날을 교환하거나 수정해서 사용한다.
2. 측정기구는 주의하여 취급하여야 하며, 특히 심한 충격을 받지 않도록 조심한다.
3. 우드락 본드가 눈에 들어가지 않도록 주의해서 접착한다.

평가

1. 도형의 이해와 전개도, 투상의 정확성 및 실습태도
2. 부재의 정밀한 재단 및 가공, 수평·수직의 안정성, 정확한 접착 및 조립, 거칠기, 완성도

제7절 보관함 만들기

| 과제명 | 7. 보관함 만들기 | 척도 | NS |

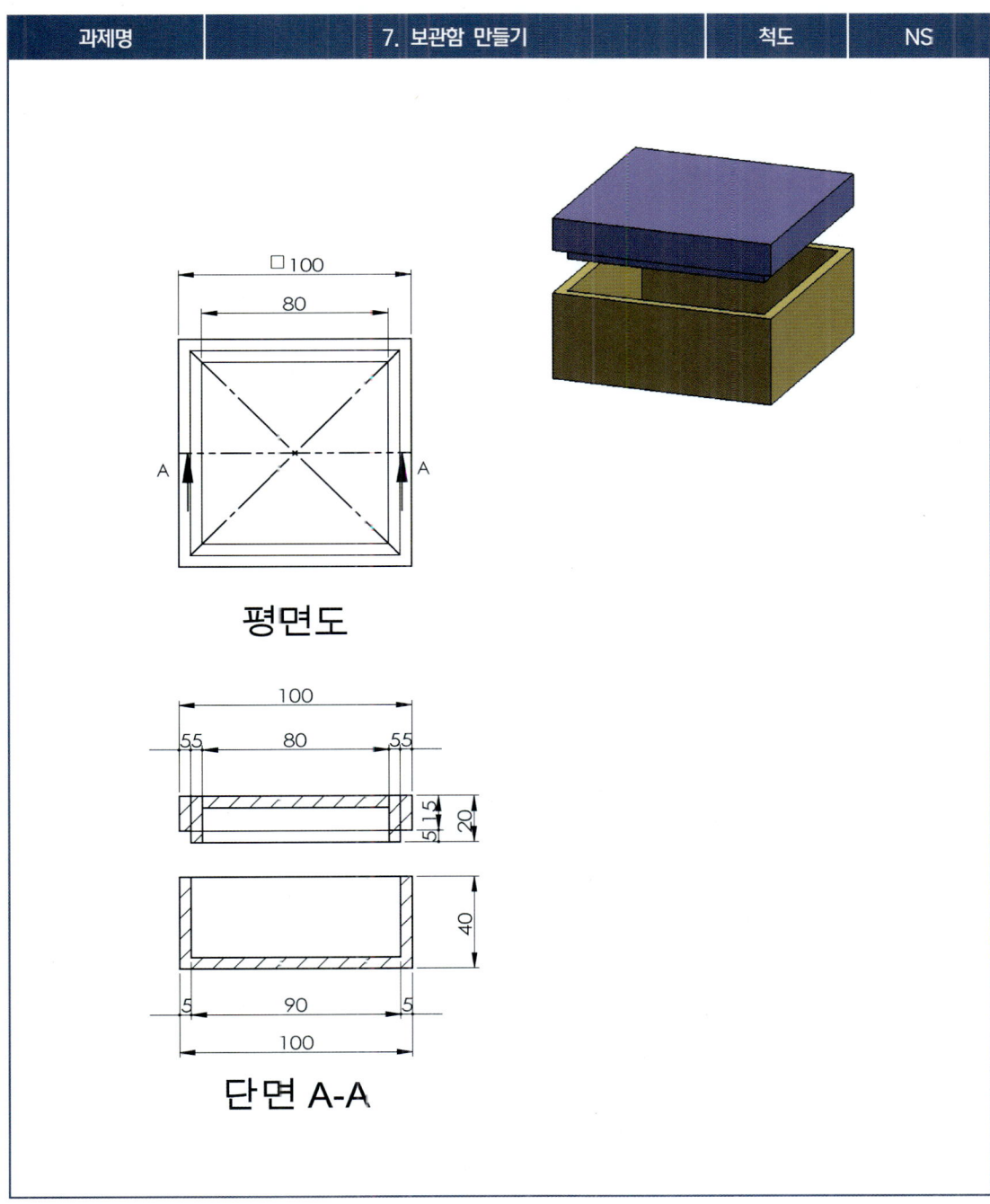

평면도

단면 A-A

그림 3-151 《 보관함 만들기

학습목표
1. 우드락 재료 특성 및 가공방법에 대하여 이해할 수 있다.
2. 주어진 도면을 3각 투상할 수 있고, 커터칼을 정확하게 사용할 수 있다.
3. 제품의 가공 및 조립을 위하여 부재의 재단크기를 산정할 수 있다.

사용 재료
우드락, 우드락 본드

기계 및 공구
커터칼, 강철자, 직각자, 사포대, 커팅매트, 직각삼각자, 버니어캘리퍼스

시청각 자료
도면, 실물모형, 관련 멀티미디어 학습자료

작업 순서

1. 작업준비를 한다.

가. 우드락의 재료 특성을 알고, 올바른 커터칼의 사용법을 안다.
나. 도면을 이해하고 제품(작품)의 형상을 상상하며 도면에 맞는 3각 투상을 한다.
다. 작품별 부재 재단 규격 목록에 재단규격(가공치수)을 작성한다.
라. 우드락 300×300mm×5t의 크기로 1장 재단하여 준비한다.

그림 3-152 ≪ 우드락 300×300mm×5t 절단된 부재

2. 하부 본체를 제작한다.

가. 부재의 각 변이 직각이 되도록 직각자를 활용한다.

나. 부재의 규격을 정확하게 재단하기 위하여 치수가 표시된 강철자나 버니어캘리퍼스를 이용하여 실측하고, 커팅 표식은 커터칼 날의 끝을 이용하거나 금긋기바늘을 사용하여 정확하게 표시하도록 한다.

그림 3-153 《 금긋기바늘을 이용한 부재 재단 표시

다. 밑판 우드락 100×100mm×5t의 크기로 1장을 재단하여 다듬질한다.

라. 밑판 우드락 테두리를 5mm의 크기로 외피의 종이면을 남겨두고 접착되는 단면을 덮어주는 크기로 재단한다.

마. 종이면 재단 후 커터칼 뒷면을 이용하여 누르면서 펴준다.

그림 3-154 《 우드락 100×100mm×5t 부재

그림 3-155 《 종이면 재단 후 커터칼 뒷면 사용 평평하게 누르기

그림 3-156 《 재단한 우드락 부재

바. 밑판 측면 우드락 100×40mm×5t의 크기로 4장을 재단하여 다듬질한다.
사. 측면 끝단 좌·우측을 5mm의 크기로 외피의 종이면을 남겨두고 접착되는 단면을 덮어주는 크기로 재단한다.

그림 3-157 ≪ 각 부품별 우드락 부재

3. 상부 덮개를 제작한다.

가. 상판 우드락 100×100mm×5t의 크기로 1장을 재단하여 다듬질한다.

나. 상판 우드락 테두리를 5mm의 크기로 외피의 종이면을 남겨두고 접착되는 단면을 덮어주는 크기로 재단한다. (※ 하부본체 내용과 같음)

다. 상판 테두리 우드락 100×15mm×5t의 크기로 4장을 재단하여 다듬질한다.

라. 측면 끝단 좌·우측을 5mm의 크기로 외피의 종이면을 남겨두고 접착되는 단면을 덮어주는 크기로 재단한다.

마. 상판 내부 테두리 우드락 90×15mm×5t의 크기로 2장을 재단하여 다듬질한다.

바. 상판 내부 테두리 우드락 80×15mm×5t의 크기로 2장을 재단하여 다듬질한다.

그림 3-158 ≪ 상부 덮개 부재

그림 3-159 《 상부 덮개 내부 부재

4. 조립한다.

가. 재단된 각 부재를 도면에 맞게 정확하게 접착 및 조립할 수 있다.

나. 우드락을 이용하여 하부본체 및 상부 덮개를 만들 때에는 절단 시 외피의 종이면을 남겨둔 부분과 접착되는 단면을 덮어주는 부분만을 접착하도록 한다.

다. 절취면의 단면은 수직으로 정확하게 다듬어 가공하고 우드락 본드가 튀어나오지 않도록 얇고 정확하게 접착한다.

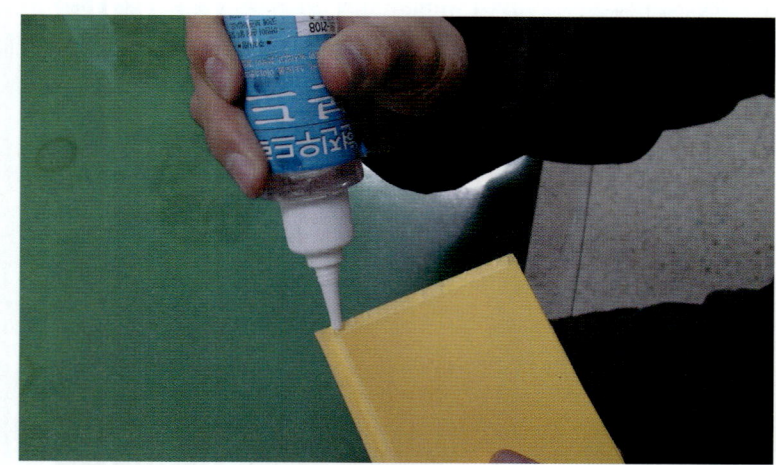

그림 3-160 《 종이면 우드락 본드 바르기

그림 3-161 ≪ 직각자로 직각 맞추기

그림 3-162 ≪ 완성된 하부 보관함

그림 3-163 ≪ 완성된 상부 보관함

5. 검사한다.

가. 완성된 보관함 목업제품의 규격을 정확하게 측정하고 검사할 수 있다.
나. 접착상태를 점검한다.

그림 3-164 ≪ 완성된 보관함 목업제품

6. 정리정돈을 한다.

가. 사용한 공구를 공구함에 가지런히 정리한다.
나. 절삭 칩 부스러기를 진공청소기로 제거한다.

▶ 안전 및 유의사항

1. 실습장 내에서 떠들거나 장난치지 않는다.
2. 정확한 치수 재단 및 시간 내에 성과물을 완성한다.
3. 커터칼 사용 시 안전사고에 주의하고, 우드락 본드는 사용 후 마개는 완전히 밀봉한다.
4. 각종 공구 및 기계는 다른 용도로 사용하지 않는다.
5. 우드락 본드가 눈에 들어가지 않도록 주의해서 접착한다.

평가

1. 도면의 이해와 투상의 정확성 및 실습태도
2. 부재의 정밀한 재단 및 가공, 수평·수직의 안정성, 정확한 접착 및 조립, 부재의 변형 및 손상정도, 거칠기, 완성도

제8절 정육면체 조형

| 과제명 | 8. 정육면체 조형 | 척도 | NS |

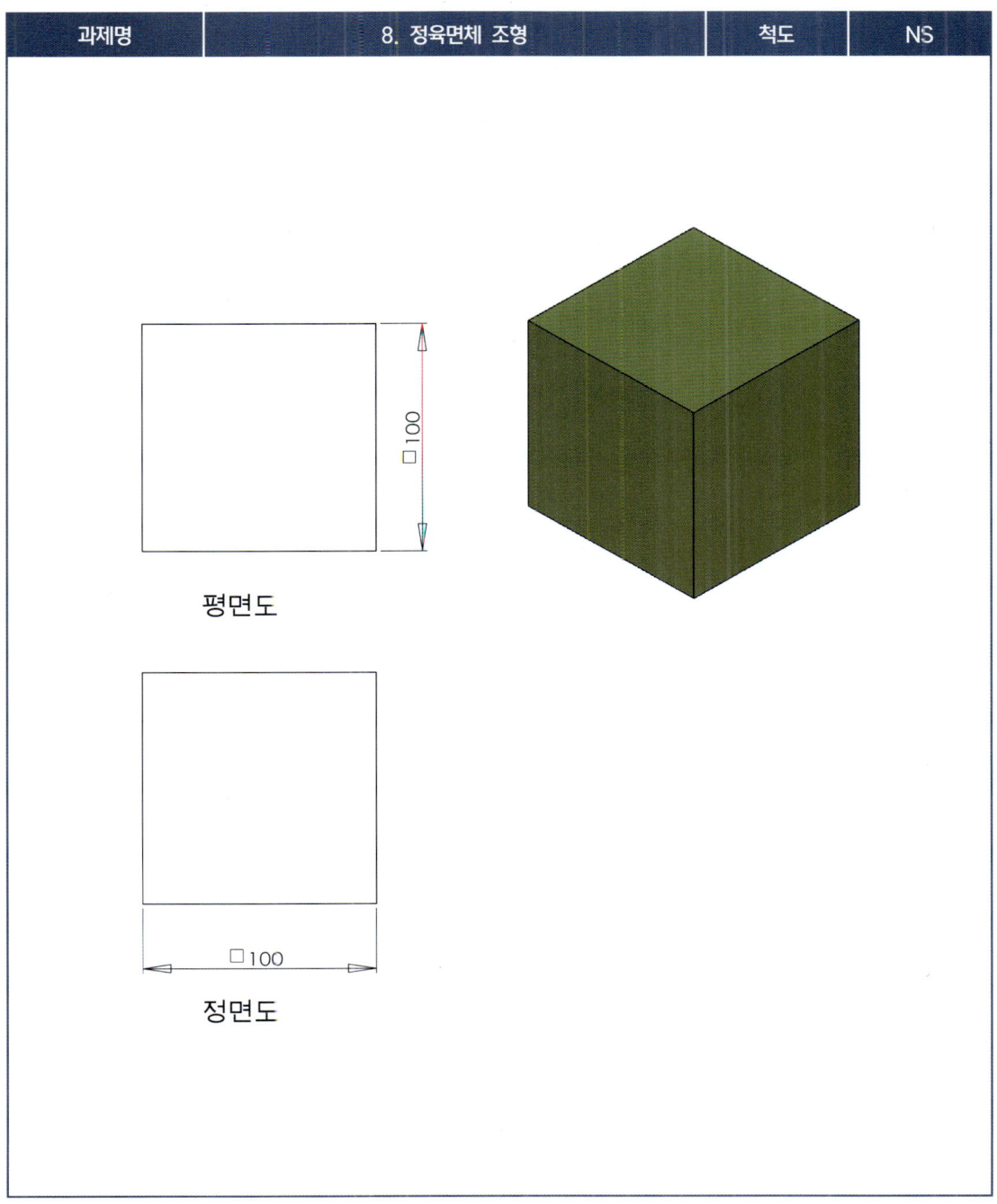

그림 3-165 《 정육면체 조형

학습목표
1. ABS수지의 일반적인 성형 방법을 설명할 수 있다.
2. 정육면체 도형의 정의를 정확히 안다.
3. 모형제작을 통하여 정육면체의 전개도 및 입체를 이해할 수 있다.
4. 각 부재의 재단크기를 정밀하게 가공하여 조립할 수 있다.

사용 재료
ABS수지판, 아크릴접착제(클로로포름), 평붓

기계 및 공구
회전톱, 띠톱, 디스크샌더, 금긋기바늘, 사포대, 직각자, 버니어캘리퍼스, 강철자, 직각삼각자, 아크릴 직각대

시청각 자료
도면, 실물모형, 관련 멀티미디어 학습자료

작업 순서

1. 작업준비를 한다.
가. 실습에 필요한 공구들과 재료들을 미리 준비하고 정렬 해 놓는다.
나. 재료를 지급받고 도면을 검토하여 공정을 구상한다.
다. 작품별 부재 재단 규격 목록에 재단규격(가공치수)을 작성한다.
라. ABS수지판 350×300mm×3t 크기로 1장 재단하여 준비한다.

2. 정육면체 부재 절단하기
가. ABS수지판을 100×100mm×3t 크기로 6개소 금긋기 바늘을 이용해서 금을 긋는다.
나. 회전수에 맞게 조정한 후, 회전톱의 전원을 넣고 톱날의 이상 유무를 확인한다.
다. ABS수지판을 살펴보고 곧은 쪽을 기준면으로 설정하고 안내판에 밀착시킨다.
라. ABS수지판을 절단할 때, 왼손은 부재의 뒷부분을 잡고 오른손은 잘려나갈 부분의 뒷부분을 눌러 잡는다.
마. ABS수지판의 기준면이 안내판에 밀착하도록 밀어준 상태로 천천히 밀어준다.

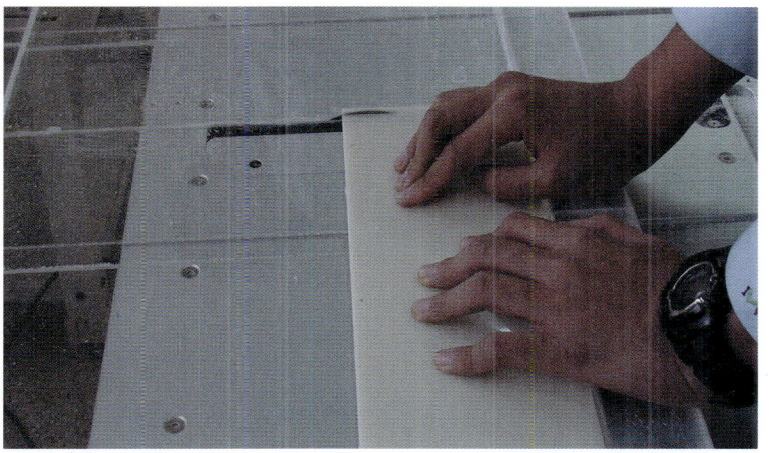

그림 3-166 ≪ 아크릴 직각대를 이용한 부재 재단

그림 3-167 ≪ 절단된 부재 부품

바. 절단된 표면의 칩은 평줄 또는 강철자를 이용해서 제거한다.
사. 절단된 표면을 사포대 및 디스크샌더로 곱게 다듬는다.

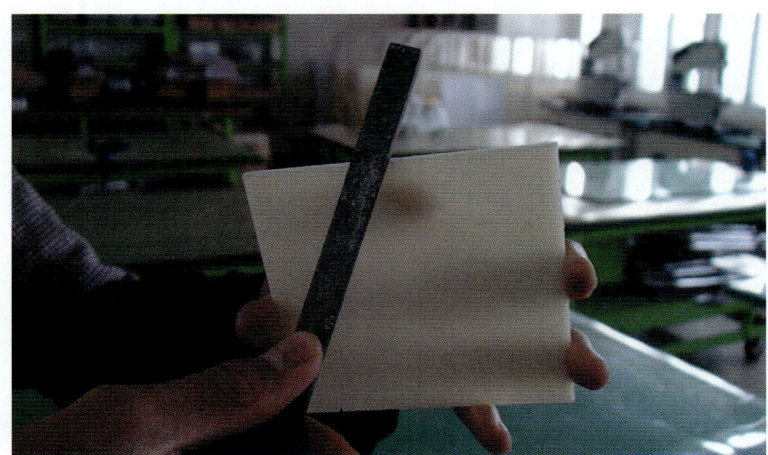

그림 3-168 《 칩 제거

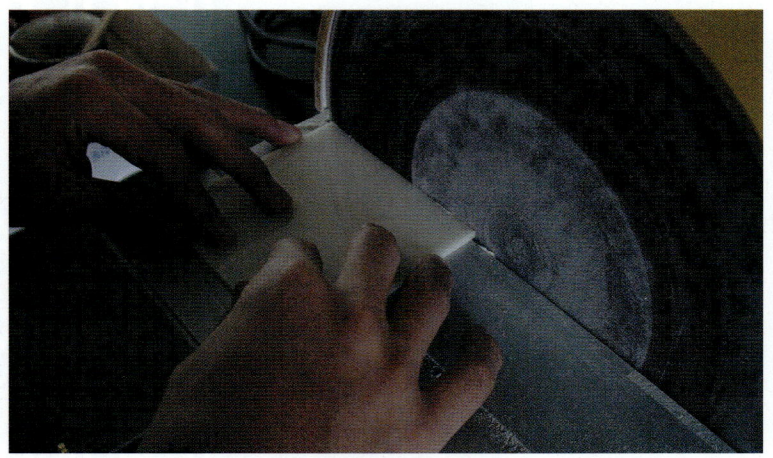

그림 3-169 《 부재 다듬질

3. 정육면체 부재 모따기 가공하기

가. 회전톱 본체 아래쪽 테이블 밑에 각도 조절 장치를 45° 핸들로 조정해서 눈금을 맞춘다.

나. 절단 가공한 ABS수지판 부재를 접착하는 방향에 따라 45° 모따기 처리한다.

그림 3-170 ≪ 각도 조정

그림 3-171 ≪ 45° 모따기 가공

4. 사포대 및 디스크샌더로 다듬질한다.

가. 절단된 표면 테두리를 사포대 및 디스크샌더로 곱게 다듬는다.

나. ABS수지판 절단면이 거칠거나 수직면이 아니면 사포대를 이용하여 직각 평면으로 다듬어 준다.

그림 3-172 《 사포대 이용 절단면 다듬질

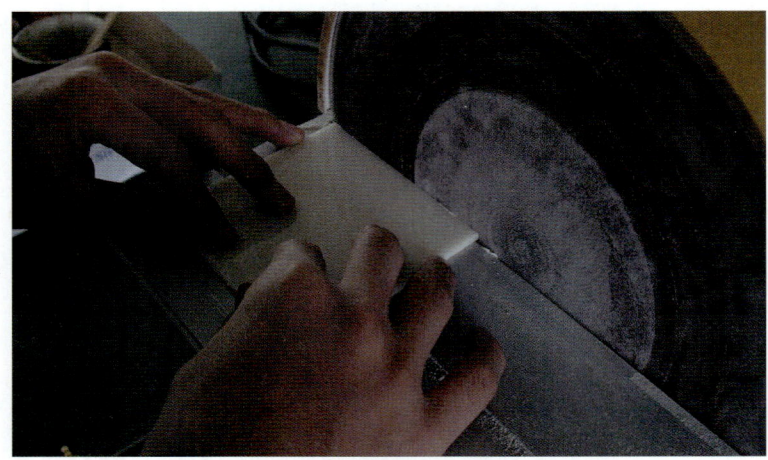

그림 3-173 《 디스크샌더 이용 절단면 다듬질

5. 정육면체 부재 접착하기

가. 붓을 이용하여 아크릴접착제(클로로포름)를 각 부재의 접착면에 균일하게 바르도록 한다.

나. 부재의 모서리를 붙일 때에는 정확하게 끝선에 맞추어 직각으로 붙이도록 한다.

그림 3-174 ≪ 부재 접착면 아크릴접착제 바르기

그림 3-175 ≪ 정육면체 한쪽면 접착

다. 6개의 면 중에 측면을 먼저 접착하여 조립한 후 윗면과 아랫면을 접착하여 조립 완성한다.

그림 3-176 《 완성된 하부 정육면체

그림 3-177 《 접착이 완성된 정육면체

라. 아크릴접착제(클로로포름)가 마를 때까지 부재가 어긋나지 않도록 직각자를 이용하여 손으로 잡는다.

마. 완성된 정육면체의 모든 면이 정확하게 평면이 되도록 사포대를 이용하여 평탄하게 마무리 다듬질작업을 하고 완전하게 평면이 되었는지를 확인한다.

그림 3-178 《 정육면체 마무리 다듬질 작업

바. 아크릴접착제(클로로포름)를 발라 고정된 정육면체 ABS수지판

그림 3-179 《 완성된 정육면체 목업제품

6. 검사한다.

가. 접착상태를 점검한다.

나. 접착된 각 부품의 치수를 검사하고 제출한다.

다. 직각자를 이용하여 정확한 직각여부를 확인한다.

그림 3-180 ≪ 직각자를 이용 직각여부 확인

7. 정리정돈을 한다.

가. 사용한 공구를 공구함에 가지런히 정리한다.

나. 절삭 칩 부스러기를 진공청소기로 제거한다.

◯ 안전 및 유의사항

1. 아크릴접착제(클로로포름)를 사용할 때 반드시 유의사항을 읽어보고 숙지한다.
2. 회전톱 및 띠톱 사용 시 장갑을 착용하지 않는다.
3. 각종 공구 및 기계는 다른 용도로 사용하지 않는다.
4. 기계 가공 시에는 기계를 무리하게 사용하지 않는다.
5. 아크릴칼의 올바른 사용으로 안전사고에 주의하고, 실습장 내에서 떠들거나 장난치지 않는다.
6. 정밀한 치수 재단 및 정확한 조립으로 시간 내에 성과물을 완성한다.
7. ABS수지판에 접착제 사용 시 실습장 내 환기에 유의하고, 아크릴접착제(클로로포름)를 쏟거나 튀지 않도록 한다.

평가

1. 도형의 이해와 전개도, 투상의 정확성 및 실습태도
2. 부재의 정밀한 재단 및 가공, 수평·수직의 안정성, 정확한 접착 및 조립, 거칠기, 완성도

제9절 다용도 꽂이함 만들기

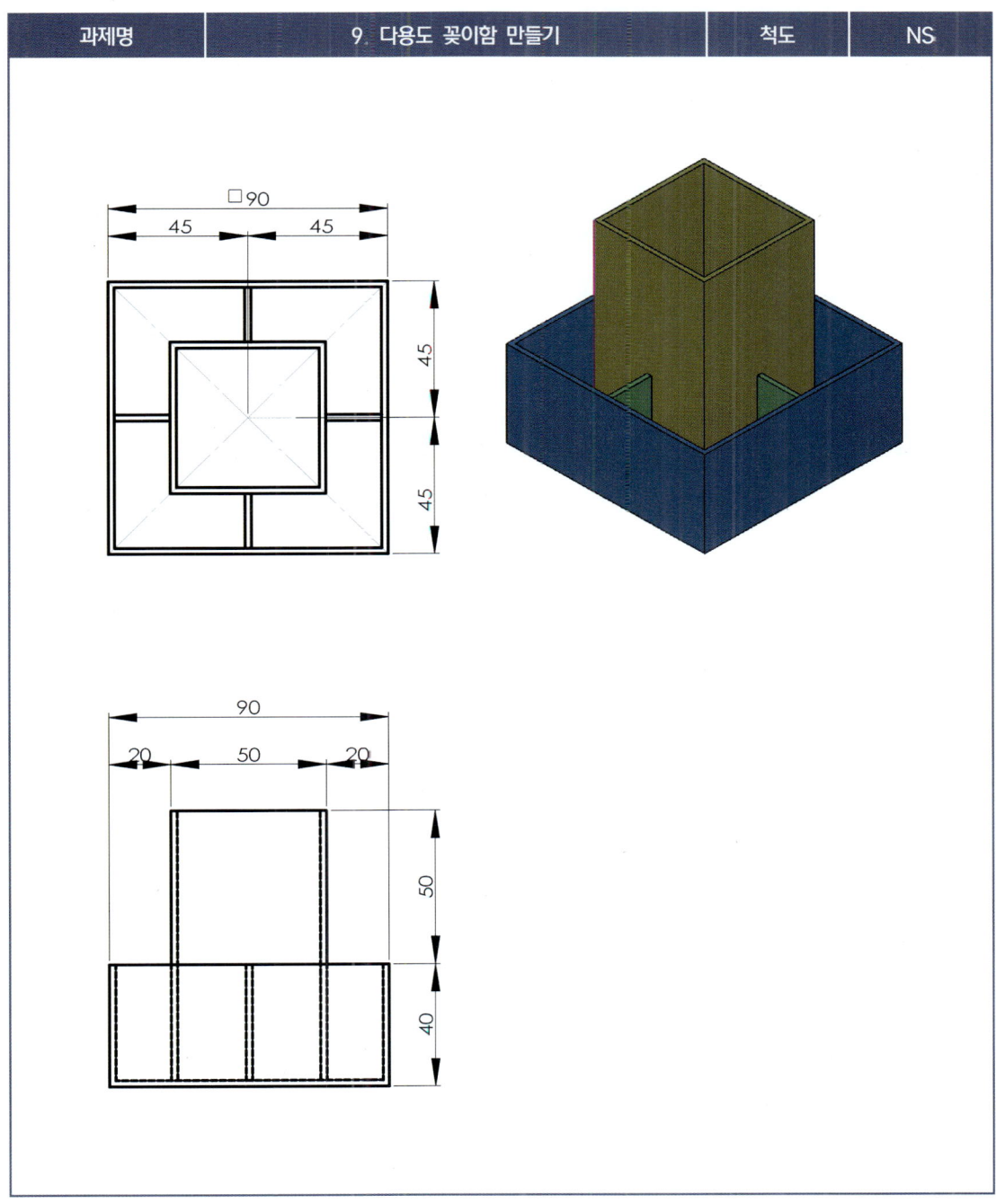

그림 3-181 « 다용도 꽂이함 만들기

◐ 학습목표
1. 주어진 도면을 정확히 이해한다.
2. 주어진 다용도 꽂이함을 3각 투상 할 수 있다.
3. 각 부재의 재단크기를 정밀하게 가공하여 조립하고 완성할 수 있다.

◐ 사용 재료
ABS수지판, 아크릴접착제(클로로포름), 평붓

◐ 기계 및 공구
띠톱, 회전톱, 디스크샌더, 버니어캘리퍼스, 강철자, 아크릴칼, 커터칼, 금긋기바늘, 사포대, 직각자, 직각삼각자

◐ 시청각 자료
도면, 실물모형, 관련 멀티미디어 학습자료

◐ 작업 순서

1. 작업준비를 한다.

가. 주어진 도면을 정확하게 이해하고 있다.
나. 주어진 도면을 3각 투상하여 부분 조립품으로 나누어 생각할 수 있다.
다. 작품별 부재 재단 규격 목록에 재단규격(가공치수)을 작성한다.
라. 도면의 디자인 내용을 전개도와 3각 투상도를 그려보고, 재단하고 조립하여야 할 부재들을 검토하여 재단규격목록을 만든다.
마. ABS수지판 300×150mm×3t 크기로 1장 재단하여 준비한다.

2. 부재를 재단한다.

가. 재료를 자를 때는 부재의 각 변이 직각이 되도록 직각자를 활용한다.
나. 부재의 규격을 정확하게 재단하기 위하여 치수가 표시된 강철자나 버니어캘리퍼스를 이용하여 실측하고, 커팅 표식은 커터칼 날의 끝을 이용하거나 금긋기바늘을 사용하여 정확하게 표시하도록 한다.

그림 3-182 《 버니어캘리퍼스로 재단규격 금긋기 작업

그림 3-183 《 강철자로 재단규격 금긋기 작업

다. 주어진 치수에 맞도록 각 부재의 재단크기를 정확하게 자를 수 있다.

그림 3-184 ≪ 회전톱을 사용한 절단 모습

라. 절단한 부재의 규격이 틀리거나 직선이 맞지 않는 등의 잘못 절단된 부재는 다시 재단하도록 한다.
마. ABS수지판 절단면이 거칠거나 수직면이 아니면 사포대를 이용하여 직각 평면으로 다듬어 준다.

3. 다듬질 및 부재를 접착 조립한다.

가. 재단된 각 부재들을 도면에 맞게 정확하게 접착 및 조립할 수 있다.
나. 아크릴접착제(클로로포름)를 정확히 사용할 수 있고, 각 면을 사포대를 이용하여 평탄하게 마무리 다듬질을 한다.
다. 면의 모서리를 붙일 때에는 정확하게 끝선에 맞추어 직각으로 붙이도록 한다.

그림 3-185 ≪ 면의 모서리 부분 다듬질

라. 부분 조립품의 부재들을 각각 접착하여 조립하고, 부분 조립품을 조합하여 접착 완성한다.

그림 3-186 《 완성된 하부 다용도 꽂이함

그림 3-187 《 완성된 중간부품 다용도 꽂이함

마. 완성된 다용도 꽂이함의 모든 면이 정확하게 평면이 되도록 사포대를 이용하여 평탄하게 마무리 다듬질작업을 하고 완전하게 평면이 되었는지를 확인한다.

그림 3-188 ≪ 완성된 다용도 꽃이함 목업제품

4. 검사한다.

가. 재단된 부분품의 규격을 정확하게 측정하고 검사할 수 있다.
나. 주어진 치수대로 정확하게 완성되었는지 각 부분치수들을 측정하고 검사한다.
다. 완성된 다용도 꽃이함의 정밀성을 측정하여 검사할 수 있다.

5. 정리정돈을 한다.

가. 사용한 공구를 공구함에 가지런히 정리한다.
나. 절삭 칩 부스러기를 진공청소기로 제거한다.

● 안전 및 유의사항

1. 각종 기계의 올바른 사용으로 안전사고에 주의하고, 실습장 내에서 떠들거나 장난치지 않는다.
2. 정밀한 치수 재단 및 정확한 조립으로 시간 내에 성과물을 완성한다.
3. 아크릴접착제(클로로포름)사용 시 실습장 내 환기에 유의하고, 아크릴접착제(클로로포름)를 쏟거나 튀지 않도록 한다.
4. 각종 공구 및 기계는 다른 용도로 사용하지 않는다.
5. 회전톱을 사용할 때에는 무리하게 사용하지 않는다.

평가

1. 도면의 이해와 전개도, 투상의 정확성 및 실습태도
2. 부재의 정밀한 재단 및 가공, 수평·수직의 안정성, 정확한 접착 및 조립, 거칠기, 완성도

제10절 석탑모형 만들기

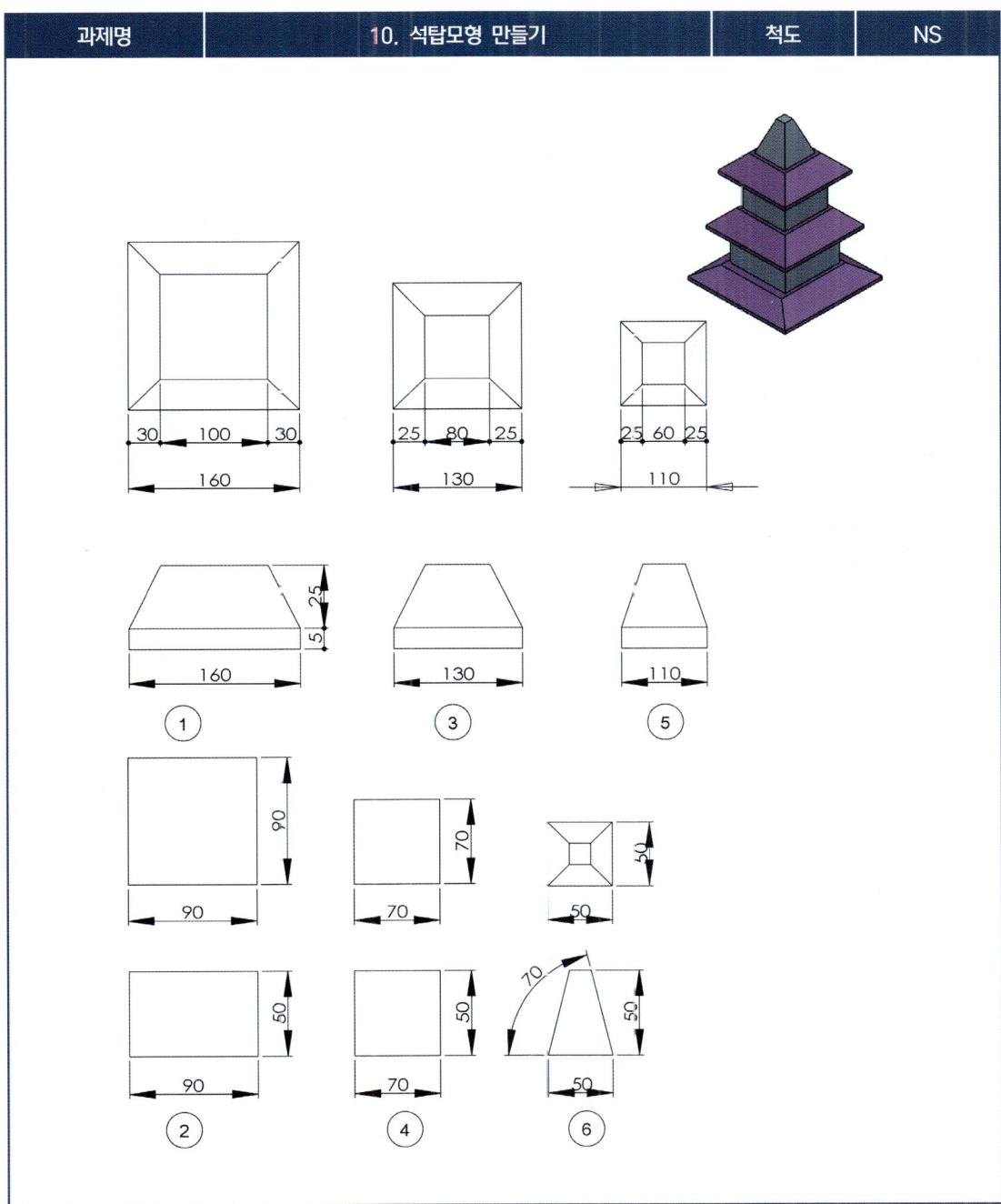

그림 3-189 « 석탑모형 만들기

> **학습목표**
> 1. 열선커터기의 니크롬선을 확인한다.
> 2. 열선커터기를 사용하여 소재를 치수에 맞도록 정확하고 정밀한 가공을 할 수 있다.
> 3. 열선커터기를 사용하여 각도절단을 할 수 있다.
> 4. 도면을 분석하고 작업 공정을 생각한다.
>
> **사용 재료**
> 스티로폼, 아이소핑크, 우드락 본드
>
> **기계 및 공구**
> 사포대, 직각자, 커팅매드, 강철자, 커터칼, 직각삼각자, 열선커터기
>
> **시청각 자료**
> 도면, 실물모형, 관련 멀티미디어 학습자료

작업 순서

1. 작업준비를 한다.

가. 도면을 이해하고 제품(작품)의 형상을 상상하며 도면에 맞는 3각 투상을 한다.
나. 재료 재단 및 형상 분해와 조립을 위한 부분품의 조립도를 그린다.
다. 각 부분품의 재단 및 가공 규격을 목록으로 만든다.
라. 아이소핑크 500×500mm×30t, 스티로폼 250×250mm×50t 크기로 1장씩 재단하여 준비한다.

2. 탑 소재 절단하기

가. 슬라이드 직각대를 테이블 위에서 수평방향으로 이동하여 치수에 맞게 조정한다.
나. 전원 스위치를 ON시키고, 열선의 온도를 조정한다.

그림 3-190 « 슬라이드 직각대 조정

그림 3-191 « 열선 온도 조정

다. 부재를 직각대에 밀착시키고 열선을 향해 천천히 밀어주어 가공한다.
라. 각 부분 조립품의 부재를 재단규격에 맞춰서 정확하게 열선커터기를 이용하여 가공한다.

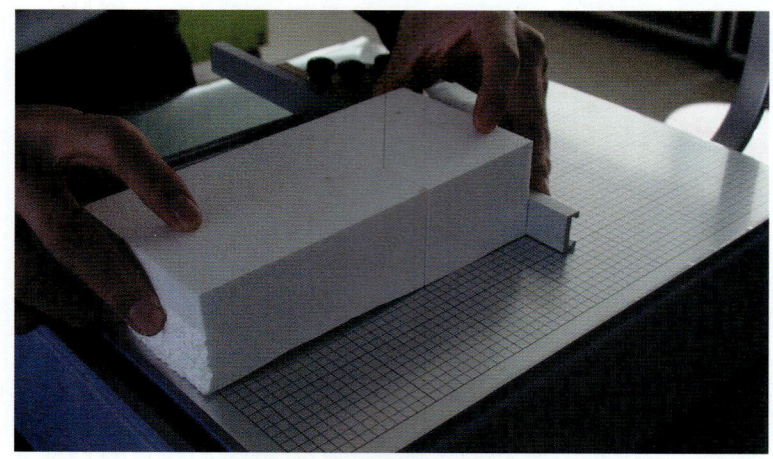

그림 3-192 《 스티로폼 재단

그림 3-193 《 재단한 아이소핑크

그림 3-194 « 재단한 스티로폼

마. 수직으로 설치되어 있는 열선을 일정한 각도로 열선롤과 고정볼트를 조정 설치한 후 직각대를 이용하여 도면의 각도대로 각 부분 조립품을 가공한다.

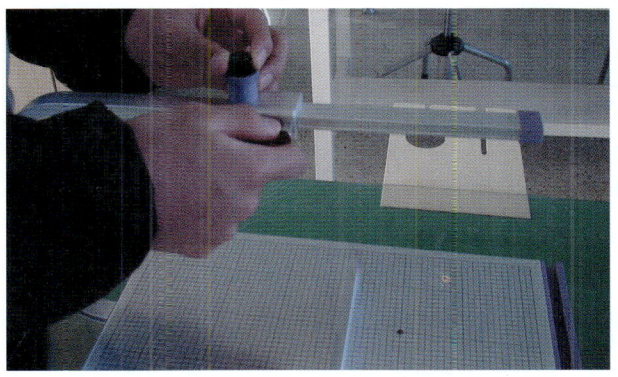

그림 3-195 « 열선롤과 고정볼트 조정

그림 3-196 « 스티로폼 각도 저단

3. 접착한다.

가. 조립순서는 하부구조의 부재부터 재단 가공하여 넓은 면적의 큰 부피 형상을 선순위로 접착 조립하고, 작은 면적의 작은 부재들을 후순위로 붙여나가도록 한다.

나. 각 부재를 서로 접착하여야 할 각 면의 끝선에 정확히 맞추어 접착하도록 하여 튀어나오거나 모자라지 않게 붙이도록 한다.

다. 재단된 각 부재를 제품의 형상조립도에 따라 접착한다.

그림 3-197 « 하부 형상 부품접착

그림 3-198 « 크기에 맞게 부품접착

그림 3-199 « 상부 형상 부품접착

라. 우드락 본드는 얇게 도포하여 흘러나오지 않게 접착하고 조립하도록 한다.
마. 우드락 본드는 최소량으로 얇고 고르게 펴 바르도록 하고, 불필요하게 두껍거나 흘러나오지 않게 사용한다.
바. 우드락 본드가 굳기 전에 오류를 수정하거나 보완하여 정확하게 맞추도록 한다. 전체조립이 완성되면 거친 부분이 있는지, 없는지를 확인하여 고운 사포로 마무리 다듬질작업을 한다.

4. 검사한다.

가. 완성된 부재들의 규격을 정확하게 측정기로 측정하고 검사한다.
나. 부재의 틈새를 점검한다.

그림 3-200 « 완성된 석탑 목업제품

5. 정리정돈을 한다.

◐ 안전 및 유의사항

1. 실습장 내에서 떠들거나 장난치지 않고 열선커터기 니크롬선에 화상을 입지 않도록 안전사고에 주의한다.
2. 정확한 치수 재단 및 시간 내에 제작하여 모형을 완성한다.
3. 각종 공구는 다른 용도로 사용하지 않는다.
4. 열선커터기를 사용할 때에는 무리하게 사용하지 않는다.
5. 열선이 과열되지 않도록 주의한다.

평가

1. 도면의 이해와 조립도에 따른 정확성 및 실습태도
2. 부재의 정밀한 재단 및 가공, 수평·수직의 안정성, 정확한 접착 및 조립, 부재의 변형 및 손상정도, 거칠기, 완성도

제11절 명패 제작하기

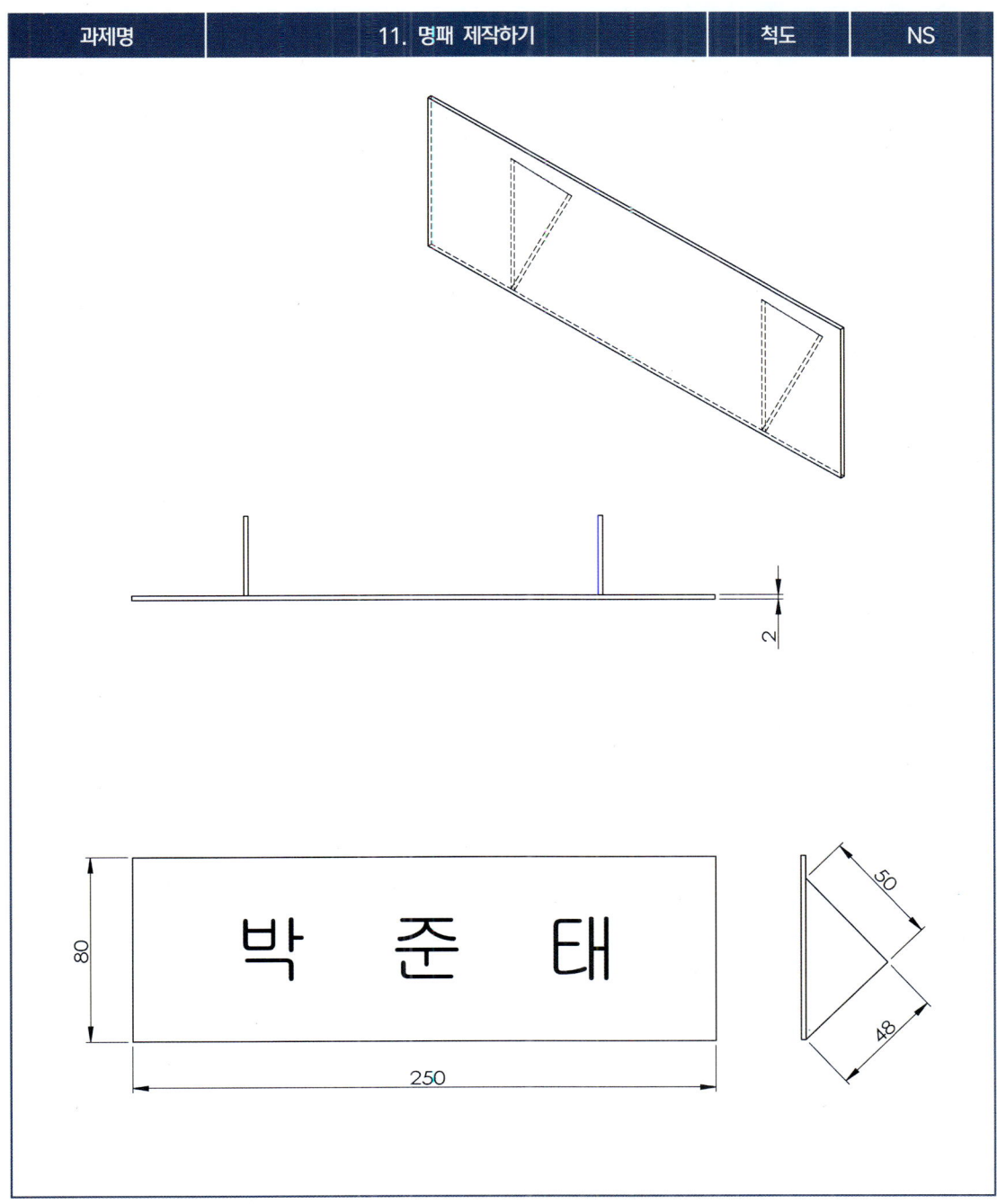

그림 3-201 « 명패 제작하기

◐ 학습목표
1. 주어진 도면이 요구하는 내용을 이해할 수 있다.
2. ABS수지판을 이용하여 활자체를 정확하고 정밀한 가공을 할 수 있다.
3. 가공된 부재를 도면의 기준에 따라 명판에 활자체를 정확하게 붙일 수 있다.

◐ 사용 재료
ABS수지판, 아크릴판, 아크릴접착제(클로로포름), 평붓, 양면테이프, 마스킹테이프, 이름이 기재된 A4용지

◐ 기계 및 공구
띠톱, 회전톱, 디스크샌더, 금긋기바늘, 실톱, 사포대, 직각자, 셋트줄

◐ 시청각 자료
도면, 실물모형, 관련 멀티미디어 학습자료

◐ 작업 순서

1. 작업준비를 한다.

가. 도면을 이해하고 명판의 형상을 상상하며 도면에 맞는 3각 투상을 한다.
나. 활자체의 특징을 파악한다.
다. 아크릴판 300×100mm×2t의 크기로 1장 재단하여 준비한다.
라. ABS수지판 300×50mm×3t의 크기로 1장 재단하여 준비한다.

그림 3-202 《 아크릴 칼을 이용한 부재재단

그림 3-203 ≪ 재단한 부재

2. 명판 및 받침대를 재단한다.

가. 아크릴판 250×80mm로 명판을 재단한다.

나. 2t 아크릴판을 받침대의 규격대로 재단하여 준비한다.

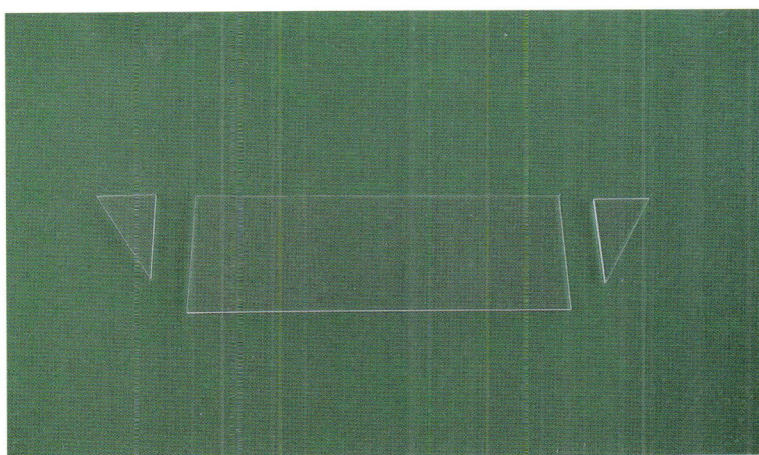

그림 3-204 ≪ 재단된 명판 및 받침대

3. 명패를 제작한다.

가. 각각의 이름표를 활자체 결정에 따라 2벌씩 인쇄 출력한다.

나. 출력된 이름표 한 벌은 규격에 맞게 재단하여 아크릴 명판 뒷면에 뗄 수 있도록 양면테이프로 붙인다.

다. 가공하고자 하는 ABS수지판에 인쇄 출력된 활자체의 이름표를 가볍게 붙인다.

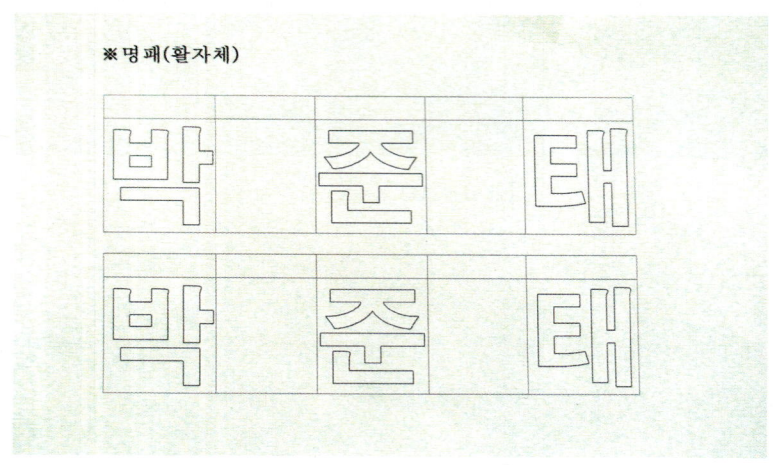

그림 3-205 《 활자체 인쇄

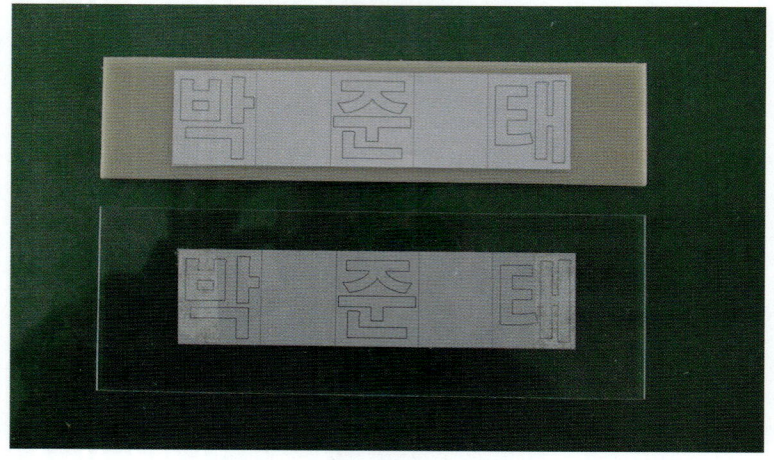

그림 3-206 《 활자체 이름 붙이기

라. 실톱대의 실톱날 장착 방법을 주지한다.
마. 실톱대의 정확한 사용방법을 주지하고, 용도에 맞게 정확하게 사용한다.
바. 출력된 이름표 한 벌은 낱낱의 이름자로 분리 재단하여 글자선이 보이도록 최대한 맞추어 실톱으로 조심스럽게 가공한다.
사. 실톱대의 실톱날 전체를 활용하여 수직으로 상하반복운동을 하면서 절단 가공한다.

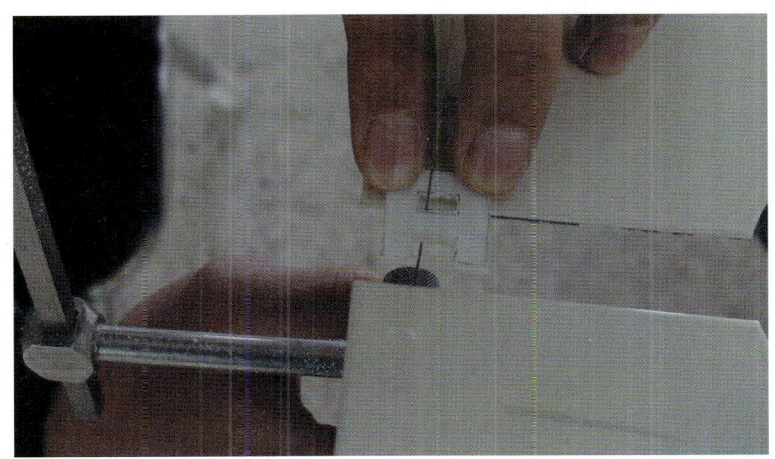

그림 3-207 « 활자체 실톱작업

그림 3-208 « 실톱작업이 완료된 활자체

4. 다듬질 및 활자체를 조립한다.

가. 절단된 각 글자체는 셋트줄을 이용하여 선을 따라 정밀하게 다듬질한다.
나. 실톱으로 가공된 낱낱의 글자들은 선에 정확하게 맞추어 셋트줄을 이용하여 섬세하게 다듬질한다.

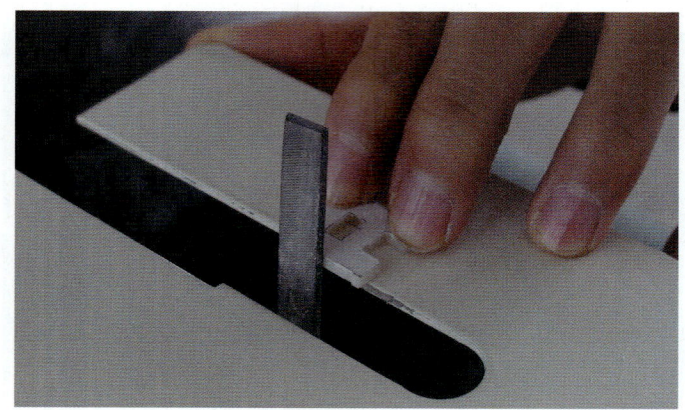

그림 3-209 《 활자체 다듬질

다. 섬세하게 다듬어진 글자들은 아크릴 명판 위에 뒷면의 이름표 선에 맞추어 정확하게 접착한다.
라. 접착제를 이용하여 글자 하나하나 정확한 위치에 양각으로 접착하고 조립 완성하도록 한다.
마. 명판 뒷면 거치대를 정확한 각을 맞추어 접착한다.

그림 3-210 《 활자체 양각 접착

그림 3-211 « 명판 뒷면 거치대 부착

5. 검사한다.

가. 전체적으로 아크릴 명판 위에 붙여진 활자체들의 균형이 맞는지를 확인 검토하여 잘못된 부분이 있다면 수정 보완한다.

나. 완성된 명패를 거치시킨다.

그림 3-212 « 완성된 명패 목업제품

6. 정리정돈을 한다.

가. 사용한 공구를 공구함에 가지런히 정리한다.

나. 절삭 칩 부스러기를 진공청소기로 제거한다.

● 안전 및 유의사항

1. 실습장 내에서 떠들거나 장난치지 않고 실톱날의 사용 시 안전사고에 주의한다.
2. 정확한 글자 선에 따라 가공되도록 하고, 제한시간 내에 완성한다.
3. 각종 공구 및 기계는 다른 용도로 사용하지 않는다.
4. 실톱을 사용할 때에는 무리하게 사용하지 않는다.

평가

1. 실톱가공의 자세와 정밀성 및 실습태도
2. 도면의 이해와 활자체의 특징에 맞게 정확하게 가공한 정도
3. 활자체의 정확한 선가공과 단면상태, 정확하고 깔끔한 접착 및 조립, 명패의 완성도

Chapter 04

제품모형제작(응용)

제1절 _ 디지털카메라 모형 제작하기
제2절 _ 액정시계 모형 제작하기
제3절 _ 전자레인지 모형 제작하기
제4절 _ MP3 모형 제작하기
제5절 _ 냉장고 모형 제작하기

제품모델링 & 모형제작 실습_ 제품응용모델링 기능사 실기 대비서
Product Modelling & Modelling Exercise

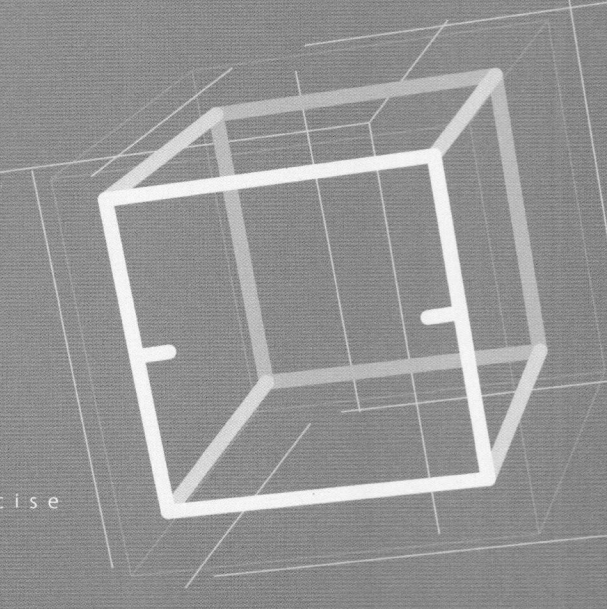

CHAPTER 04 제품모형제작(응용)

제1절 디지털카메라 모형 제작하기

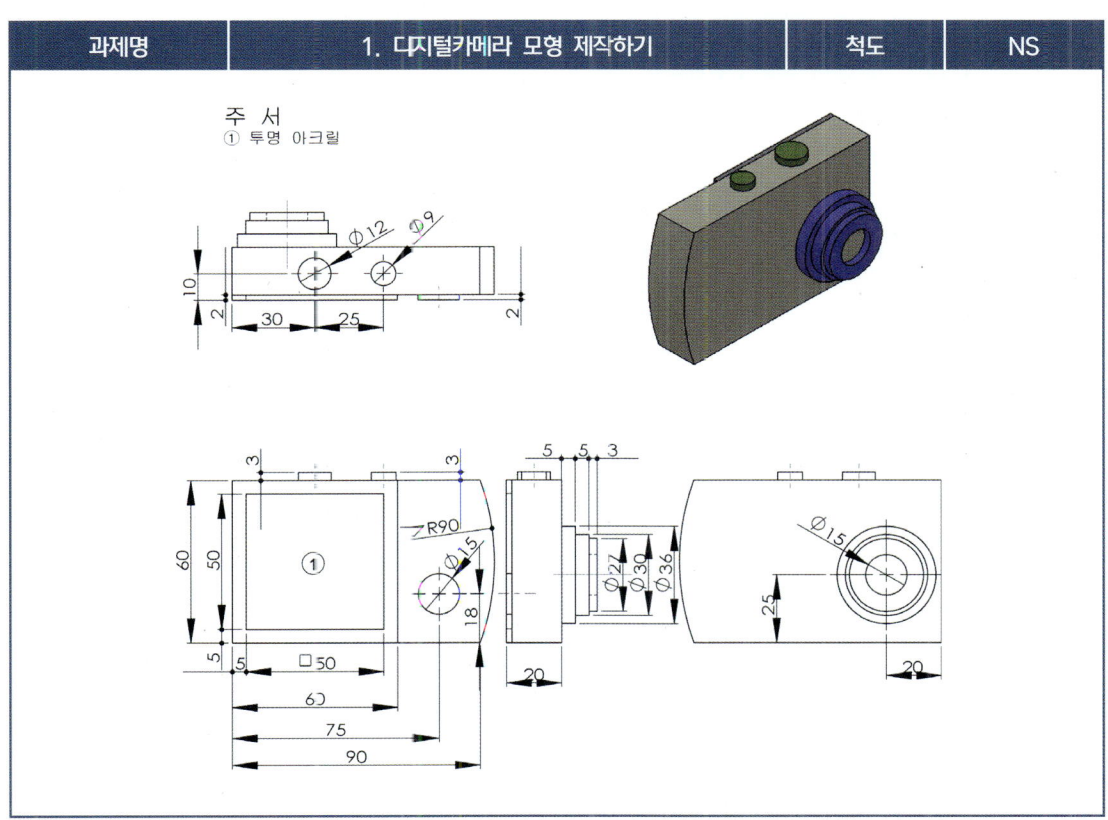

그림 4-1 ≪ 디지털카메라 모형 제작하기

○ 학습목표
1. 플라스틱의 일반적인 성형 방법을 설명할 수 있다.
2. 열풍기로 ABS수지판을 열가공하여 라운딩 가공을 할 수 있다.
3. 코너 모따기 가공을 정확히 가공할 수 있다.

○ 사용 재료
아크릴판, ABS수지판, 아크릴접착제(클로로포름), 양면테이프, 평붓, 접착제 주입용주사기, 실톱날

○ 기계 및 공구
다기능 띠톱 기계, 다기능 정밀 회전톱, 디스크샌더, 소형 드릴, 열풍기, 라디오펜치, 니퍼, 태장대, 수평바이스, 실톱, 금긋기바늘, 직각자, 강철자, 아크릴칼, 셋트줄, 원형템플릿, 버니어캘리퍼스, 하이트게이지

○ 시청각 자료
도면, 실물모형, 관련 멀티미디어 학습자료

○ 작업 순서

1. 작업준비를 한다.
가. 공구를 점검하여 작업대 위에 정리하여 놓는다.
나. 재료를 지급받고 도면을 검토한다.
다. 작품별 부재 재단 규격 목록에 재단규격(가공치수)을 작성한다.

2. 본체를 제작한다.
가. 재료를 검토하고 ABS수지판 94×60mm×2t의 크기로 2장을 재단하여 다듬질한다.
나. ABS수지판 94×60mm×2t의 한쪽 테두리를 R90으로 라운딩 재단하여 다듬질한다.

그림 4-2 ≪ 94×60mm 재단된 부재

그림 4-3 ≪ 라운딩 가공이 완료된 부재

다. 재료를 ABS수지판 14×54mm×2t의 크기로 1장을 재단 후 열풍기를 이용하여 부재를 가열한다. 이때, 용접장갑을 착용하며 플라이어(도구)로 부재의 한쪽 끝부분을 잡고 R90이 되도록 구부린다.

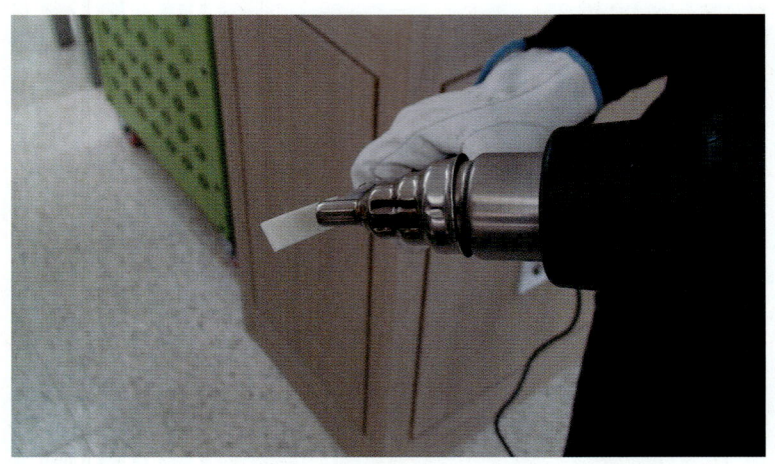

그림 4-4 ≪ 열풍기로 ABS수지판 가열하기

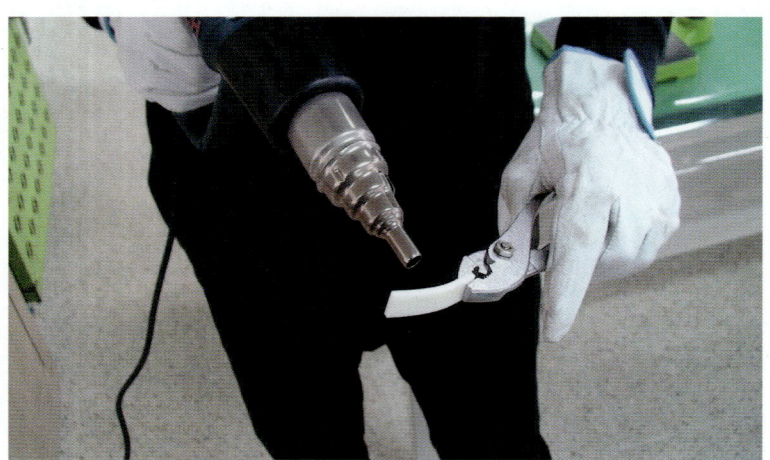

그림 4-5 ≪ 플라이어 사용한 라운딩 작업

라. 재료를 ABS수지판 14×89mm×2t의 크기로 2장을 재단 후 다듬질한다.

마. 재료를 ABS수지판 14×60mm×2t의 크기로 1장을 재단 후 다듬질한다.

바. 본체 우측면 접착시에는 한쪽에 주입용 주사기를 이용하여 접착을 하고, R90에 맞도록 붙인다.

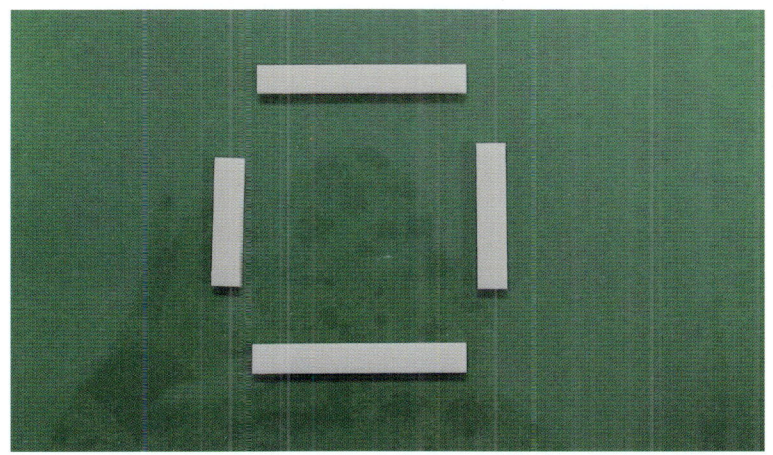

그림 4-6 « 재단한 측면 부재

그림 4-7 « 주사기를 이용한 접착

사. 위의 이미 제작된 부재를 차례대로 접착하여 몸체를 이루는 상자를 완성시킨다.

그림 4-8 《 디지털카메라 접착한 본체 하부 목업제품

그림 4-9 《 디지털카메라 접착한 본체 상부 목업제품

3. 액정판을 제작한다.

가. 재료를 ABS수지판 60×60mm×2t의 크기로 1장을 재단 후 다듬질한다.

나. ABS수지판 60×60mm×2t의 부재를 드릴 2Ø로 액정판 들어갈 코너에 구멍을 뚫은 후 내부50×50mm×2t로 실톱을 이용하여 자른 후, 평줄과 사포를 이용하여 다듬질한다.

다. 부재를 투명아크릴판 50×50mm×2t 정사각형 모양으로 재단한 후, 평줄과 사포를 이용하여 다듬질한다.

그림 4-10 « 액정판 틀 내부 실톱작업

그림 4-11 « 액정판 다듬질작업

그림 4-12 « 재단과 다듬질이 완성된 틀과 액정판

4. 렌즈대를 제작한다.

가. 원형템플릿(버니어캘리퍼스)을 이용하여 크기에 맞게 원형 금긋기를 한다.(※ 버니어 캘리퍼스를 이용해서 원형 금긋기도 할 수 있다.)

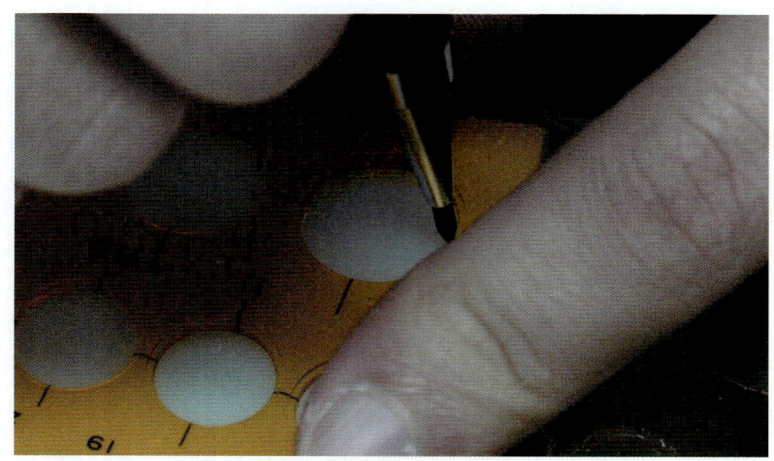

그림 4-13 « 원형템플릿 이용한 원형 금긋기

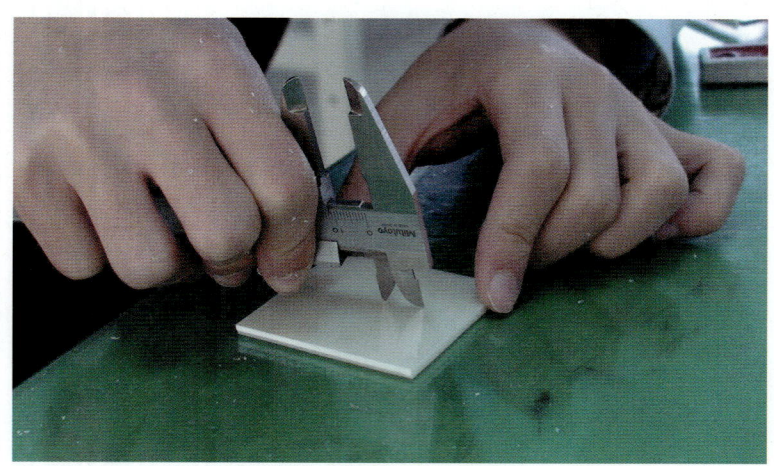

그림 4-14 « 버니어캘리퍼스를 이용한 원형 금긋기

나. 다기능 띠톱 기계로 ABS수지판 Ø36×5t원형의 크기로 자른 후, 디스크샌더와 평줄을 이용하여 다듬질한다

다. 다기능 띠톱 기계로 ABS수지판 Ø30×5t원형의 크기로 자른 후, 디스크샌더와 평줄을 이용하여 다듬질한다

라. 다기능 띠톱 기계로 ABS수지판 Ø27×3t원형의 크기로 자른 후, 디스크샌더와 평줄을 이용하여 다듬질한다

마. ABS수지판 Ø27×3t원형의 부품을 내경 Ø15로 실톱을 이용하여 따낸 후, 원형줄과 사포대를 이용하여 다듬질한다.

그림 4-15 ≪ 렌즈대 부재 다듬질

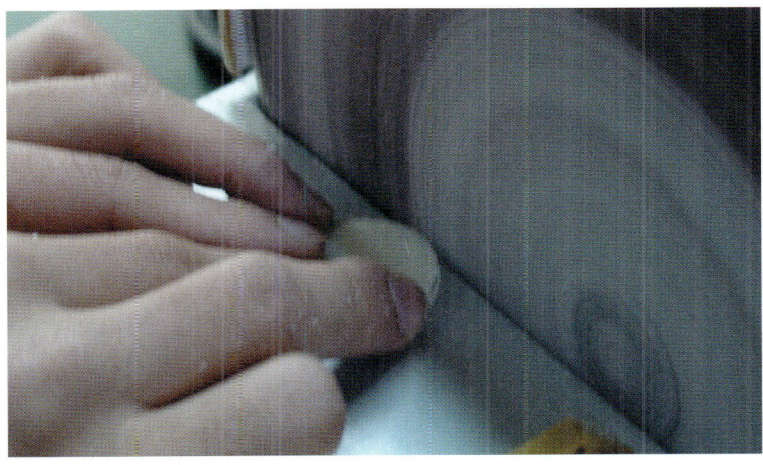

그림 4-16 ≪ 렌즈대 디스크샌더로 다듬질

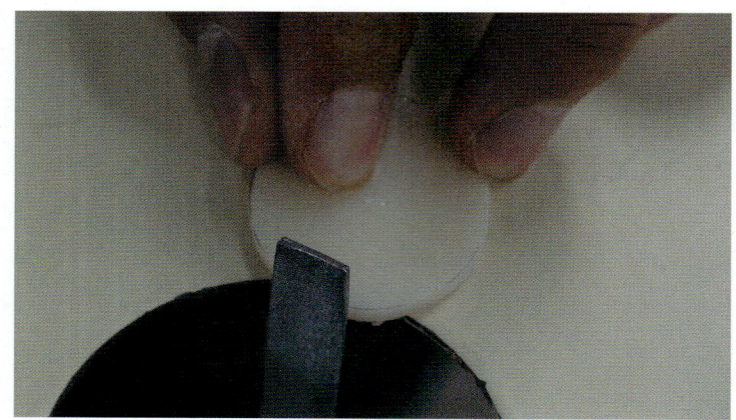

그림 4-17 《 렌즈대 부재 모따기 처리

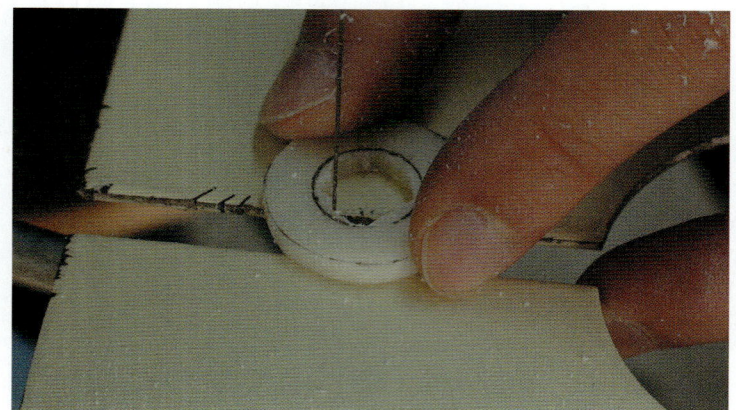

그림 4-18 《 렌즈대 내부 실톱작업

그림 4-19 《 렌즈대 내부 다듬질

Product Modelling & Modelling Exercise

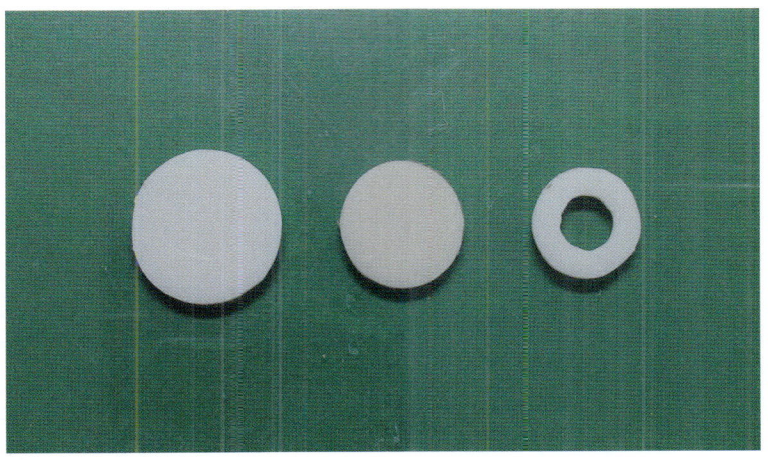

그림 4-20 《 재단과 다듬질이 완료된 렌즈대 부재

5. 버튼을 제작한다.

가. 원형템플릿(버니어캘리퍼스)을 이용하여 크기에 맞게 원형금긋기를 한다.(※ 버니어 캘리퍼스를 이용해서 원형금긋기를 할 수 있다.)

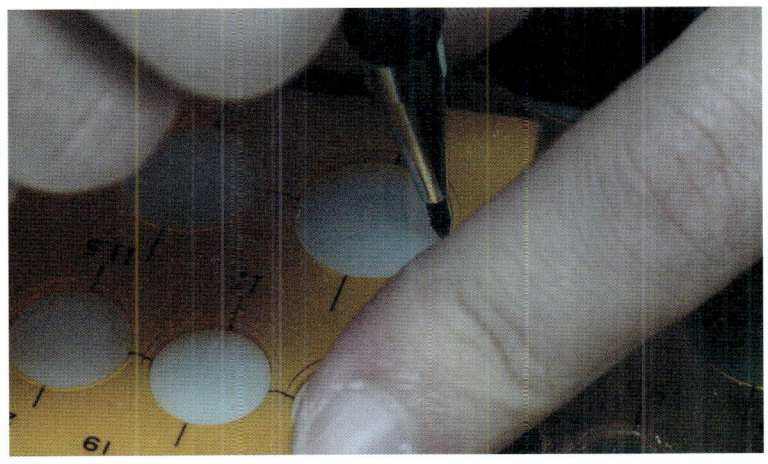

그림 4-21 《 원형템플릿 이용한 원형 금긋기

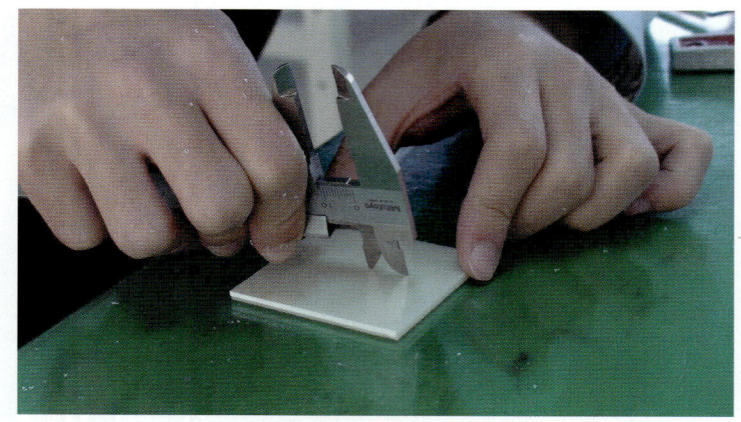

그림 4-22 《 버니어캘리퍼스를 이용한 원형 금긋기

나. 재료를 ABS수지판 Ø15×2t원형의 크기로 실톱을 이용하여 자른 후, 평줄과 사포대를 이용하여 다듬질한다.

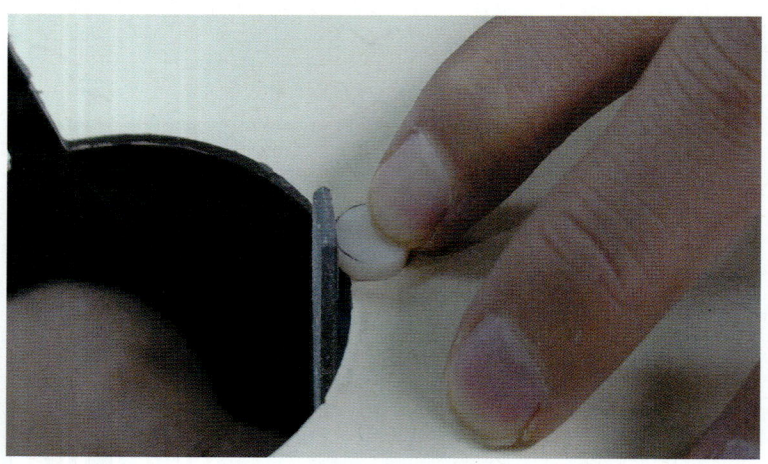

그림 4-23 《 버튼 부재 다듬질

다. 재료를 ABS수지판 Ø12×3t원형의 크기로 실톱을 이용하여 자른 후, 디스크샌더를 이용하여 다듬질한다.
라. 재료를 ABS수지판 Ø9×3t원형의 크기로 실톱을 이용하여 자른 후, 디스크샌더를 이용하여 다듬질한다.

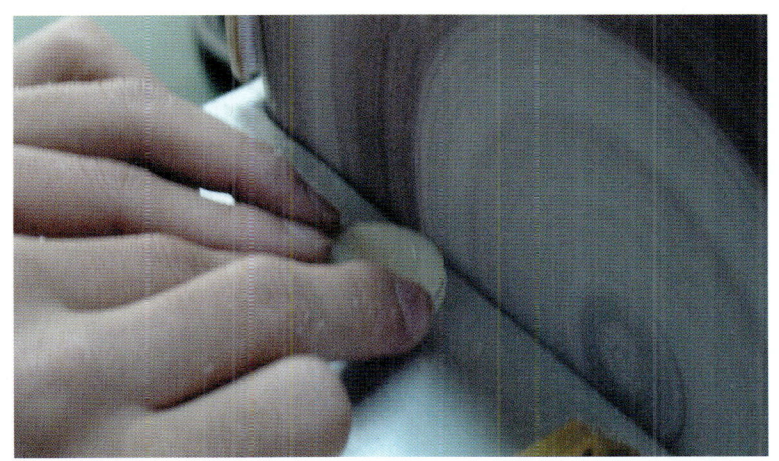

그림 4-24 ≪ 디스크샌더로 버튼 다듬질

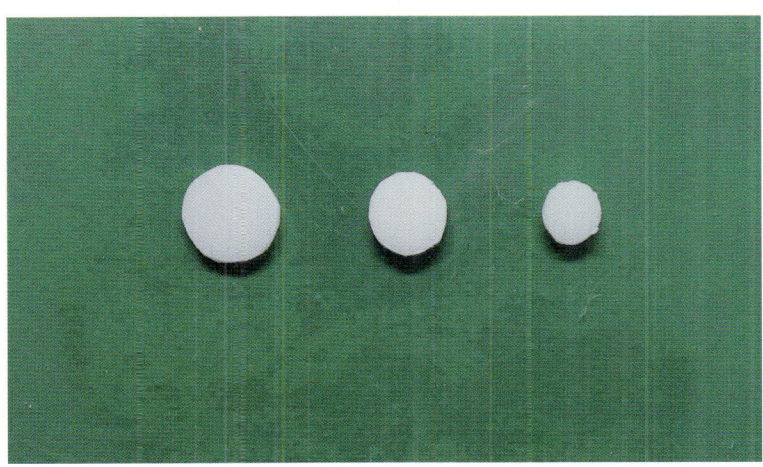

그림 4-25 ≪ 재단과 다듬질이 완료된 버튼 부재

6. 조립한다.

가. 본체 상자에 파팅선용으로 제작된 액정테두리판을 좌측 위아래 모서리선에 맞추어 접착한다.

나. 본체 전면에 제작된 렌즈부품을 치수에 맞게 접착한다.

그림 4-26 《 액정판 틀 본체 접착

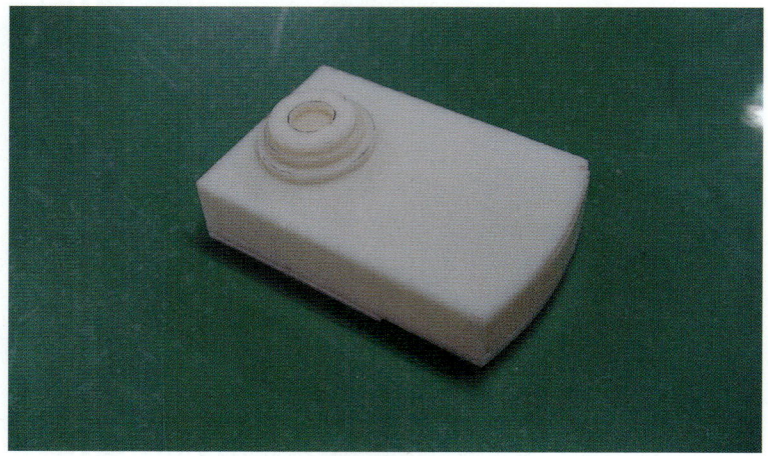

그림 4-27 《 렌즈대 접착

다. 파팅선 액정판이 접착되면 각 버튼을 치수에 맞게 접착한다.
라. 액정판을 양면테이프를 이용하여 붙인다.

그림 4-28 « 버튼 접착

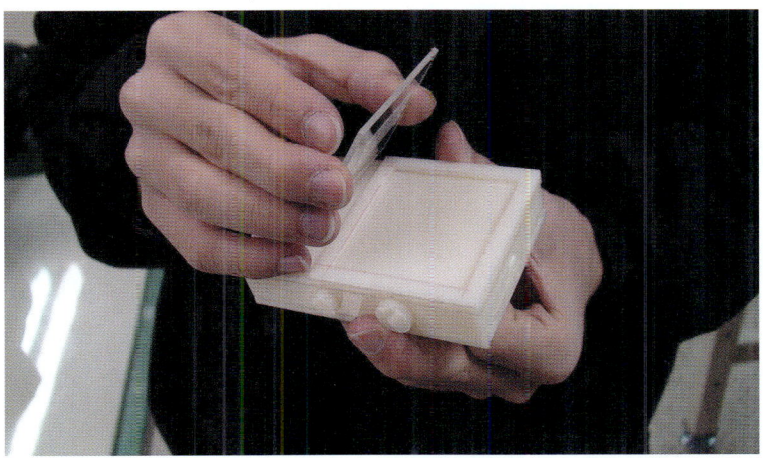

그림 4-29 « 양면테이프를 이용한 액정판 부착

마. 조립 후 최종 마무리 다듬질한다.

7. 검사한다.

가. 조립상태를 점검한다.
나. 도면의 치수를 확인 후 측정기로 검사하고 제출한다.

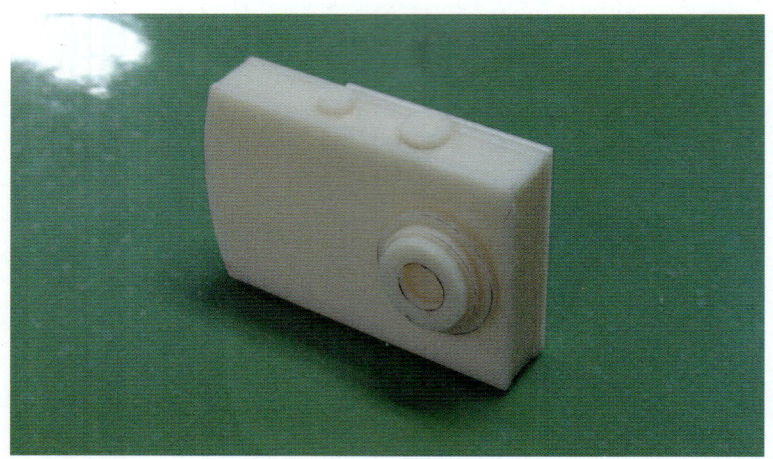

그림 4-30 ≪ 완성된 디지털카메라 목업제품 정면

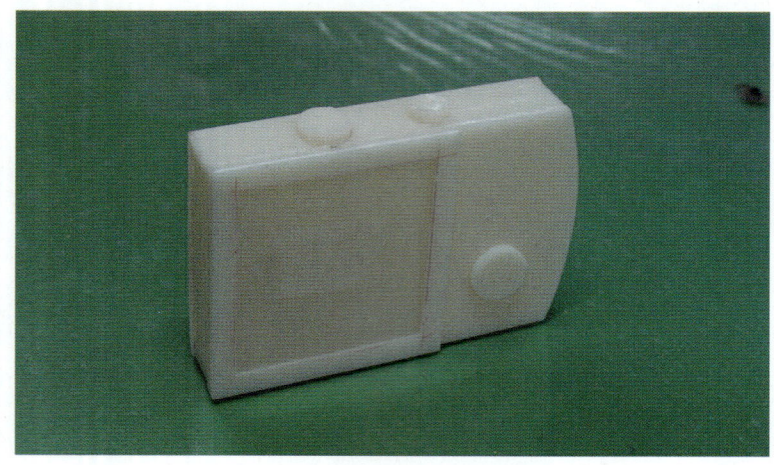

그림 4-31 ≪ 완성된 디지털카메라 목업제품 뒷면

8. 정리정돈을 한다.

가. 사용한 공구를 공구함에 가지런히 정리한다.
나. 절삭 칩 부스러기를 진공청소기 제거한다.

◎ 안전 및 유의사항

1. 열풍기를 사용할 때 화상을 입지 않도록 유의한다.
2. 아크릴을 열가공할 경우 장갑을 착용하고 실습한다.
3. 각종 공구 및 기계는 다른 용도로 사용하지 않는다.
4. 실톱을 사용할 때에는 무리하게 사용하지 않는다.

평가

1. 도형의 이해와 전개도, 투상의 정확성 및 실습태도
2. 부재의 정밀한 재단 및 가공, 수평·수직의 안정성, 정확한 접착 및 조립, 거칠기, 완성도

제2절 액정시계 모형 제작하기

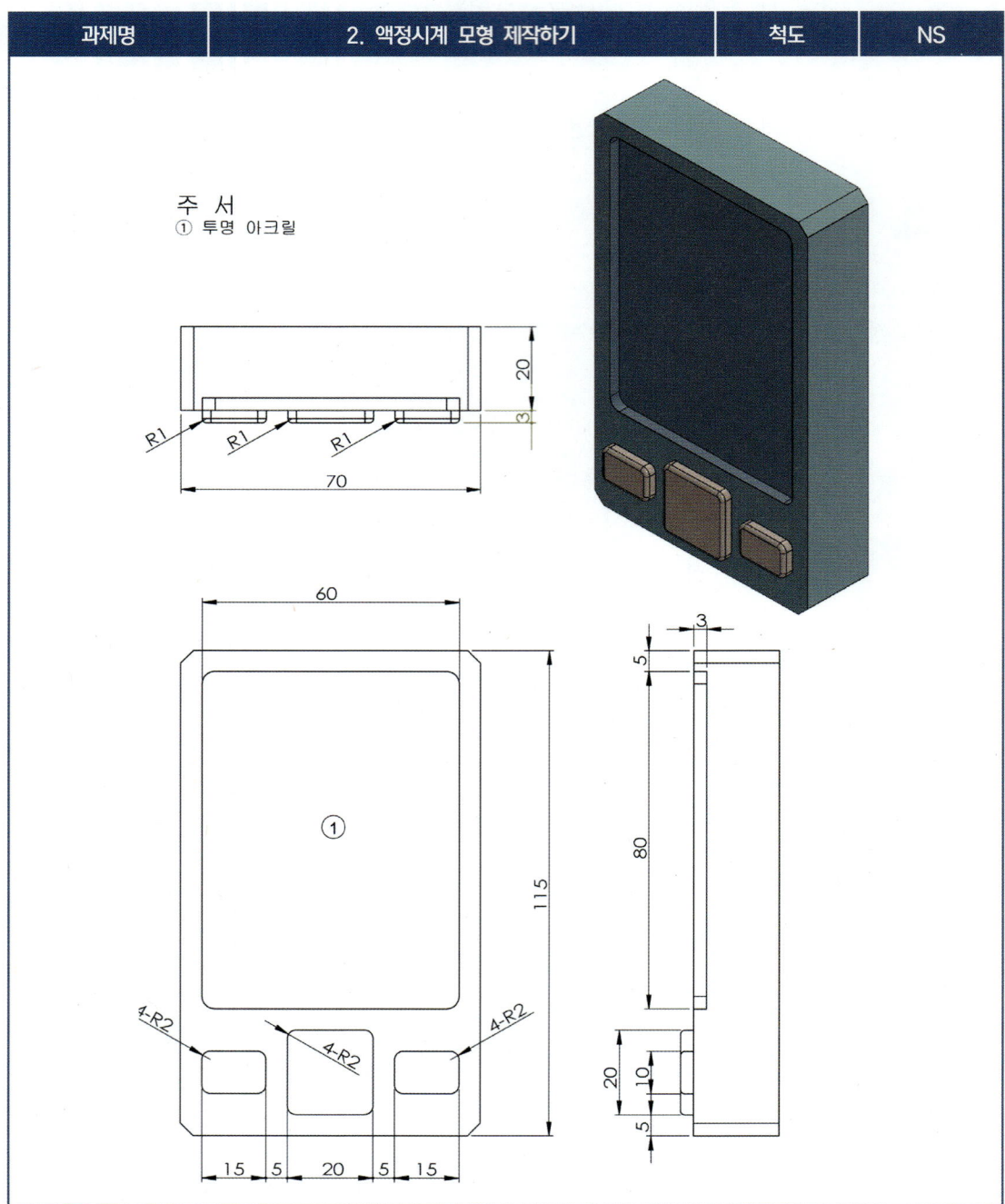

그림 4-32 « 액정시계 모형 제작하기

◐ 학습목표
1. 아크릴과 ABS수지의 일반적인 성형 방법을 설명할 수 있다.
2. 규정된 도면에 맞게 액정시계를 모형 제작할 수 있다.
3. 코너 라운드 및 모따기 가공을 정확히 가공할 수 있다.
4. 모형 제작을 통하여 입체 형상을 이해한다.

◐ 사용 재료
아크릴판, ABS수지판, 아크릴접착제(클로로포름), 양면테이프, 평붓, 실톱날

◐ 기계 및 공구
다기능 띠톱 기계, 다기능 정밀 회전톱, 디스크샌더, 소형 드릴, 태장대, 수평바이스, 실톱대, 금긋기바늘, 직각자, 강철자, 아크릴칼, 셋즐, 원형템플릿, 버니어캘리퍼스, 하이트게이지, 열풍기

◐ 시청각 자료
도면, 실물모형, 관련 멀티미디어 학습자료

◐ 작업 순서

1. 작업준비를 한다.

가. 공구를 점검하여 작업대 위에 정리하여 놓는다.
나. 재료를 지급받고 도면을 검토한다.
다. 작품별 부재 재단 규격 목록에 재단규격(가공치수)을 작성한다.

2. 본체를 제작한다.

가. 정면 ABS수지판 115×70mm×3t의 크기로 1장을 재단하여 다듬질한다.
나. 뒷면 ABS수지판 115×70mm×3t의 크기로 1장을 재단 후 다듬질한다.

그림 4-33 ≪ 절단면 다듬기

그림 4-34 ≪ 115×70mm 재단된 부재

다. 정면 액정판이 들어갈 부분을 80×60mm×3t의 크기와 코너 부분은 4−R3으로 실톱을 이용하여 재단 후, 둥근줄과 사포를 이용하여 다듬질한다.

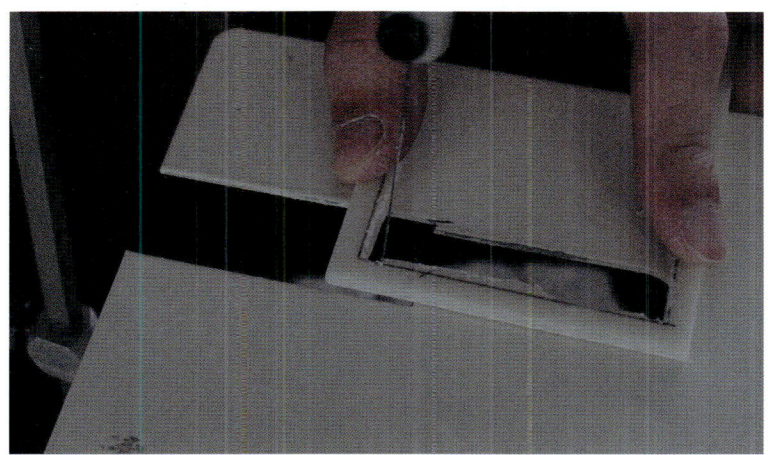

그림 4-35 « 액정판 틀 내부 실톱작업

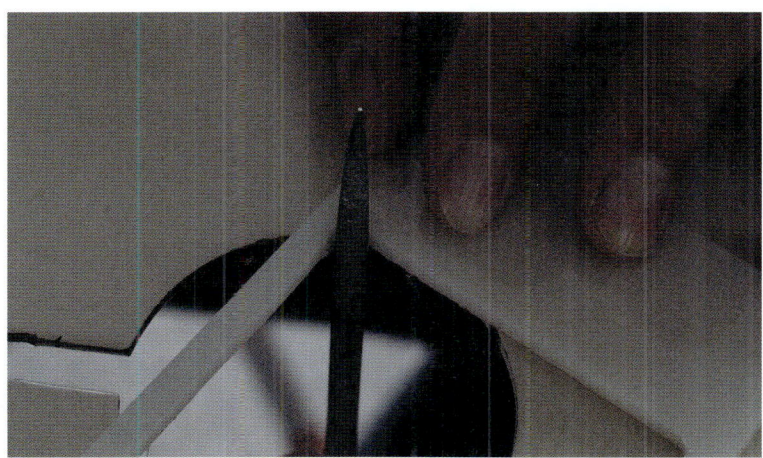

그림 4-36 « 액정판 틀 내부 다듬질

라. 좌·우측면 테두리 판을 ABS수지판 115×14mm×3t의 크기로 2장을 재단 후 다듬질한다.

마. 위·아래 테두리 판을 ABS수지판 64×14mm×3t의 크기로 2장을 재단 후 다듬질한다.

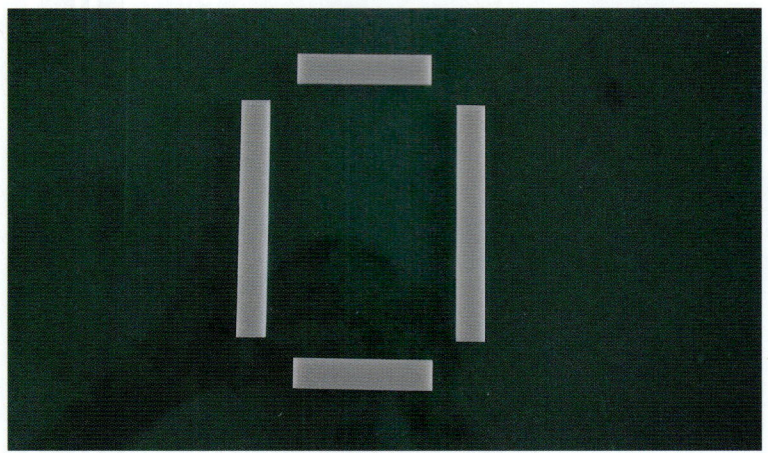

그림 4-37 « 재단한 측면 부재

바. 위의 이미 제작된 ABS수지판을 차례대로 접착하여 몸체를 이루는 상자를 완성시킨다.

그림 4-38 « 액정시계 본체 하부 코너 접착

사. 본체 상자에 파팅선용으로 제작된 액정테두리판을 좌측 위아래 모서리선에 맞추어 접착한다.

그림 4-39 ≪ 파팅선용 아크릴 틀에 접착

그림 4-40 ≪ 접착이 완료된 액정 틀

아. 몸체를 디스크샌더를 이용하여 코너 4-C3으로 다듬질 가공한다.

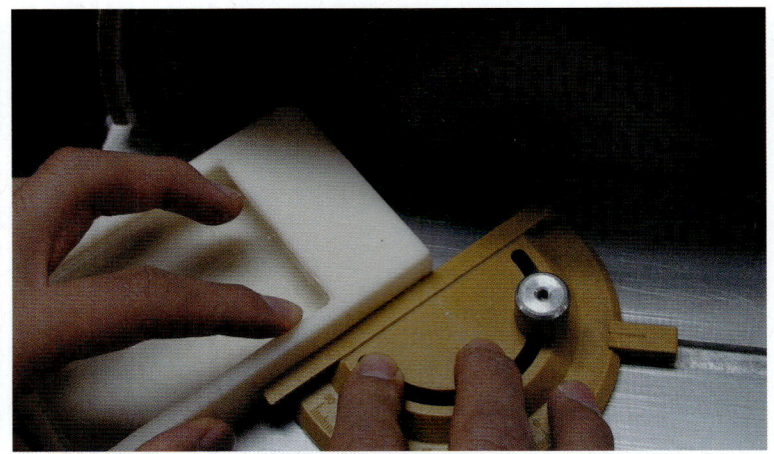

그림 4-41 《 디스크샌더를 이용한 모따기 가공

3. 액정판을 제작한다.

가. 재료를 투명아크릴판 60×80mm×2t의 크기로 1장을 재단 후 다듬질한다.
나. 코너 4-R3으로 셋트줄과 사포대를 이용하여 다듬질한다.

그림 4-42 《 사포대를 이용한 액정판 다듬질

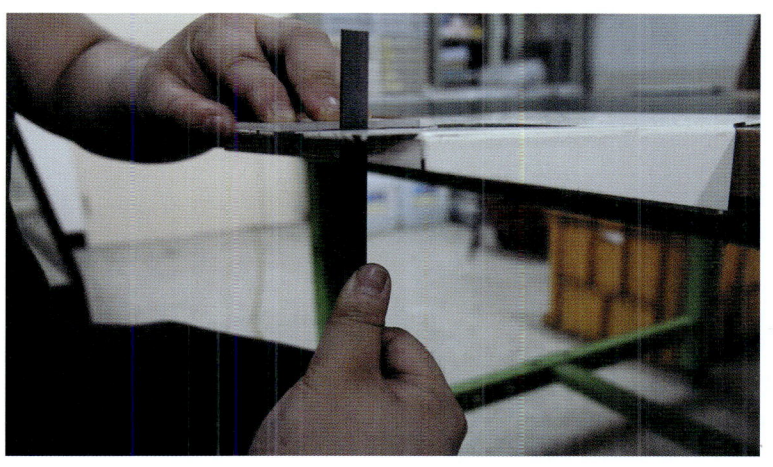

그림 4-43 « 평줄을 이용한 액정판 다듬질

4. 버튼을 제작한다.

가. 재료를 ABS수지판 15×10mm×3t의 크기로 부품 2개 재단 후 다듬질한다.
나. 재료를 ABS수지판 20×20mm×3t의 크기로 부품 1개 재단 후 다듬질한다.
다. 위의 각 부품을 코너 4-R2로 다듬질 가공한다.

그림 4-44 « 재단한 버튼 부재

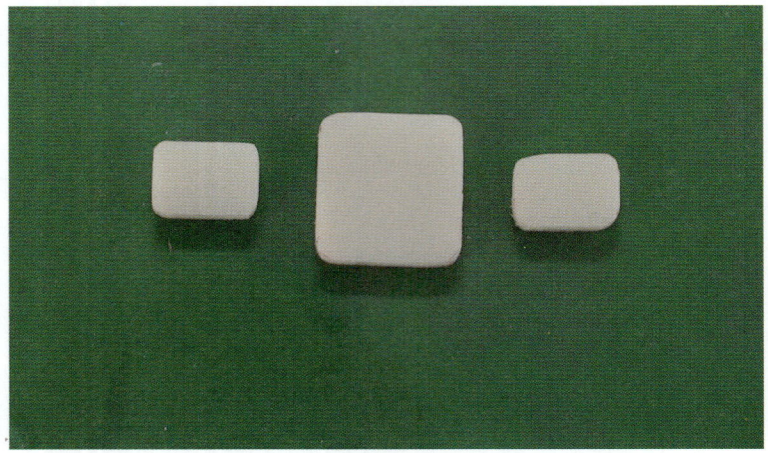

그림 4-45 ≪ 다듬질된 버튼 부재

5. 조립한다.

가. 각 버튼을 치수에 맞게 접착한다.
나. 액정판을 양면테이프를 이용하여 붙인다.

그림 4-46 ≪ 버튼 접착

그림 4-47 《 양면테이프를 이용한 액정판 부착

6. 검사한다.

　가. 조립상태를 점검한다.

　나. 도면의 치수를 확인 후 측정기로 검사하고 제출한다.

그림 4-48 《 완성된 액정시계 목업제품

7. 정리정돈을 한다.

　가. 사용한 공구를 공구함에 가지런히 정리한다.

　나. 절삭 칩 부스러기를 진공청소기로 제거한다.

● 안전 및 유의사항

1. 코너 라운드가공이 정확치 않을 경우 서로가 맞지 않는 경우가 생긴다.
2. 두께가 얇은 부재를 사용하므로 실습하기 힘들기 때문에 부재와의 이음새를 세심하게 살펴야 한다.
3. 각종 공구 및 기계는 다른 용도로 사용하지 않는다.
4. 실톱을 사용할 때에는 무리하게 사용하지 않는다.
5. 디스크샌더 사용 시 분진이 눈에 들어가지 않도록 보안경을 착용한다.
6. 투명 아크릴 가공을 할 때 흠집이 생기지 않도록 한다.

평가

1. 도형의 이해와 전개도, 투상의 정확성 및 실습태도
2. 부재의 정밀한 재단 및 가공, 수평·수직의 안정성, 정확한 접착 및 조립, 거칠기, 완성도

제3절 전자레인지 모형 제작하기

| 과제명 | 3. 전자레인지 모형 제작하기 | 척도 | NS |

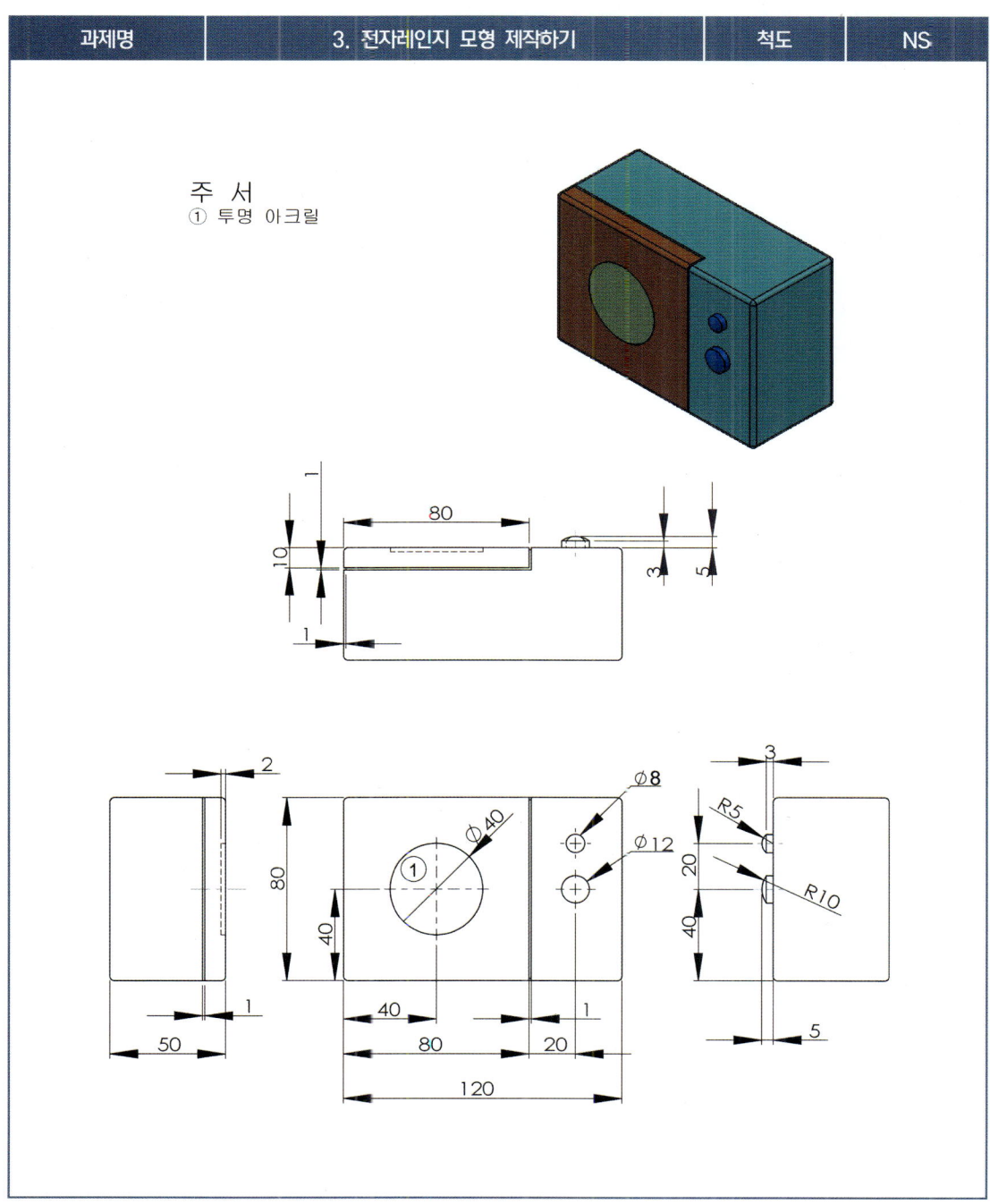

그림 4-49 ≪ 전자레인지 모형 제작하기

◐ 학습목표
1. 아크릴과 ABS수지의 일반적인 성형 방법을 설명할 수 있다.
2. 제시된 도면에 맞게 전자레인지를 모형 제작할 수 있다.
3. 원 및 라운딩가공을 정확히 가공 할 수 있다.
4. 파팅선을 정확히 가공할 수 있다.

◐ 사용 재료
아크릴 판, ABS수지판, 아크릴접착제(클로로포름), 양면테이프, 평붓, 실톱날

◐ 기계 및 공구
다기능 띠톱 기계, 다기능 정밀 회전톱, 디스크샌더, 소형 드릴, 태장대, 수평바이스, 실톱대, 금긋기바늘, 직각자, 강철자, 아크릴칼, 셋트줄, 원형템플릿, 버니어캘리퍼스, 하이트게이지

◐ 시청각 자료
도면, 실물모형, 관련 멀티미디어 학습자료

◐ 작업 순서

1. 작업준비를 한다.
  가. 공구를 점검하여 작업대 위에 정리하여 놓는다.
  나. 재료를 지급받고 도면을 검토한다.
  다. 부재 재단 규격 목록에 재단규격(가공치수)을 작성한다.

2. 본체를 제작한다.
  가. 뒷면 ABS수지판 120×80mm×2t의 크기로 1장을 재단하여 다듬질한다.
  나. 정면 ABS수지판 120×80mm×2t의 크기로 1장을 재단 후 다듬질한다.
  다. 정면 ABS수지판 120×80mm×2t Ø40의 크기로 금긋기 후 원의 안쪽으로 드릴 Ø4로 구멍뚫기를 한다.
  라. 실톱대의 실톱날 전체를 활용하여 상하반복운동을 하면서 절단 가공한다.
  마. 정면 아크릴 원형판이 들어갈 부분 Ø40을 실톱으로 조심스럽게 가공한다.
  바. 선을 따라 정밀하게 둥근줄로 다듬질한다.

그림 4-50 《 본체 정면 원형 드릴∅4 구멍뚫기

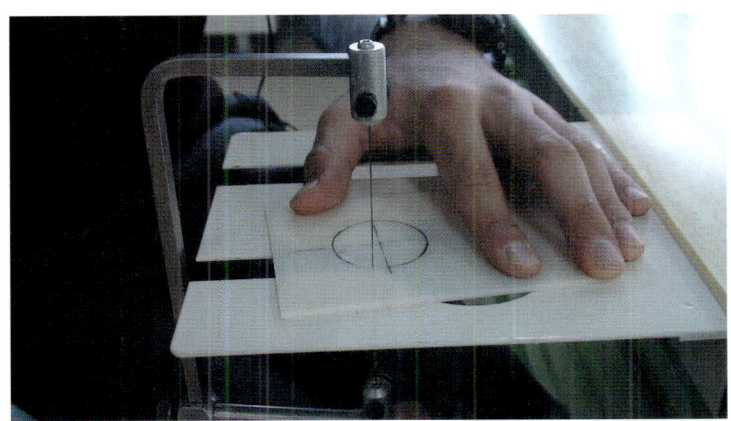

그림 4-51 《 본체 정면 원형 실톱작업

그림 4-52 《 본체 정면 원형 셋트줄 다듬질

그림 4-53 《 본체 정면 원형 사포 정밀다듬질

사. 좌·우측면 테두리 판을 ABS수지판 76×46mm×2t의 크기로 2장을 재단 후 다듬질한다.
아. 위·아래 테두리 판을 ABS수지판 120×46mm×2t의 크기로 2장을 재단 후 다듬질한다.
자. 2t아크릴 원형판을 Ø40로 띠톱으로 조심스럽게 가공한다.
차. 선을 따라 정밀하게 반원줄로 다듬질한다.
카. 정면 아크릴 원형판이 들어갈 부분 밑에 받침대 ABS수지판 50×50mm×2t의 크기로 재단 후 접착한다.

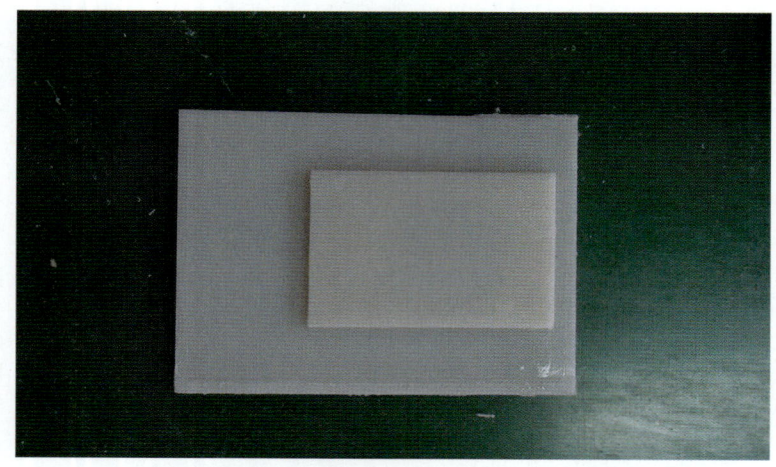

그림 4-54 《 본체 정면 아크릴 원형판 받침대 접착

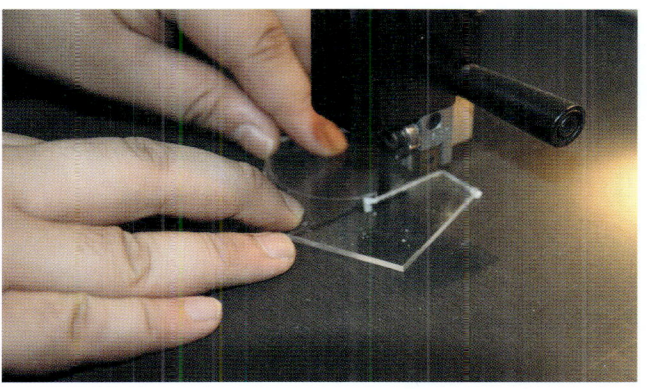

그림 4-55 ≪ 다기능 띠톱기계로 아크릴 원형판 가공

타. 위의 이미 제작된 ABS수지판을 차례대로 접착하여 몸체를 이루는 상자를 완성시킨다.

그림 4-56 ≪ 모서리 면 접착 후 직각 맞추기

그림 4-57 ≪ 최종 좌측면 부재접착

3. 버튼을 제작한다.

가. 재료를 ABS수지판 Ø12×5t원형의 크기로 실톱을 이용하여 자른 후, 평줄과 사포를 이용하여 다듬질한다.
나. R10으로 셋트줄과 사포를 이용하여 다듬질한다.
다. 재료를 ABS수지판 Ø8×5t원형의 크기로 실톱을 이용하여 자른 후, 평줄과 사포를 이용하여 다듬질한다.
라. R5로 평줄과 사포를 이용하여 다듬질한다.

그림 4-58 《 원형템플릿 이용한 원형 금긋기

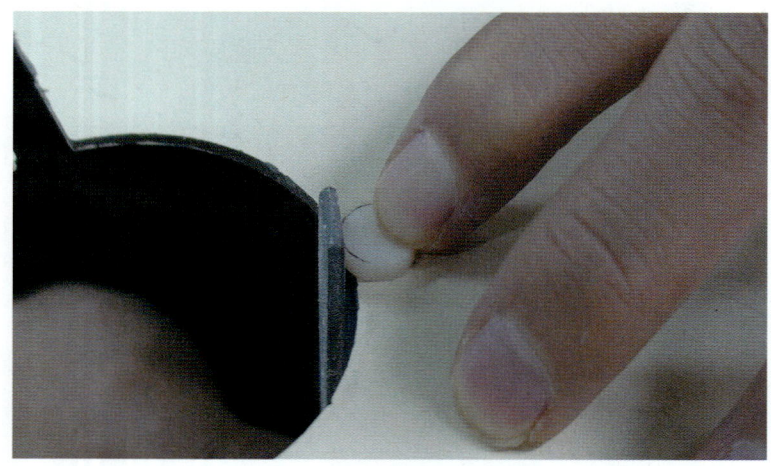

그림 4-59 《 버튼 부재 다듬질

4. 문(파팅선)을 표시한다.

가. 도면을 보고 문(파팅선)을 하이트게이지로 표시하고, 완성된 치수에 맞게 아크릴 칼을 사용하여 1×1mm로 홈을 내준다.

그림 4-60 《 윗면 파팅선 내기

그림 4-61 《 측면 파팅선 내기

5. 조립한다.

가. 각 버튼을 치수에 맞게 아크릴접착제(클로로포름)를 이용하여 평붓으로 접착한다.

나. 버튼의 위치를 직각자와 강철자로 조정해서 정확한 위치에 부재를 붙인다.

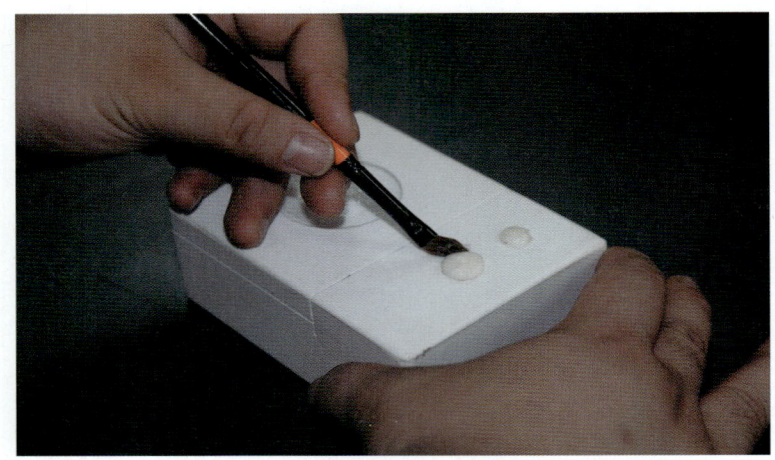

그림 4-62 《 평붓을 이용한 버튼 접착

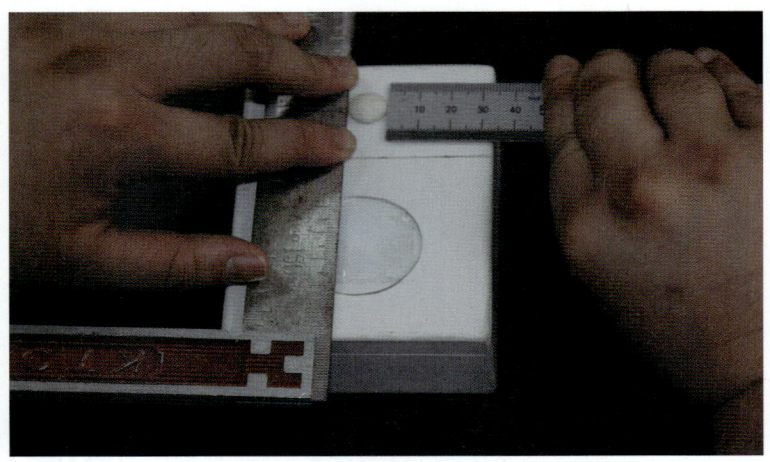

그림 4-63 《 직각자 및 강철자를 이용한 부재 부착

다. 아크릴 원형판 Ø40 부품을 상판 아크릴 원형판이 들어갈 자리에 양면테이프를 이용해서 붙인다.

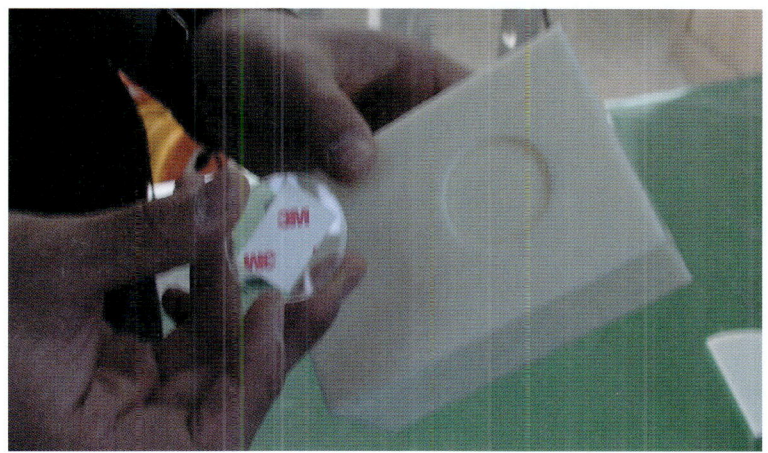

그림 4-64 ≪ 아크릴 원형판 양면테이프 부착

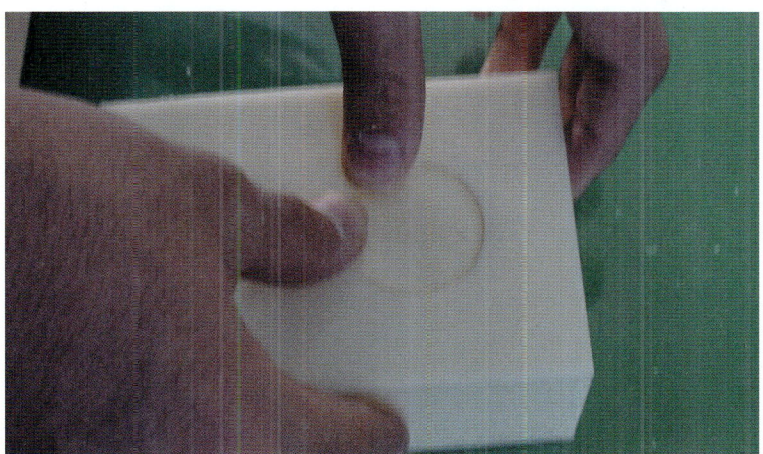

그림 4-65 ≪ 본체 정면 원형판에 아크릴 원형판 부착

라. 몸체를 디스크샌더를 이용하여 코너 4-R2로 다듬질 가공한다.

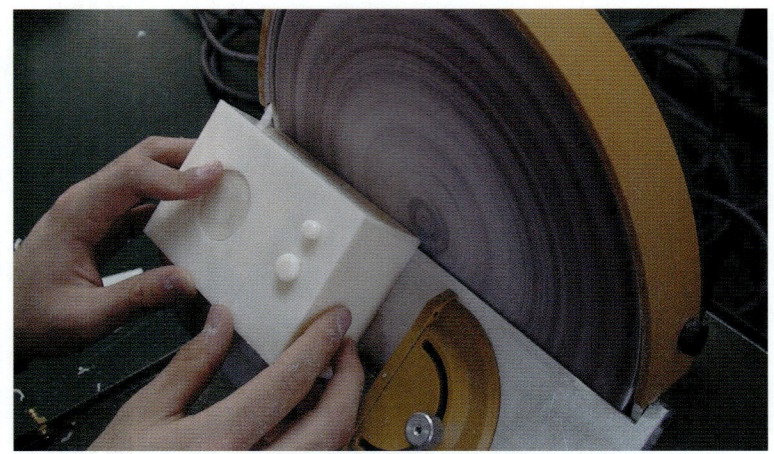

그림 4-66 « 디스크샌더로 모서리 라운딩 가공

그림 4-67 « 디스크샌더로 모서리 최종 라운딩 가공

6. 검사한다.

가. 조립상태를 점검한다.

나. 도면의 치수를 확인 후 측정기로 검사하고 제출한다.

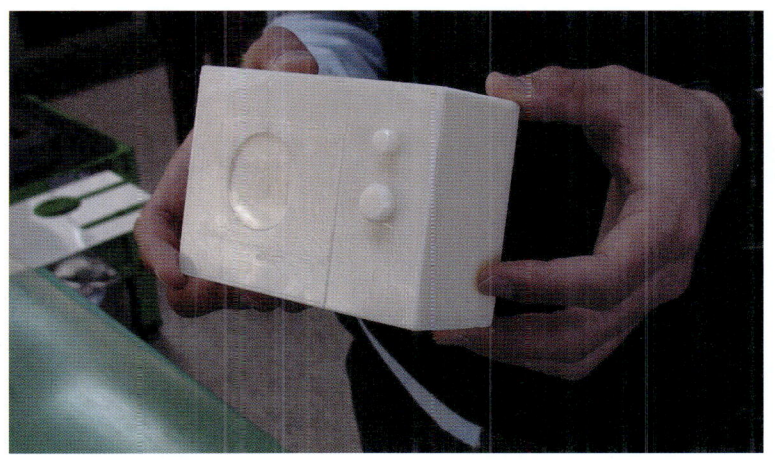

그림 4-68 « 완성된 전자레인지 독업제품

7. 정리정돈을 한다.

　가. 사용한 공구를 공구함에 가지런히 정리한다.
　나. 절삭 칩 부스러기를 진공청소기로 제거한다.

● 안전 및 유의사항

1. 원의 가공이 정확치 않을 경우 서로가 맞지 않는 경우가 생긴다.
2. 두께가 얇은 부재를 사용하므로 실습하기가 어렵다. 부재와의 이음새를 세심하게 살펴야 한다.
3. 각종 공구 및 기계는 다른 용도로 사용하지 않는다.
4. 실톱을 사용할 때에는 무리하게 사용하지 않는다.
5. 디스크샌더 사용 시 분진이 눈에 들어가지 않도록 보안경을 착용한다.
6. 투명 아크릴 가공을 할 때 흠집이 나지 않도록 한다.

평가

1. 도형의 이해와 전개도, 투상의 정확성 및 실습태도
2. 부재의 정밀한 재단 및 가공, 수평·수직의 안정성, 정확한 접착 및 조립, 거칠기, 완성도

제4절　MP3 모형 제작하기

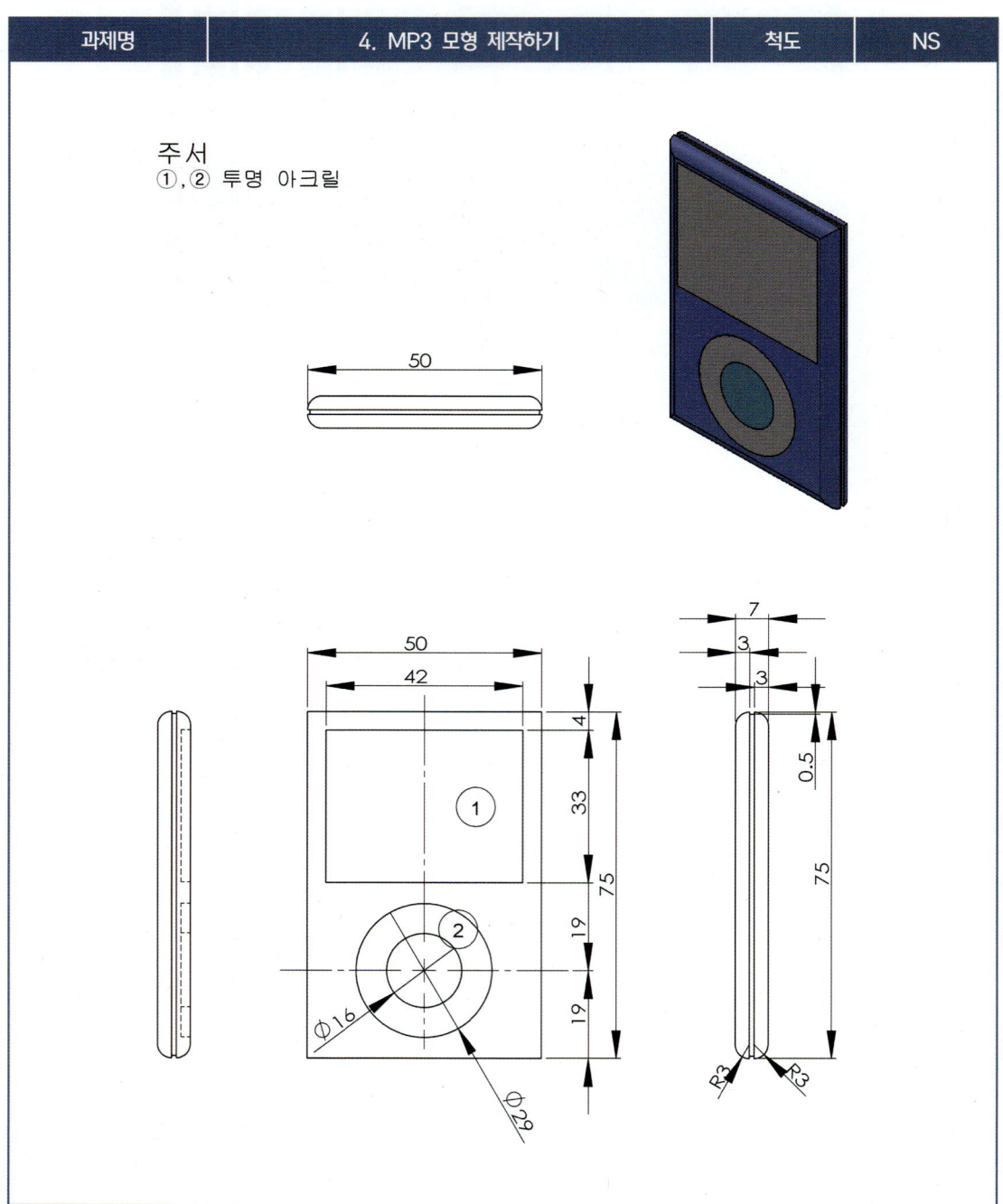

그림 4-69 ≪ MP3 모형 제작하기

◐ 학습목표
1. 아크릴과 ABS수지의 일반적인 성형 방법을 설명할 수 있다.
2. 제시된 도면에 맞게 MP3를 모형 제작할 수 있다.
3. 원형 및 라운딩가공을 정확히 가공할 수 있다.

◐ 사용 재료
아크릴판, ABS수지판, 아크릴접착제(클로로포름), 평붓, 양면테이프

◐ 기계 및 공구
다기능 띠톱 기계, 다기능 정밀 회전톱, 디스크샌더, 소형 드릴, 태장대, 수평바이스, 실톱, 금긋기바늘, 직각자, 강철자, 아크릴칼, 셋트줄, 원형템플릿, 버니어캘리퍼스, 하이트게이지

◐ 시청각 자료
도면, 실물모형, 관련 멀티미디어 학습자료

◐ 작업 순서

1. 작업준비를 한다.

가. 공구를 점검하여 작업대 위에 정리하여 놓는다.
나. 재료를 지급받고 도면을 검토한다.
다. 작품별 부재 재단 규격 목록에 재단규격(가공치수)을 작성한다.

2. 본체를 제작한다.

가. 뒷면 ABS수지판 75×50mm×3t의 크기로 1장을 제작하여 다듬질한다.
나. 재단된 뒷면 ABS수지판 모서리 R3으로 디스크샌더를 이용하여 다듬질한다.

그림 4-70 ≪ 75×50mm 재단된 뒷면 부재

그림 4-71 ≪ 본체 정면 모서리 라운딩 다듬질

다. 중판 ①을 ABS수지판 74×49mm×1t의 크기로 1장을 재단 후 다듬질한다.
라. 중판 ②를 ABS수지판 75×50mm×1t의 크기로 1장을 재단 후 다듬질한다.
마. 정면 ABS수지판 75×50mm×2t의 크기로 1장을 재단 후 다듬질한다.

그림 4-72 《 재단된 중판 ①. ②

그림 4-73 《 75×50mm 재단된 정면 부재

바. 정면 액정판이 들어갈 부분을 42×33mm의 크기로 금긋기 후 선의 안쪽으로 드릴 구멍을 뚫고 실톱을 이용하여 재단하며 평줄과 사포를 이용하여 다듬질한다.

그림 4-74 ≪ 액정판 금긋기

그림 4-75 ≪ 드릴 구멍뚫기

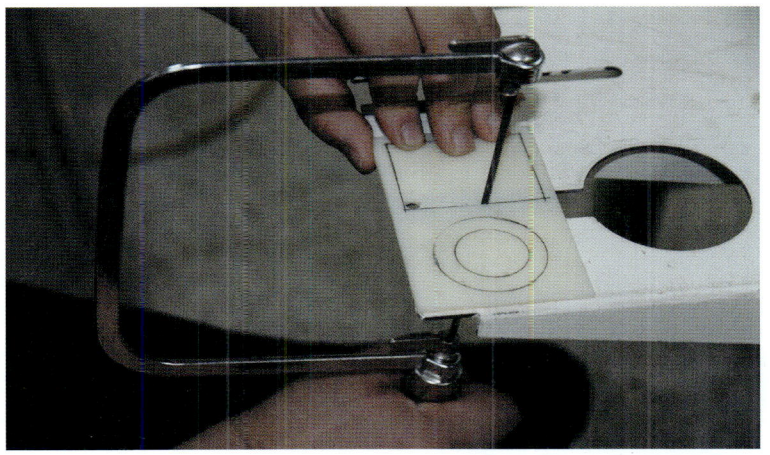

그림 4-76 « 액정판 실톱작업

그림 4-77 « 액정판 내부 다듬질

사. 정면 아크릴 원형판이 들어갈 부분을 Ø29의 크기로 금긋기 후 원의 안쪽으로 드릴 구멍을 뚫고 실톱으로 조심스럽게 가공 및 원형줄과 사포를 이용하여 다듬질한다.

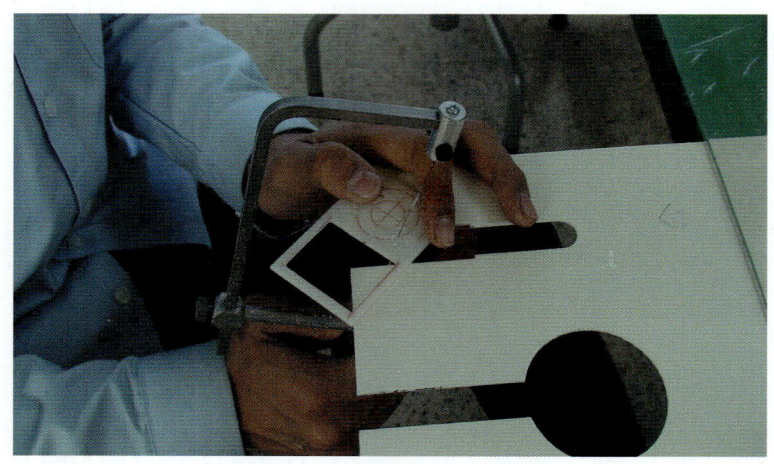

그림 4-78 « 정면 원형 실톱작업

그림 4-79 « 정면 원형 반원줄로 다듬질

그림 4-80 « 손가락과 사포를 사용한 다듬질

그림 4-81 « 정면 원형판 사포 정밀다듬질

아. 정면 아크릴 원형판이 들어갈 안쪽 부분을 Ø16의 크기로 실톱으로 조심스럽게 가공한다.(※ 실톱대의 실톱날 전체를 상하반복운동 하면서 절단 가공)
자. 선을 따라 정밀하게 줄로 다듬질한다.

그림 4-82 《 원형판 내부 ABS수지 실톱작업

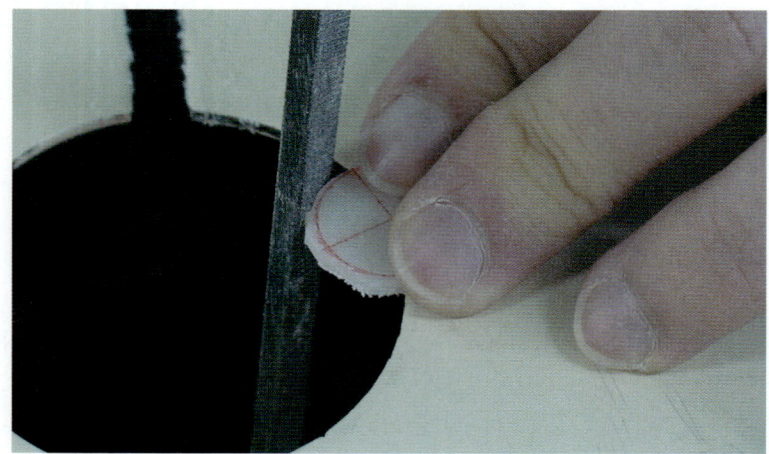

그림 4-83 《 원형판 내부 ABS수지 다듬질

차. 위의 이미 제작된 ABS수지판 부재들을 차례대로 접착하여 몸체를 이루는 상자를 완성시킨다.(※ 뒷면 → 중판 ①, ② → 정면 → 원형ABS수지 순으로 접착)

카. 측면 모서리는 R3로 디스크샌더를 이용하여 다듬질한다.

타. 몸체를 디스크샌더를 이용하여 코너 4−R3으로 다듬질 가공한다.

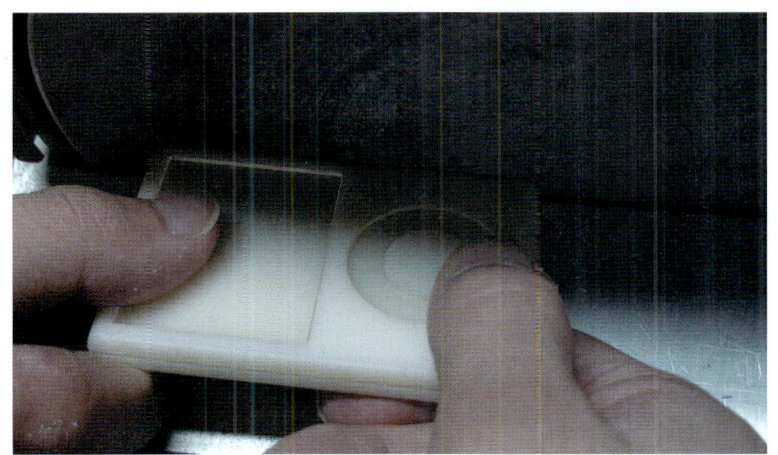

그림 4−84 ≪ 디스크샌더를 이용한 라운딩 다듬질

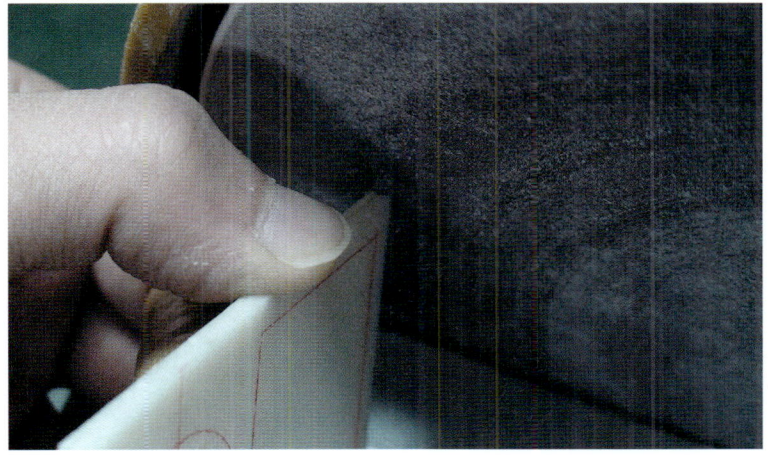

그림 4−85 ≪ 디스크샌더를 이용한 모서리 라운딩 다듬질

3. 액정판을 제작한다.

가. 재료를 투명아크릴판 42×33mm×2t의 크기로 1장을 재단 후 다듬질한다.

그림 4-86 ≪ 42×33mm 아크릴 액정판

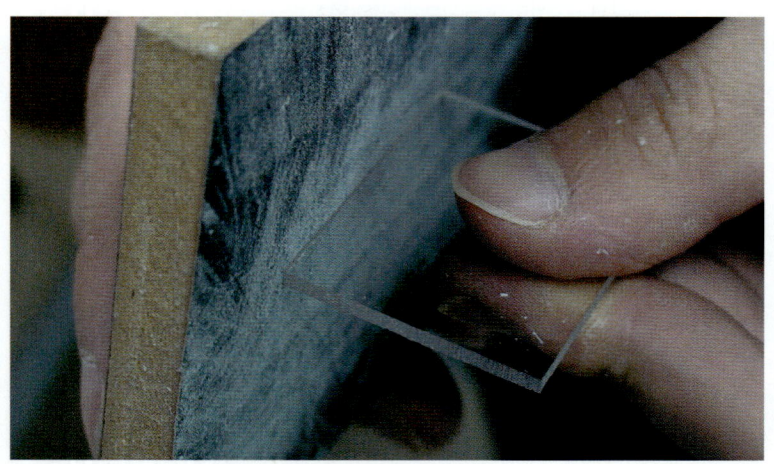

그림 4-87 ≪ 사포대를 이용한 모서리면 다듬질

나. 재료를 투명아크릴 Ø29의 크기로 띠톱과 디스크샌더로 다듬질 후 내경 Ø16을 금 긋기 하고나서 안쪽으로 드릴구멍을 뚫고 실톱을 이용하여 재단 후, 반원줄과 사포를 이용하여 다듬질한다.

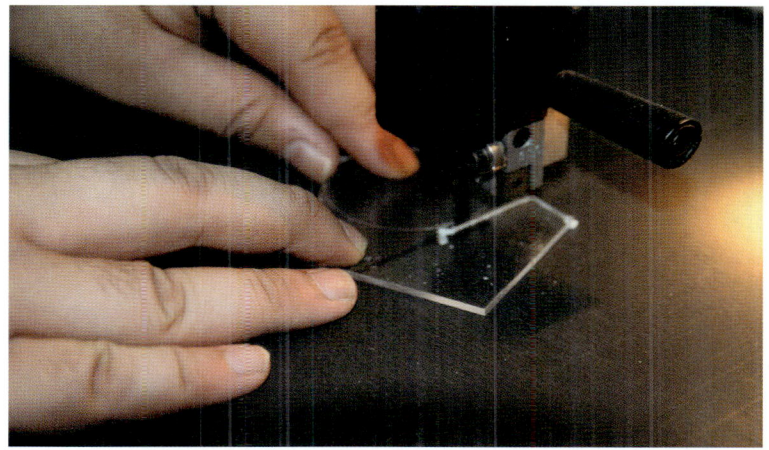

그림 4-88 《 띠톱가공

그림 4-89 《 디스크샌더로 부재다듬질

제품모델링 & 모형제작 실습

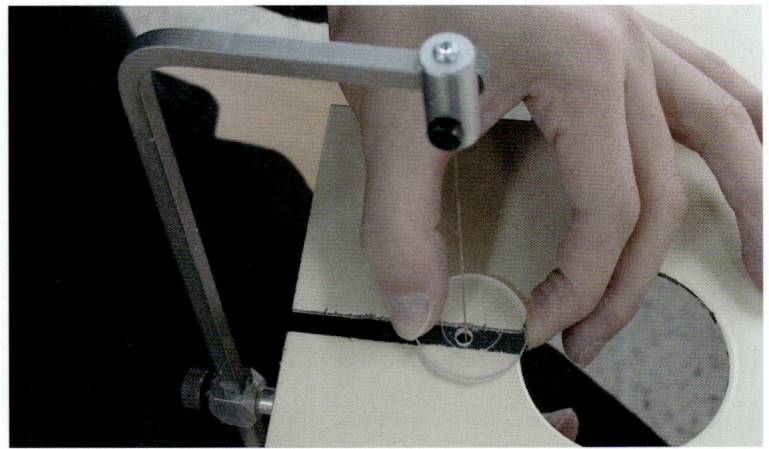

그림 4-90 « 아크릴 원형판 내부 실톱작업

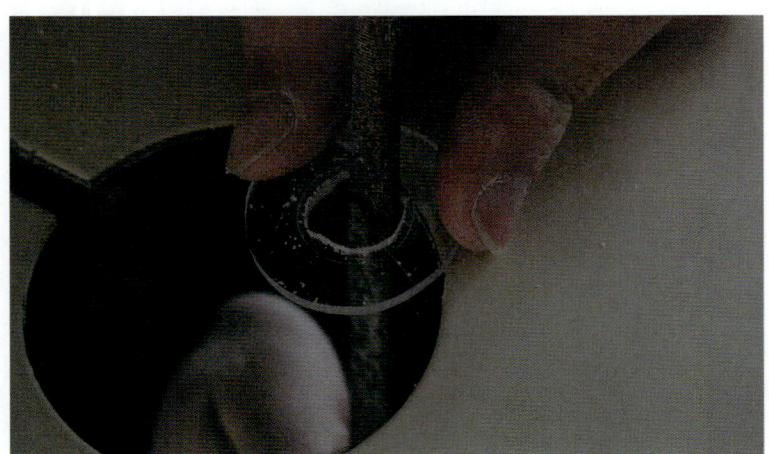

그림 4-91 « 아크릴 원형판 내부 다듬질

4. 조립한다.

가. 본체 상자에 액정판용으로 제작된 액정테두리판이 좌측 위아래 모서리선에 닻추어 양면접착제를 이용하여 붙인다.

나. 파팅선 액정판이 접착되던 하부 원형의 부품을 각 치수에 맞게 양면테이프를 이용하여 접착한다.

다. 마무리 다듬질 작업을 한다.

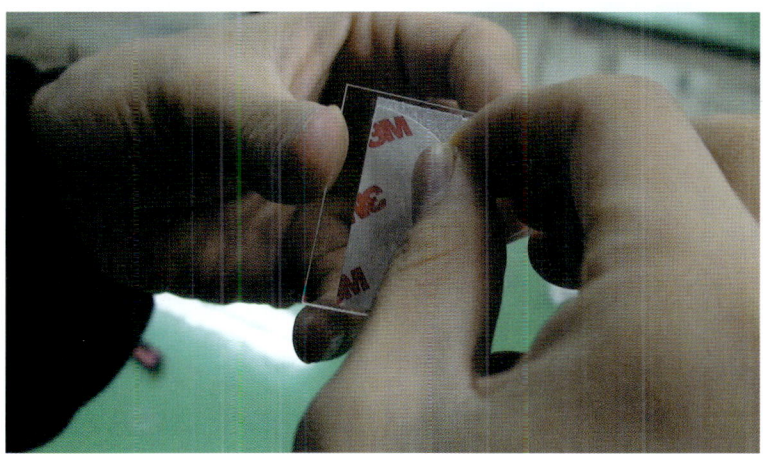

그림 4-92 《 액정판 양면테이프 부착

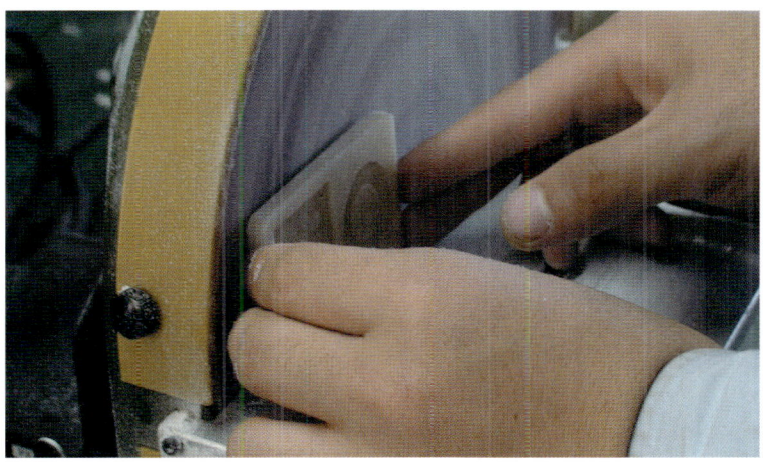

그림 4-93 《 완성된 MP3 최종 마무리 다듬질

5. 검사한다.

가. 조립상태를 점검한다.
나. 도면의 치수를 확인 후 측정기로 검사하고 제출한다.

그림 4-94 《 완성된 MP3 목업제품

6. 정리정돈을 한다.

가. 사용한 공구를 공구함에 가지런히 정리한다.
나. 절삭 칩 부스러기를 진공청소기로 제거한다.

● 안전 및 유의사항

1. 원의 가공이 정확치 않을 경우 서로가 맞지 않는 경우가 생긴다.
2. 두께가 얇은 부재를 사용하므로 실습하기가 난해하다. 부재와의 이음새를 세심하게 살펴야 한다.
3. 각종 공구 및 기계는 다른 용도로 사용하지 않는다.
4. 실톱을 사용할 때에는 무리하게 사용하지 않는다.

평가

1. 도형의 이해와 전개도, 투상의 정확성 및 실습태도
2. 부재의 정밀한 재단 및 가공, 수평·수직의 안정성, 정확한 접착 및 조립, 거칠기, 완성도

제5절 냉장고 모형 제작하기

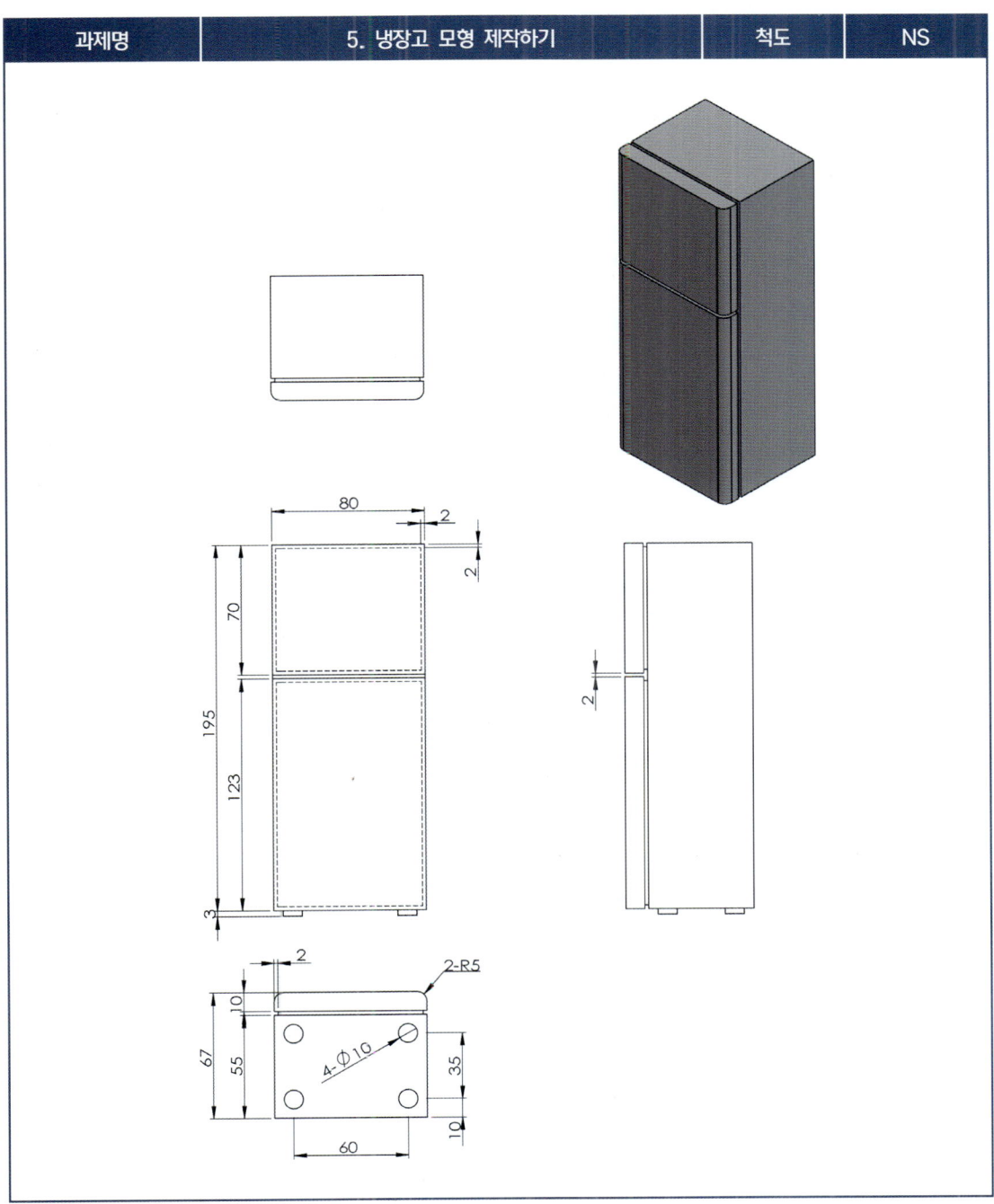

그림 4-95 ≪ 냉장고 모형 제작하기

◐ **학습목표**
1. 디자인 모델의 개념을 이해하고 설명할 수 있다.
2. 띠톱 및 회전톱을 사용하여 부재 가공을 할 수 있다.
3. 규정된 도면에 맞게 냉장고를 모형제작 할 수 있다.

◐ **사용 재료**
ABS수지판, 아크릴접착제(클로로포름), 평붓

◐ **기계 및 공구**
다기능 띠톱 기계, 다기능 정밀 회전톱, 디스크샌더, 소형 드릴, 태장대, 수평바이스, 실톱, 금긋기바늘, 직각자, 강철자, 아크릴칼, 셋트줄, 원형템플릿, 버니어캘리퍼스, 하이트게이지

◐ **시청각 자료**
도면, 실물모형, 관련 멀티미디어 학습자료

◐ 작업 순서

1. 작업준비를 한다.

가. 공구를 점검하여 작업대 위에 정리하여 놓는다.
나. 재료를 지급받고 도면을 검토한다.
다. 부재 재단 규격 목록에 재단규격(가공치수)을 작성한다.

2. 몸체를 제작한다.

가. 재료를 검토하고 ABS수지판 80×195mm×2t의 크기로 2장을 재단하여 다듬질한다.
나. 좌·우측 테두리판 ABS수지판 51×195mm×2t의 크기로 2장을 재단 후 다듬질한다.
다. 위·아래 테두리판 ABS수지판 76×51mm×2t의 크기로 2장을 재단 후 다듬질하고, 위의 이미 제작된 부재를 차례대로 접착하여 몸체를 이루는 상자를 완성시킨다.

그림 4-96 ≪ 재단된 부재

그림 4-97 ≪ 몸체 완성

3. **문짝(上)을 제작한다.**

   가. ABS수지판 80×70mm×5t의 크기로 2장을 재단 후 다듬질한다.

   나. 제작된 ABS수지판 부재를 모서리 선에 맞추어 아크릴접착제(클로로포름)로 접착 후 다듬질한다.

그림 4-98 ≪ 문짝(上)제작

4. 문짝(下)을 제작한다.

가. ABS수지판 80×123mm×5t의 크기로 2장을 재단 후 다듬질한다.

나. 제작된 ABS수지판 부재를 아크릴접착제(클로로포름)로 접착 후 문짝(上, 下) 좌, 우측 모서리를 디스크샌더로 2-R5로 라운딩 다듬질 가공한다.

그림 4-99 ≪ 문짝(下)제작

그림 4-100 ≪ 문짝(上, 下)제작

그림 4-101 ≪ 문짝(上, 下)제작 후 디스크샌더로 라운딩 다듬질

그림 4-102 ≪ 문짝(上, 下)제작 후 셋트줄로 라운딩 다듬질

5. 파팅선 중판 및 받침대를 제작한다.

가. 파팅선(上) ABS수지판 76×66mm×2t의 크기로 1장을 재단 후 다듬질한다.
나. 파팅선(下) ABS수지판 76×119mm×2t의 크기로 1장을 재단 후 다듬질한다.
다. 몸체 바닥 받침대 ABS수지판(백색)을 Ø10으로 4개 재단하여 다듬질한다.

그림 4-103 ≪ 재단된 파팅선 ABS수지판

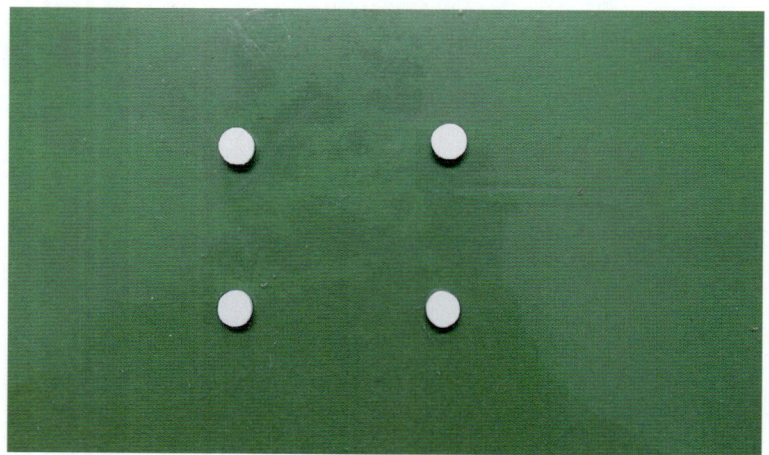

그림 4-104 ≪ 재단된 받침대

6. 조립한다.

가. 본체 상자와 파팅선용으로 제작된 부재를 치수에 맞추어 상, 하로 접착한다.

그림 4-105 《 파팅선 부재 접착

나. 파팅선이 접착되면 그 위에 문을 상, 하로 치수에 맞게 접착한다.

그림 4-106 《 문짝(上)접착

그림 4-107 ≪ 문짝(下)접착

다. 몸체부분이 완전히 조립이 되면 바닥에 도면치수에 맞게 표시하여 받침대를 차례대로 4개를 접합한다.

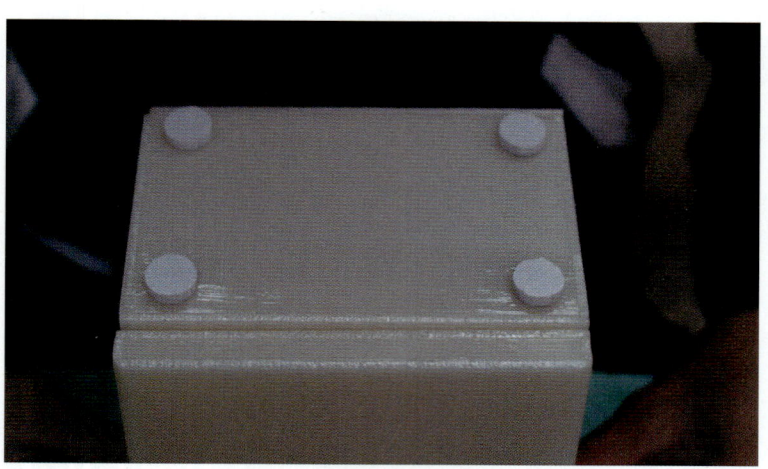

그림 4-108 ≪ 받침대 접착

7. 검사한다.

가. 조립상태를 점검한다.
나. 도면의 치수를 확인 후 측정기로 검사하고 제출한다.

그림 4-109 《 완성된 냉장고 목업제품

8. 정리정돈을 한다.

가. 사용한 공구를 공구함에 가지런히 정리한다.
나. 절삭 칩 부스러기를 진공청소기로 제거한다.

◐ 안전 및 유의사항

1. 측정공구는 항상 깨끗하게 하고 다른 공구에 부딪치지 않도록 한다.
2. 윗 문짝과 아래 문짝의 라운드를 일정하게 제작한다.
3. 각종 공구 및 기계는 다른 용도로 사용하지 않는다.
4. 디스크샌더 사용 시 분진이 눈에 들어가지 않도록 보안경을 착용한다.

평가

1. 도형의 이해와 전개도, 투상의 정확성 및 실습태도
2. 부재의 정밀한 재단 및 가공, 수평·수직의 안정성, 정확한 접착 및 조립, 거칠기, 완성도

제품모델링 & 모형제작 실습_ 제품응용모델링 기능사 실기 대비서
Product Modelling & Modelling Exercise

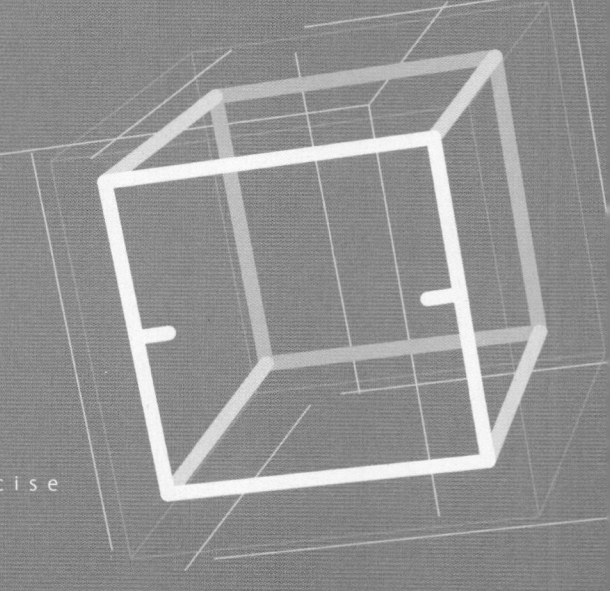

Chapter 05

제품흠집 보수

제1절 _ 퍼티 바르기
제2절 _ 연마 작업하기

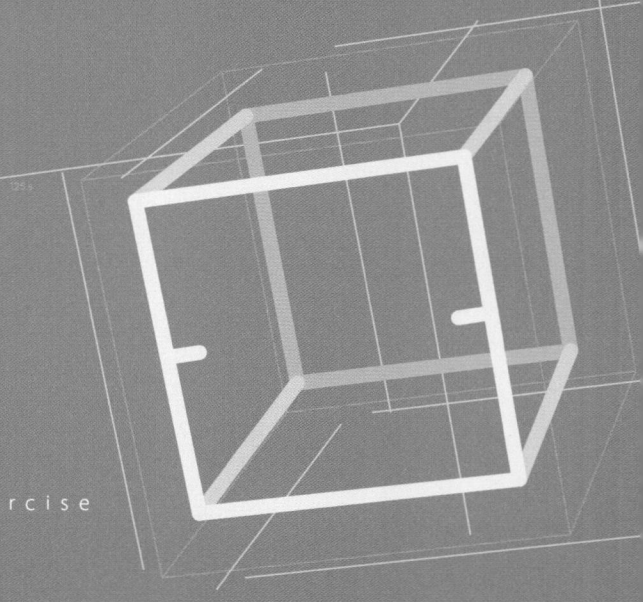

제품모델링 & 모형제작 실습_ 제품응용모델링 기능사 실기 대비서
Product Modelling & Modelling Exercise

CHAPTER 05 제품흠집보수

제1절 퍼티 바르기

○ 학습목표
1. 주제와 경화제를 적당량 배합할 수 있다.
2. 목업제품의 손상 부위에 폴리에스테르 퍼티를 도포해서 평평하게 작업할 수 있다.

○ 사용 재료
퍼티, 경화제, 연마지, 면장갑, 팔덮개, 앞치마, 면걸레, 혼합용막대

○ 기계 및 공구
디스크샌더, 주걱(헤라), 정단, 스크레이퍼

● 관계지식   퍼티(Putty)의 종류와 특징

제품의 구멍이나 흠집을 메우거나 또는 어떤 일정한 형태로 목업작업할 때 쓰이는 재료이다.

1. 락카 퍼티(플라스틱 퍼티)

가장 일반적인 말랑말랑한 덩어리 형태의 퍼티로서 용기에 들어있는 것을 손으로 짜서 쓰게 되어 있다. 주로 그리 크지 않은 틈새나 흠집을 메우는데 사용한다. 수축이 심하기 때문에 2~3일 이상 건조시킨 후 연마작업을 해야 한다.

2. 애폭시 퍼티

주제와 경화제를 동일한 비율로 섞어 지점토처럼 사용할 수 있는 퍼티로서 수축이 심하지 않지만 주로 큰 구멍을 메우거나 곡면이 많은 부품 등에 메우는데 쓰인다.

3. 폴리에스터 퍼티

2액형으로 사용 전에 애폭시 퍼티와 마찬가지로 주제, 경화제를 적당하게 혼합하여 사용하게 되어 있다. 점도는 애폭시 퍼티와 락카 퍼티의 중간 정도이다.

● 작업 순서

1. 작업 준비를 한다.

가. 작업대 테이블 위에 정판과 주걱(헤라)을 준비한다.
나. 혼합시킬 경화제와 퍼티를 준비한다.

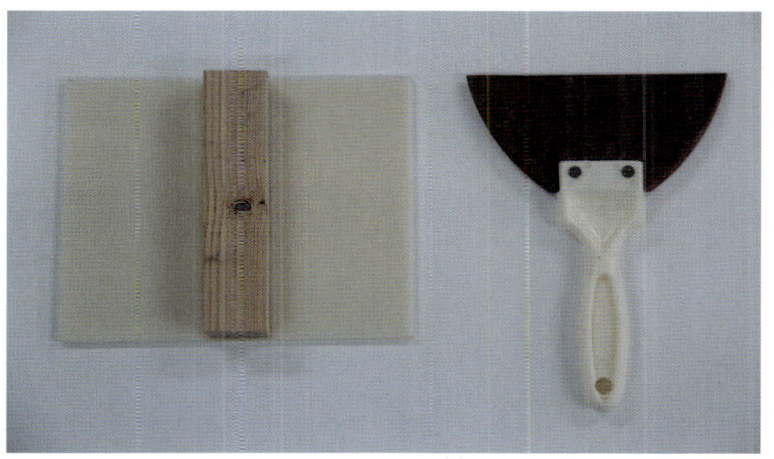

그림 5-1 ≪ 정판과 주걱(헤라)

그림 5-2 ≪ 퍼티와 경화제

다. 보안경과 앞치마, 팔덮개, 면장갑을 착용한다.
라. 손상된 제품의 부위를 디스크샌더나 샌드페이퍼로 연마한다.
마. 목업제품 표면에 오염물질을 깨끗이 닦아낸다.

그림 5-3 《 손상된 부위 샌딩작업

그림 5-4 《 오염물질 제거후의 목업제품 표면

2. 퍼티와 경화제를 혼합시킨다.

가. 퍼티통 뚜껑을 연다.
나. 혼합용 막대로 휘젓는다.
다. 퍼티를 정판 위에 알맞은 정도로 옮긴다.
라. 경화제를 첨가한 후 용기 뚜껑을 닫는다.
마. 주걱(헤라)으로 퍼티와 경화제를 골고루 섞는다.

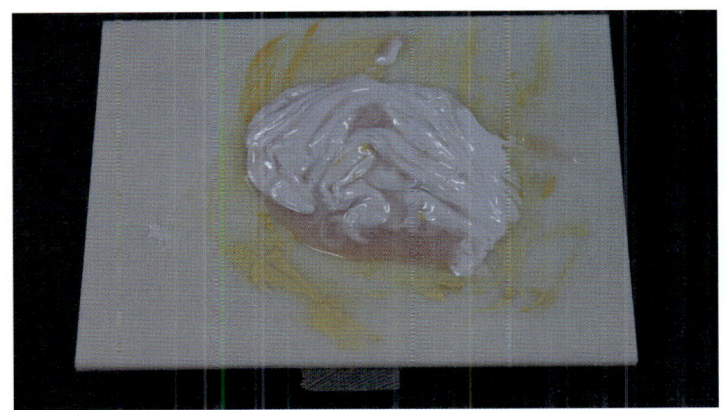

그림 5-5 ≪ 정판위의 퍼티

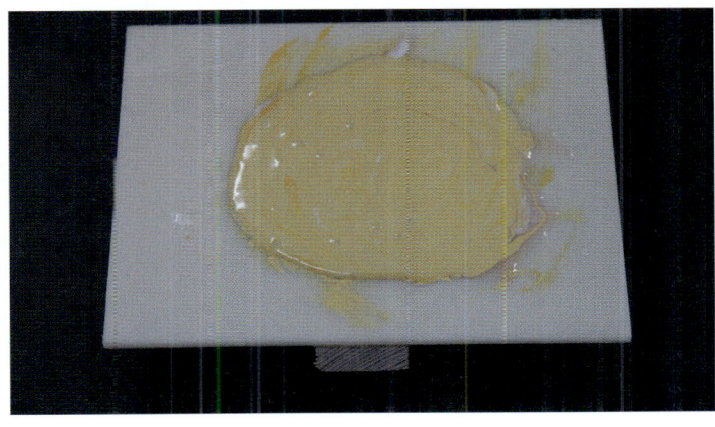

그림 5-6 ≪ 경화제를 섞은 퍼티

① 주재와 경화제의 혼합 배율은 약 100:2~3 정도면 적당하지만, 기온과 각 회사 별로 차이가 있다.
② 퍼티와 경화제를 혼합하여 견본 색상을 기준으로 한다.

3. 퍼티를 손상된 목업제품에 바른다.

가. 목업제품의 손상이 심한 부위에 먼저 신속하게 얇게 바른다.
나. 목업제품 표면의 손상 형태에 따라 주걱을 이용해서 소량으로 고루 바른다.

그림 5-7 ≪ 손상 부위의 초벌칠한 퍼티

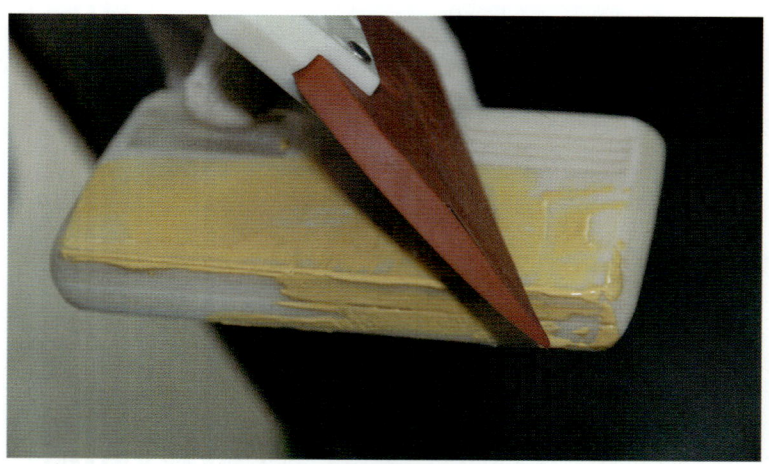

그림 5-8 ≪ 고루 바른 퍼티

다. 주걱 작업은 붙이기, 나누기, 고르기로 실시한다.
라. 처음 45° 각도에서 차츰 각도를 낮추어 손의 동일한 힘을 이용하여 바른다.
마. 주걱의 방향을 전환시켜 바른다.
바. 재벌 덧칠할 경우는 약간 넓게 바른다.

그림 5-9 《 주걱의 방향을 전만

그림 5-10 《 재벌 칠한 퍼티

사. 층이 생기지 않도록 바른다.

아. 최종 작업 시에는 기공이 생기지 않도록 얇게 훑어바른다.

자. 헤어드라이기 또는 열풍기를 가해서 건조시키면 시간이 단축된다.

그림 5-11 ≪ 열풍기를 사용한 건조방법

그림 5-12 ≪ 헤어드라이기를 사용한 건조방법

4. 검사한다.

그림 5-13 « 완성된 목업제픔

5. 정리정돈을 한다.

  가. 주걱과 정판에 묻은 퍼티는 스크레이퍼로 긁어내어 디스크샌더나 샌드페이퍼로 다듬질 후 보관한다.
  나. 경화제통과 퍼티통의 마개를 잘 닫고 보관한다.

● 안전 및 유의사항

1. 퍼티와 경화제는 적당량 혼합해서 사용한다.
2. 퍼티의 경화 속도가 빠르므로 많은 양을 혼합하지 않도록 한다.
3. 손상된 목업제품 표면에 많은 양의 퍼티를 바르지 않도록 한다.
4. 신체에 접촉되지 않도록 한다.
5. 다른 작업자에게 방해가 되지 않도록 한다.

제2절 연마 작업하기

○ 학습목표
1. 목업제품 재료의 재질에 따른 샌드페이퍼를 선택하여 사용할 수 있다.
2. 목업제품 표면의 거칠기에 따른 샌드페이퍼를 선택하여 평평하게 샌딩할 수 있다.
3. 목업제품의 라운드 및 모따기를 할 수 있어야 한다.
4. 블록사포대을 만들 수 있어야 한다.

○ 사용 재료
샌드페이퍼, 아이소핑크, MDF판, 방진마스크, 장갑, 앞치마, 면걸레, 평붓, 양면테이프

○ 기계 및 공구
연마기, 보안경, 디스크샌더, 사포대

○ 관계지식 — 연마기의 종류와 특징

1. 싱글 액션 샌더(Single Action Sander)

기장 기초적이며 저속 회전(1,500~3,000회전)으로 연마력이 강하여 녹 제거, 도막 제거, 금속 표면의 미세한 연마에 사용한다.

2. 더블 액션 샌더(Double Action Sander)

퍼티 연마, 단 낮추기, 중도 연마, 전면 연마 등 기초 도막과 연마면이 고와 최종마무리 작업에 사용한다.

3. 오비탈 샌더(Orbital Sander)

패더가 사각형인 것이 특징으로 패더는 타원형의 괘적을 이루고, 연마력은 약하지만 패더가 크고 평면이기에 대한 접지성이 높아 퍼티 연마 및 굴곡 제거가 쉽다.

4. 기아 액션 샌더(Gear Action Sander)

더블 액션샌더와 용도 및 사용방법이 같고, 기아에 의해 연마하기에 연마력이 우수하여 작업 능률이 향상되고 퍼티 연마에 사용한다.

5. 벨트 샌더(Belt Sander)

다양한 연마작업에 적합한 구조이고, 벨트의 폭은 10~20mm이며, 오목한 장소나 좁고 구석진 부분 연마에 사용한다.

● 작업 순서

1. 작업 준비를 한다.

가. 디스크샌더와 샌드페이퍼, 블록사포대를 점검하여 준비한다.

그림 5-14 《 디스크샌더

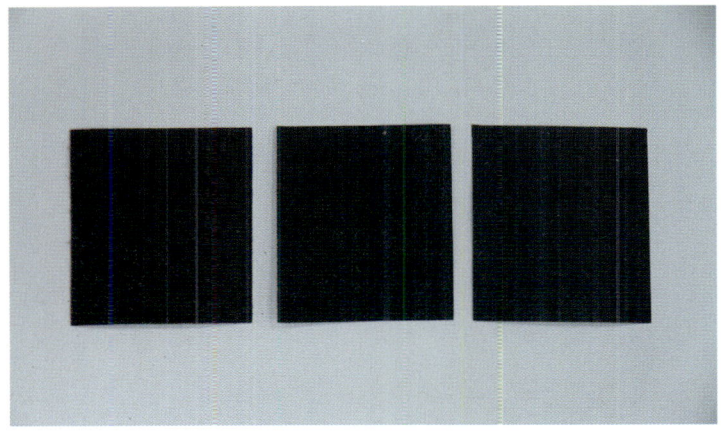

그림 5-15 《 거칠기에 따른 샌드페이퍼

나. 샌드페이퍼를 재료의 재질에 따라 준비해서 MDF·아이소핑크에 양면테이프로 부착한다.

그림 5-16 ≪ MDF·아이소핑크를 크기에 맞게 제작

그림 5-17 ≪ 양면테이프를 붙인 후 크기에 맞게 커팅

그림 5-18 « MDF판으로 만든 샌딩대

그림 5-19 « 아이소핑크로 만든 샌딩대

다. 보안경과 방진마스크를 작업자의 신체조건에 맞추어 착용한다.
라. 디스크샌더 내의 오염물질 제거를 위해 에어호스를 연결한다.
마. 샌딩할 목업제품 표면에 오염물질이 묻은 부위는 면걸레 및 평붓으로 제거한다.

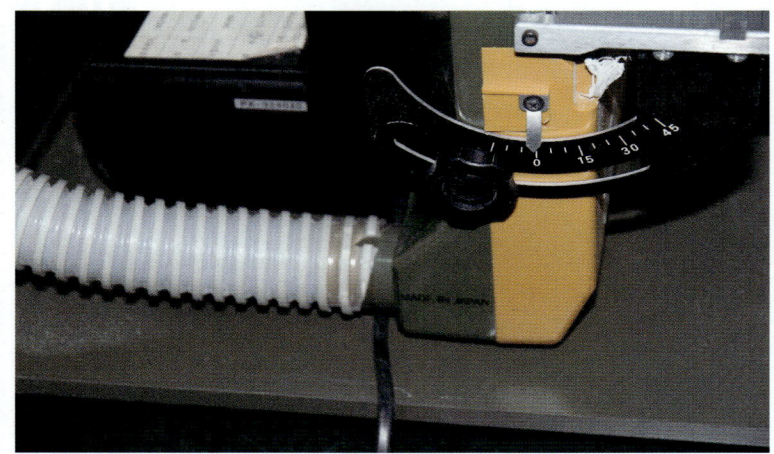

그림 5-20 《 에어호스에 연결된 디스크샌더

그림 5-21 《 오염물질 제거

2. 연마한다.

가. 블록사포대를 잡고 사포할 면에 고르게 사포질한다.
나. 디스크샌더를 작동시켜 라운드 또는 모따기 작업을 고루 진행한다.
다. 반복해서 연마한다.

그림 5-22 ≪ 블록사포대 작업

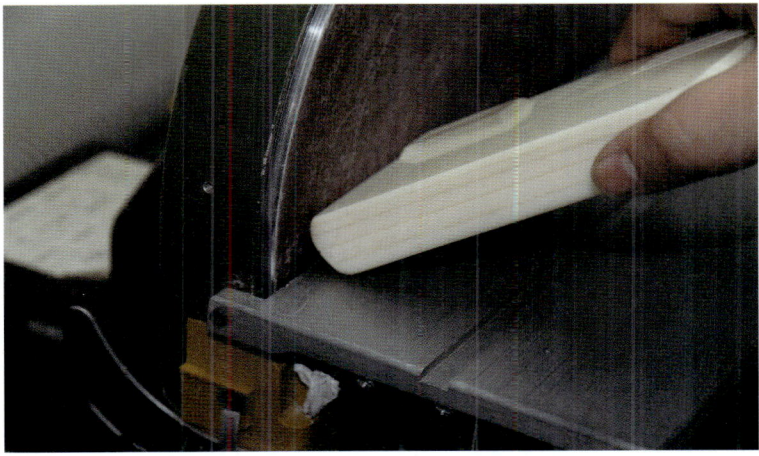

그림 5-23 ≪ 모서리 샌딩 작업

라. 목업제품표면에 퍼티한 부분은 고르게 평형으로 접촉시켜 샌딩한다.

그림 5-24 《 퍼티한 부분의 블록사포대 작업

그림 5-25 《 퍼티한 부분의 샌딩작업

마. 표면 상태에 따라 거친 샌드페이퍼에서 고운 샌드페이퍼로 사용한다.
바. 목업제품 표면에 손상된 흠집이 있을 경우 층이 생기지 않도록 고르게 샌딩한다.
사. 목업제품 표면의 샌딩 자국은 도장 이후에도 샌딩 자국이 남으므로 샌딩 자국이 없게 세밀히 샌딩한다.
아. 샌딩하는 동안 목업제품 표면이 평평하고 깨끗하게 진행되는지 손으로 목업제품을 만져보고 확인한다.

3. 검사한다.

그림 5-26 《 샌딩이 완료된 제품

4. 정리정돈을 한다.

가. 샌딩이 종료되면 목업제품 표면 구석구석을 압축 공기로 에어건을 이용해서 불어 낸다.
나. 샌딩 입자를 면걸레 및 풀붓으로 닦아낸다.
다. 디스크샌더에 묻은 입자가루를 압축 공기로 불어 내고 정리한다.
라. 청소기를 이용하여 입자를 제거한다.

● 안전 및 유의사항

1. 디스크샌더의 사용 방법을 익힌 후 무리하게 작업을 하지 않도록 한다.
2. 샌드페이퍼는 목업제품 표면과 재질에 따라 적절하게 선택해서 사용한다.
3. 샌딩 자국이 생기지 않도록 한다.
4. 디스크샌더의 샌드페이퍼가 제품 표면 한 곳에 오래 샌딩할 경우 목업제품 표면에 굴곡이 생기므로 주의해서 샌딩한다.
5. 디스크샌더 사용 시 입자가 입속으로 들어가지 않도록 방진마스크를 착용한다.

제품모델링 & 모형제작 실습_ 제품응용모델링 기능사 실기 대비서
Product Modelling & Modelling Exercise

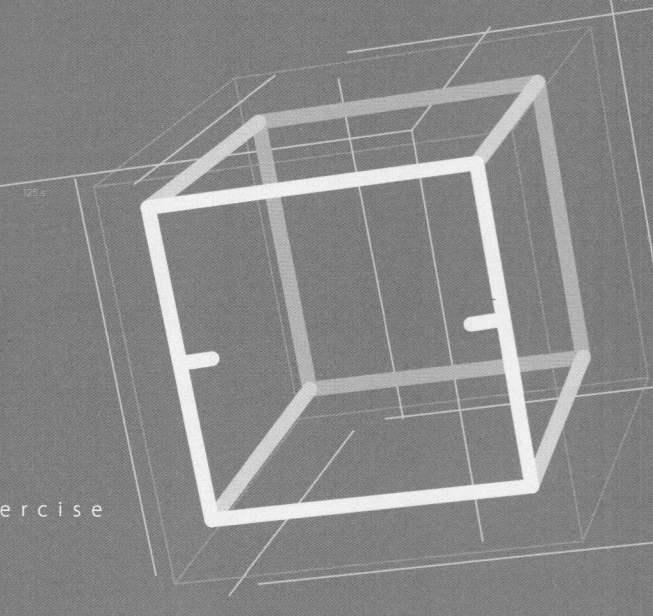

Chapter **06**

제품도장(도색)

제1절 _ 스프레이 락카 도장하기
제2절 _ 분무 도장하기

제품모델링 & 모형제작 실습_ 제품응용모델링 기능사 실기 대비서
Product Modelling & Modelling Exercise

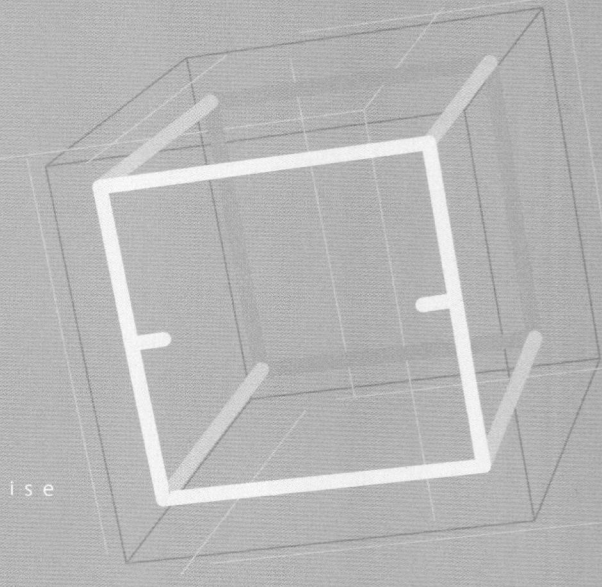

CHAPTER 06 제품도장(도색)

제1절 스프레이 락카 도장하기

● 학습목표
1. 스프레이 락카로 목업제품 표면에 도료를 균일하게 도포할 수 있다.
2. 도막의 안료, 결성 성분 및 용제어 대한 도료의 구성을 알 수 있다.

● 사용 재료
스프레이 락카(백색), 장갑, 앞치마, 닫덮개, 방진마스크, 마스킹테이프, 샌드페이퍼, 평붓, 면걸레

● 기계 및 공구
도장용구, 도장부스

● 작업 순서

1. 작업 준비를 한다.

   가. 작업전 목업제품 표면에 습기, 먼지, 칩 부스러기 등의 오염물을 평붓이나, 면걸레로 완전히 제거하여야 한다.

   나. 목업제품의 거친 표면은 사포대로 사포질하고 스프레이 분진에 오염되지 않도록 주의가 필요한 부분에는 마스킹테이프로 부착하여야 한다.

그림 6-1 « 목업제품의 오염물질 제거

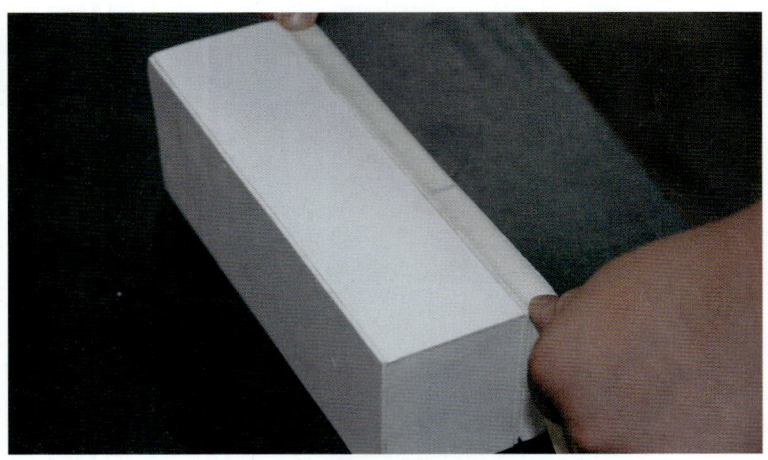

그림 6-2 « 마스킹테이프 부착한 목업제품

2. 분무한다.

가. 분무하기 전 스프레이 락카를 세차게 흔들면 구슬소리가 난다. 약 1분 정도 계속 흔든 다음 사용해야 한다. 분무 시에는 가끔 흔들어 사용한다.

나. 분무 기분 자세를 취한다.

다. 목업제품 표면으로부터 20~30cm 거리를 유지하여 도포하고 표면과 너무 근접해서 분무하거나 과잉 도포하면 흘러내리기 때문에 주의해서 도포한다.

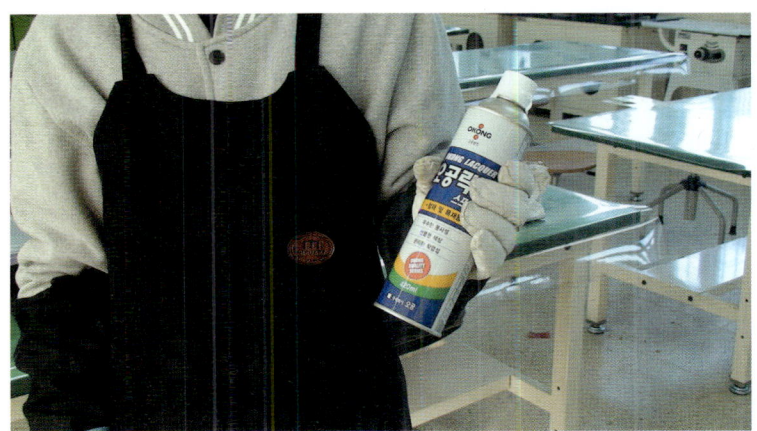

그림 6-3 ≪ 스프레이 락카 흔들기

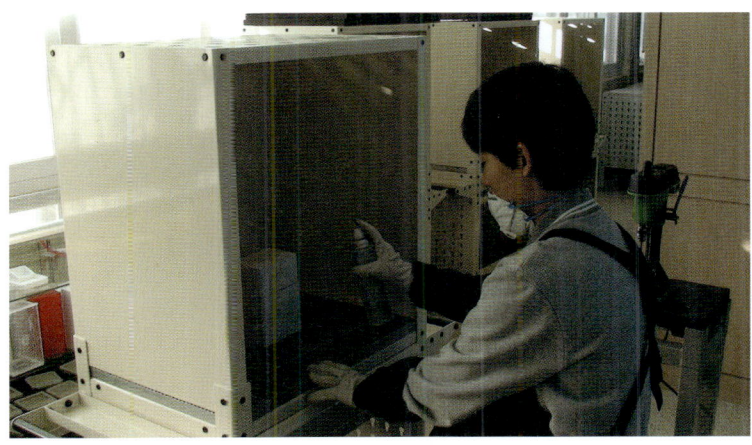

그림 6-4 ≪ 목업제품에 초벌도포

라. 처음 분무할 시에는 제품 전체에 고루 도포해야 한다.

마. 재벌 도포하고자 할 때에는 5~10분 간격으로 2~3회 도포해야 한다.

3. 검사한다.

그림 6-5 《 스프레이 락카로 완성된 냉장고 목업제품

4. 정리정돈을 한다.

가. 사용 후 스프레이 락카의 도료가 남았을 때는 락카통을 거꾸로 하여 약 1~2초 가량 분무하여 통 안의 가스만 나올 때까지 분사한 후 마개를 덮어서 보관하면 언제든지 재사용 할 수 있다.

나. 도장부스 주변의 용구들을 정리한다.

◉ 안전 및 유의사항

1. 스프레이 락카의 취급 방법을 충분히 익힌 후 사용할 수 있다.
2. 실내에서 사용할 경우 창문을 열어 환기를 시켜야 한다.
3. 다른 사람을 향해 분사시키지 않아야 한다.
4. 도장복장과 분진마스크를 착용해야 한다.

제2절 분무 도장하기

◐ 학습목표
1. 스프레이 건으로 목업제품 표면에 도료를 균일하게 도포할 수 있다.
2. 분무기 결함 시 부품을 분해하여 손질 할 수 있다.
3. 공기압축기를 작동시킬 수 있어야 한다.
4. 도료를 희석시킬 수 있어야 한다.

◐ 사용 재료
도료, 시너, 여과지, 장갑, 방진마스크, 앞치마, 팔덮개, 마스킹테이프, 평붓, 면걸레, 종이컵, 희석용 컵, 희석용 막대, 송곳(대나무용)

◐ 기계 및 공구
스프레이건, 공기압축기, 도장 부스, 솔, 도장부속 공구 세트

◐ 관계지식

1. 분문 도장 요령

가. 목업제품 표면에 좌·우·상·하로 분무하는 것이 편하고 별도 도장실에서 작업하도록 한다.
나. 목업제품의 정면에 처음에 좌·우·상·하의 끝단을 보고 분무한다.
다. 목업제품의 끝부분을 도장할 때는 노즐의 중심을 제품의 끝선에 맞추도록 한다.
라. 큰 목업제품은 제품의 정면에서부터 도장하여 먼지가 도면에 부착되지 않도록 한다.
마. 각진 목업제품은 각진 부분부터 분무하고 분무거리를 약간 접근시켜 속도를 빠르게 한다.
바. 목업제품 내측의 각진 부분은 먼지가 안쪽으로 들어가지 않도록 주의한다.
사. 원통형의 제품은 위·아래로 분무하면 얼룩이 다소 적게 된다.
아. 목업제품의 폭이 적거나 좁은 경우는 손의 형태를 목업제품에 맞춰 도장한다.
자. 속건성의 도료는 연속적으로 도장 작업을 한다.
차. 미세하고 세밀한 분무를 하기 위해서는 도료의 분출량을 적게 분무하고 공기압축기의 압력을 조금 올리는 것이 좋다.

◐ 작업 순서

1. 작업 준비를 한다.

가. 재료와 공구를 점검하여 준비한다.
나. 안전 보호구와 방진마스크를 착용한다.
다. 공기압축기에서 에어클리너를 통하여 도달한 공기의 압력을 조절한다.

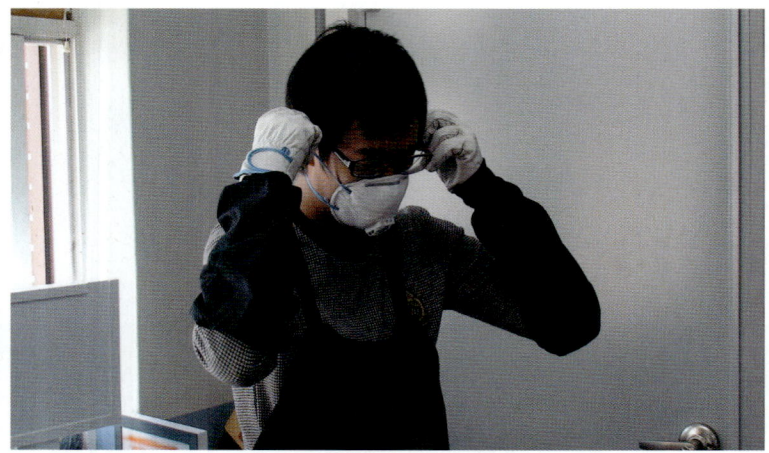

그림 6-6 ≪ 방진마스크 착용

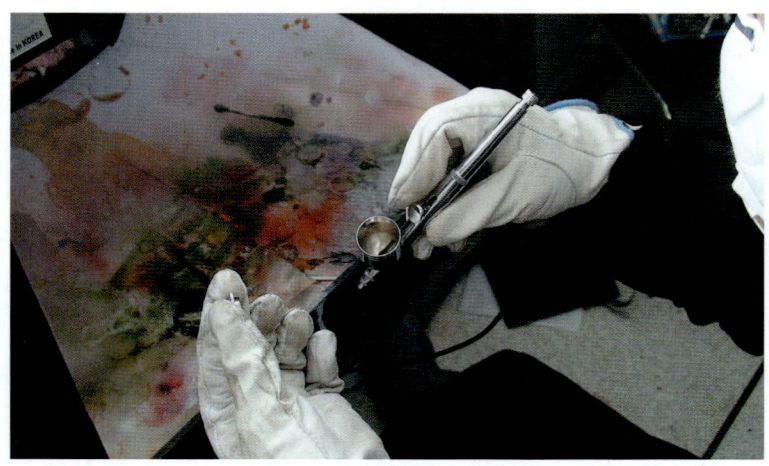

그림 6-7 ≪ 공기압축기 압력조절

라. 공기압축기 부품인 드래인 콕을 개방하여 기존에 쌓여있던 유분과 수분을 제거한다.
마. 각 부속품의 연결부위가 이상이 있는지 뜨는 새는 곳이 있는지 확인한다.
바. 노즐, 에어캡 및 컵 마개의 공기구멍이 막혀 있는지 확인한다.
사. 도료 입구를 솔로 깨끗이 청소한다.
아. 제품의 재질에 따라 도료를 선정하여 준비한다.
자. 희석용 컵에 원액의 도료와 시너를 잘 배합해서 넣고 희석용 막대로 잘 저어 적당한 점도를 맞춘다.

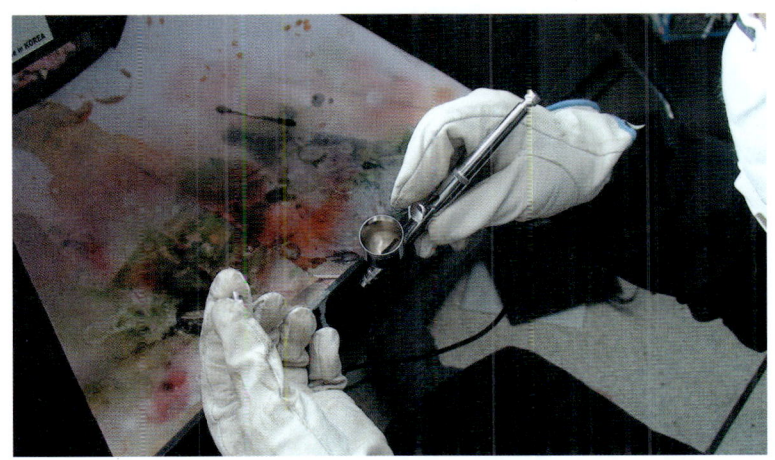

그림 6-8 ≪ 부속품 연결부위 확인

그림 6-9 ≪ 도료 준비

2. 도료를 도료통에 넣는다.

가. 도료 통에 희석된 도료를 70~80% 되게 넣는다.

나. 도료 통 마개를 닫는다.

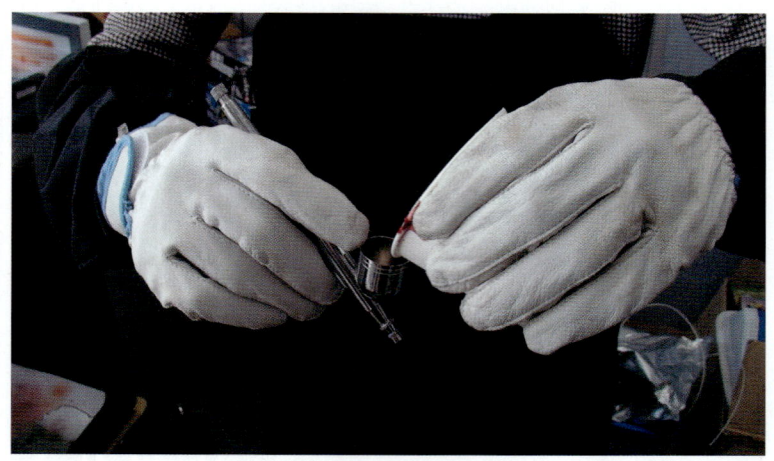

그림 6-10 《 도료 넣는 모습

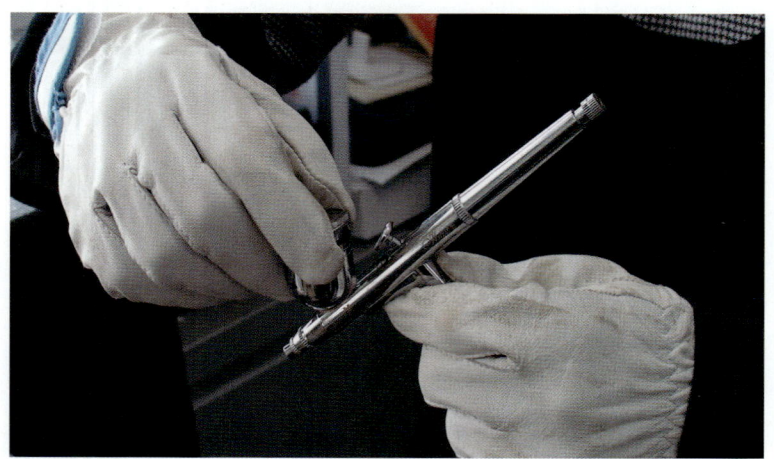

그림 6-11 《 도료통 마개 결합

다. 에어캡의 각도를 조정한다.
라. 에어호스에 분무기를 연결한다.

그림 6-12 ≪ 에어캡 각도 조정

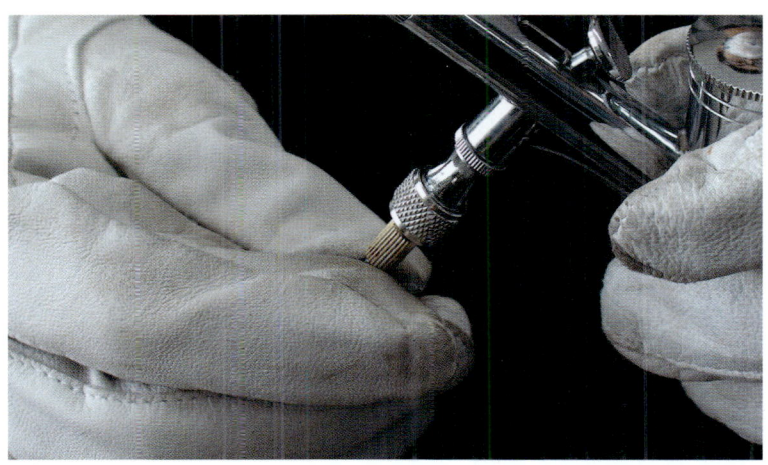

그림 6-13 ≪ 에어호스에 분무기 연결

3. 조절한다.

가. 도장부스 내의 허공에 대고 시험 분무를 하며 손의 형태를 조절한다.
나. 공기량과 도료분출량을 조절한다.

4. 도포의 기본자세를 익힌다.

가. 스프레이건 잡는 법을 이해하고 올바르게 익힌다.
① 스프레이건은 바르게 손에 잡는다.
② 손목의 상태는 제품의 정면과 직각으로 향한다.

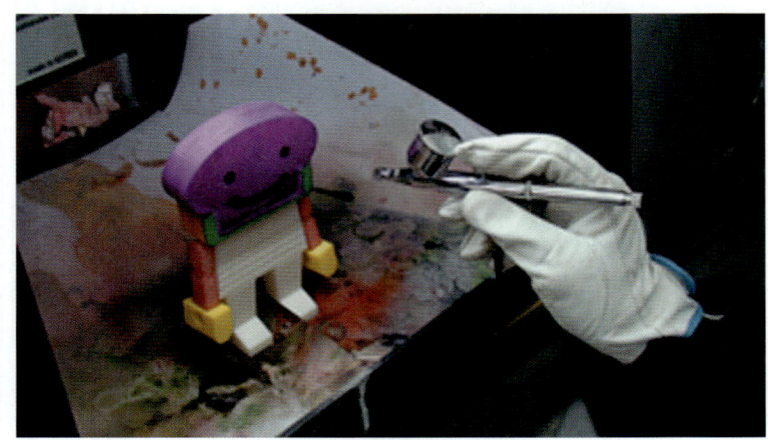

그림 6-14 ≪ 스프레이건 잡은 손의 위치

나. 에어호스 잡는 법을 이해하고 바르게 익힌다.
① 스프레이건을 오른손으로 잡고 왼손으로 호스를 잡는다. (※ 왼손잡이는 반대방향)
② 에어호스를 잡은 왼손을 자신의 몸에 어느 정도 근접한 상태에서 스프레이건을 잡은 오른손을 떨어뜨려서 호스를 낮춘다.

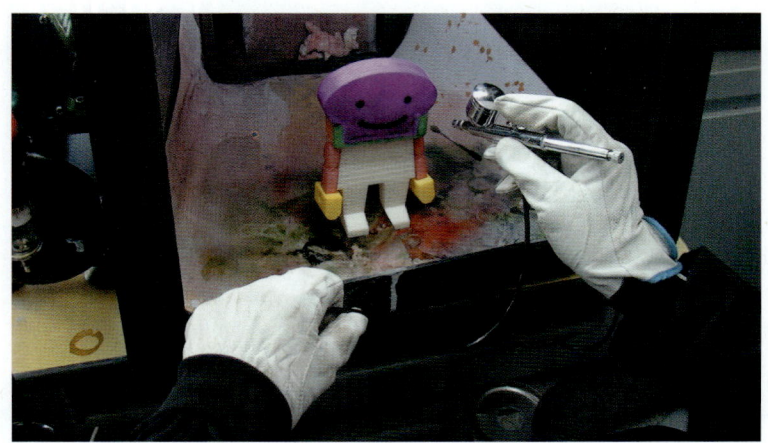

그림 6-15 ≪ 호스와 손의 위치 ①

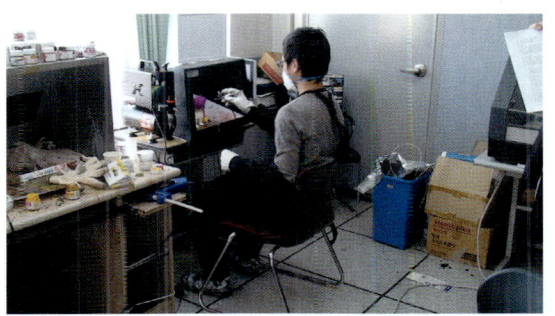

그림 6-16 « 호스와 손의 위치 ②

③ 작업자의 신체에 따라 다소 호스의 길이를 적당량이 되도록 한다.
다. 제품표면에 도장해야 하는 몸과 발의 위치를 정한다.
　① 제품표면에 도장을 해야 하는 몸을 평행을 유지한다.
　② 다리는 편안한 자세로 취한다.
라. 스프레이건을 움직일 때 팔의 상태를 정한다.
　① 작업자의 신체 어깨를 중심으로 하여 팔을 좌·우·상·하로 움직인다.
　② 목업제품 표면에 대하여 평행 운동이 유지되도록 한다.

5. 분무한다.

가. 스프레이건과 목업제품 표면의 분무거리를 정한다. 대략, 소형스프레이건은 15~25cm, 대형스프레이건은 20~30cm이다.
나. 분무각도는 90°로 유지한다.
다. 초벌 도장 후 도표면이 마를 경우 다시 저차 분두한다.
라. 분무하는 속도는 제품의 크기에 따라 설정해야 한다.
마. 목업제품 전체에 균일하게 도포한다.

그림 6-17 « 목업제품의 도포

6. 정비한다.

가. 도료 컵 마개를 연다.

나. 도장 후 남은 도료를 종이컵에 붓는다.

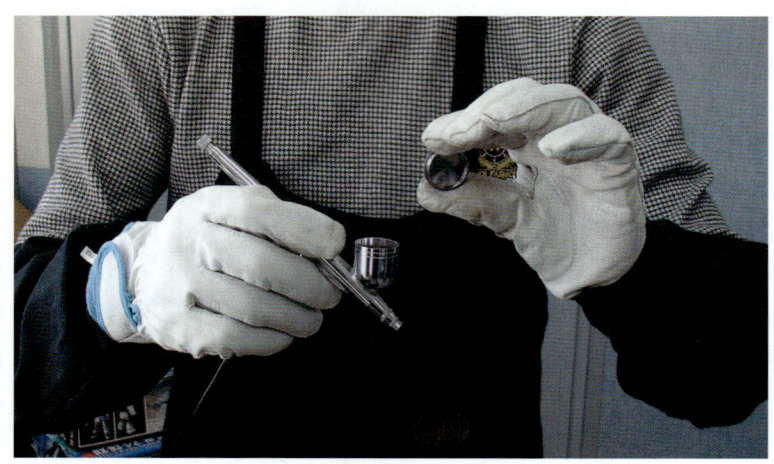

그림 6-18 « 도료통 마개 개방

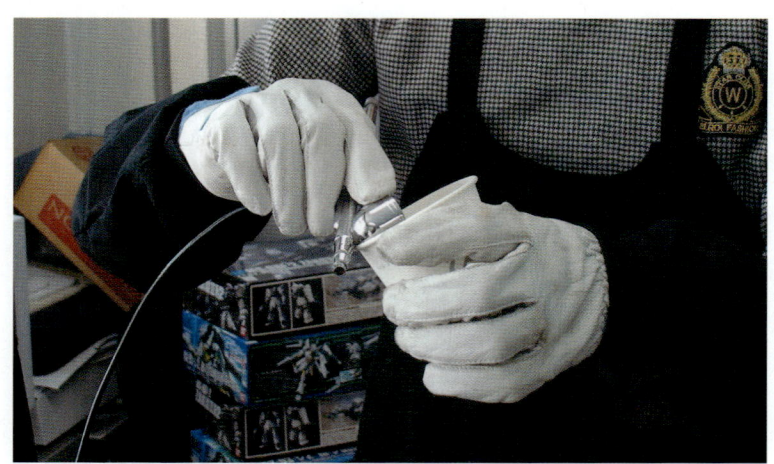

그림 6-19 « 남은 도료 처리

다. 적당량의 시너를 도료통에 붓는다.
라. 도료통 마개를 닫고 에어캡의 정면을 면 걸레로 막고 스프레이건을 2~3회 분사시킨다.

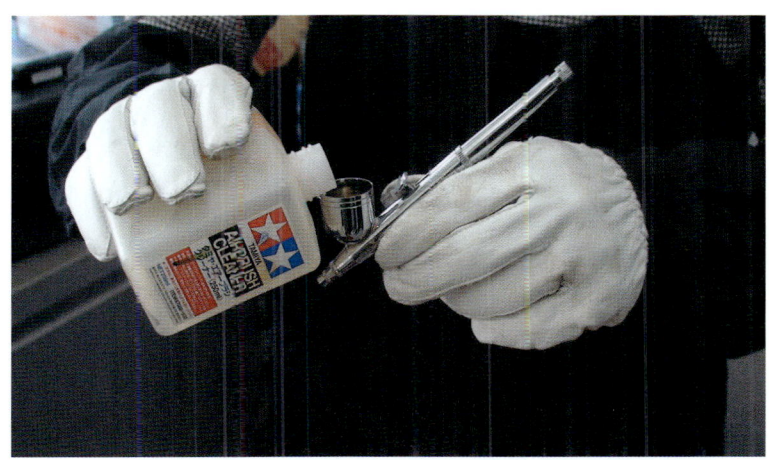

그림 6-20 « 시너 도료통에 넣기

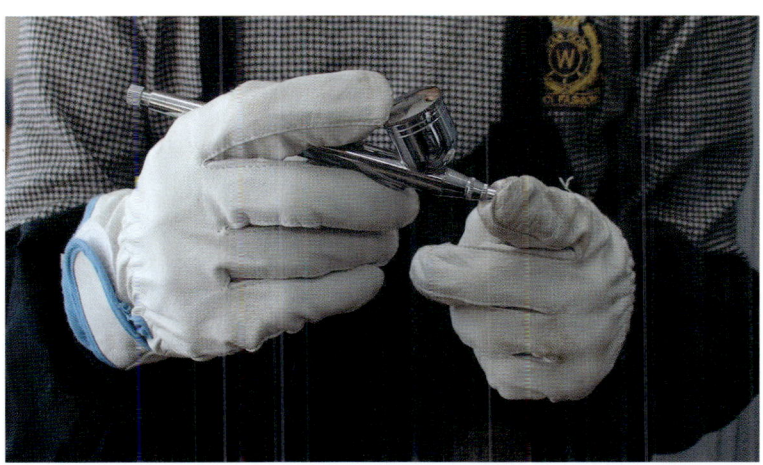

그림 6-21 « 스프레이건 분사

마. 재차 깨끗한 시너를 도료통에 넣고 스프레이너건을 4~5회 분사시킨다.
바. 도료통을 솔질 또는 걸레로 깨끗이 닦는다.
사. 에어캡과 노즐을 시너로 씻는다.
아. 에어캡과 도료통의 막힌 공기구멍은 대나무로 된 송곳으로 긁어낸다.

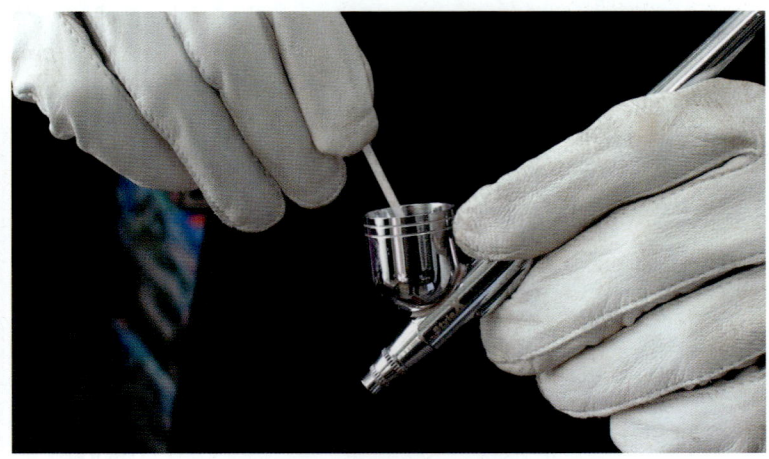

그림 6-22 《 막힌 구멍 청소 ①

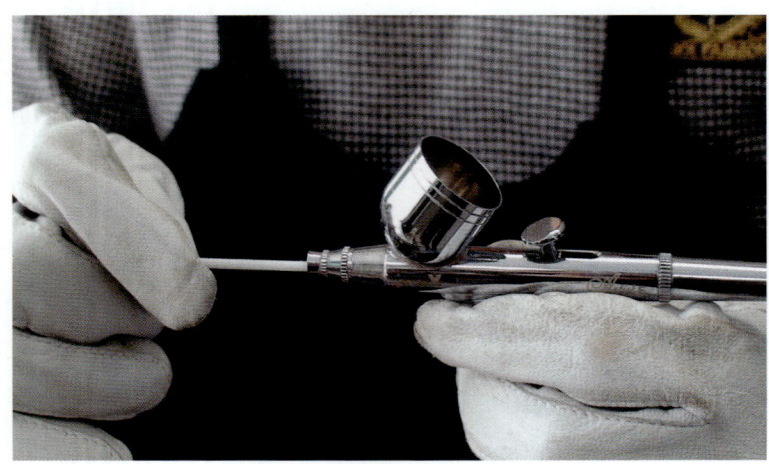

그림 6-23 《 막힌 구멍 청소 ②

자. 부속품 연결부위 나사를 방청유로 뿌려준다.
차. 주기적인 정비를 한다.

7. 검사한다.

그림 6-24 ≪ 분무도장이 완성된 목업제품

8. 정리정돈을 한다.

가. 공기압축기의 전원을 차단시킨다.
나. 사용한 도장부스 주변의 공구를 공구함에 가지런히 정리정돈을 한다.

그림 6-25 ≪ 분무도장에 사용한 공기압축기 정리정돈

안전 및 유의사항

1. 에어컴프레셔와 스프레이건의 사용 방법을 익힌 후 사용할 수 있다.
2. 스프레이건의 세척 시에는 건을 다른 작업자를 향해서 분사하지 않도록 한다.
3. 작업자 임의로 스프레이건을 완전히 분해시키지 않도록 한다.

Chapter # 레이저가공기를 활용한 제품모형제작

제1절 _ 액정시계 모형 제작하기

제2절 _ 도어락 모형 제작하기

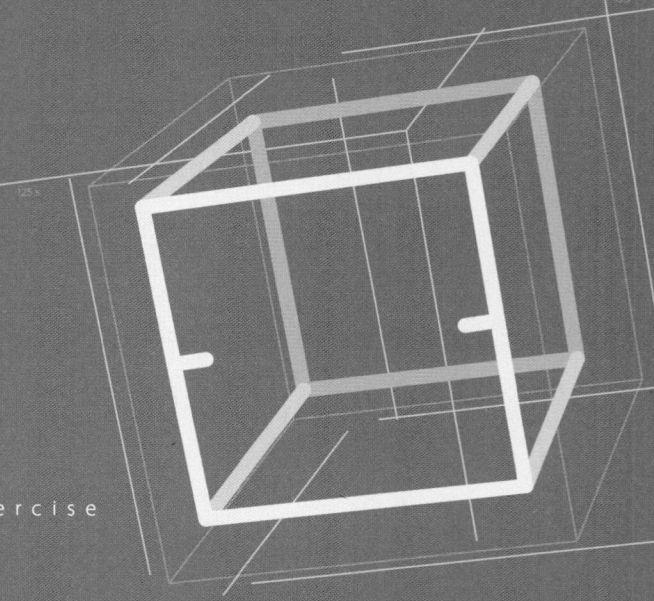

제품모델링 & 모형제작 실습_ 제품응용모델링 기능사 실기 대비서
Product Modelling & Modelling Exercise

CHAPTER 07 레이저가공기를 활용한 제품모형제작

제1절 액정시계 모형 제작하기

1. 실습지시서 도면(과제명 : 액정시계 모형 제작하기)

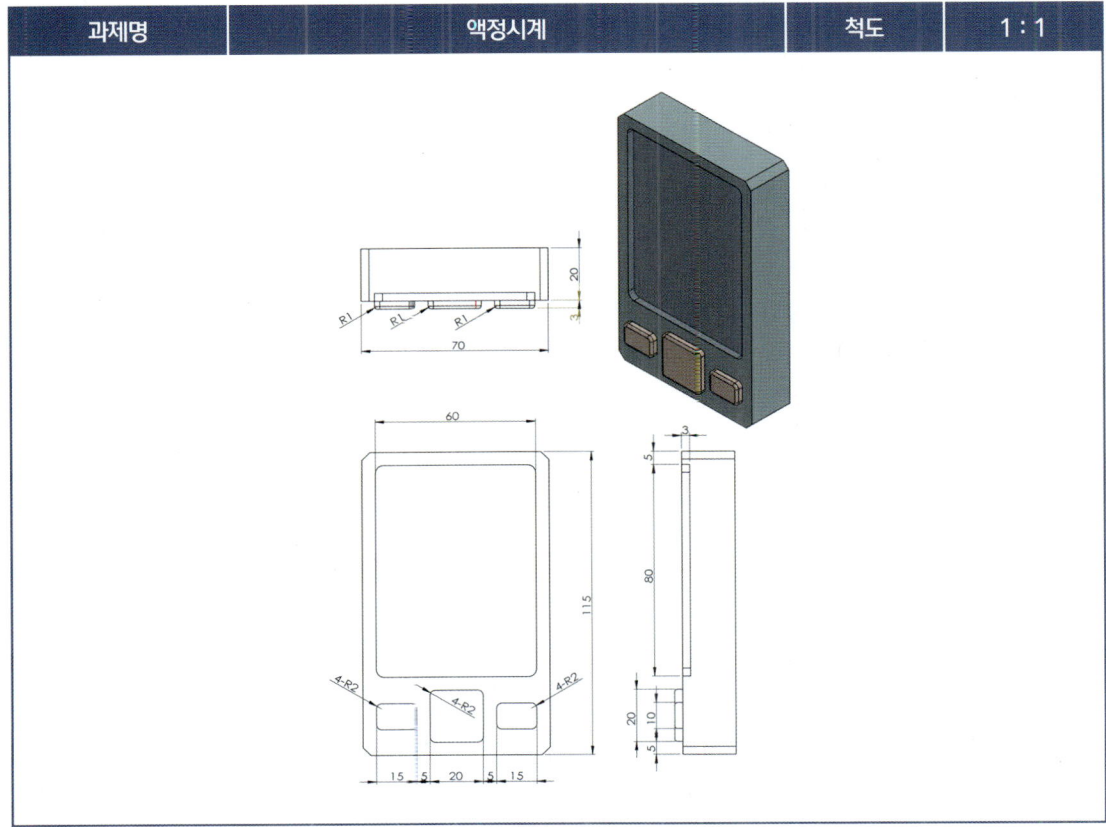

◎ 학습목표

1. 도면을 보고 소재 산출을 알 수 있다.
2. 가공방법에 따라 제품목업 제작을 할 수 있다.
   - 재료산출과 모따기 가공을 정확히 가공할 수 있다.
3. 레이저가공기를 다룰 수 있어야 한다.
4. 제품의 완성품을 보고 측정 및 형성평가를 할 수 있다.
5. 2D 및 3D 모델링을 할 수 있다.
6. 레이저 가공 S/W를 응용할 수 있다.

◎ 사용 재료

투명아크릴 판(여러 종류의 Color 아크릴 판), 아크릴접착제(클로로포름), 양면테이프, 평붓

◎ 기계 및 공구

컴퓨터, 모델링·가공 S/W, 디스크샌더, 태장대, 수평바이스, 직각자, 강철자, 셋트줄, 버니어캘리퍼스, 하이트게이지, 반지름 게이지, 레이저가공기

◎ 시청각 자료

도면, 실물샘플모형

◎ 작업 순서

1. 작업준비를 한다.

가. 공구를 점검하여 작업대 위에 정리하여 놓는다.
나. 재료를 지급받고 도면을 검토한다.
다. 작품별 부재 산출 기록표(가공치수)에 작성한다.

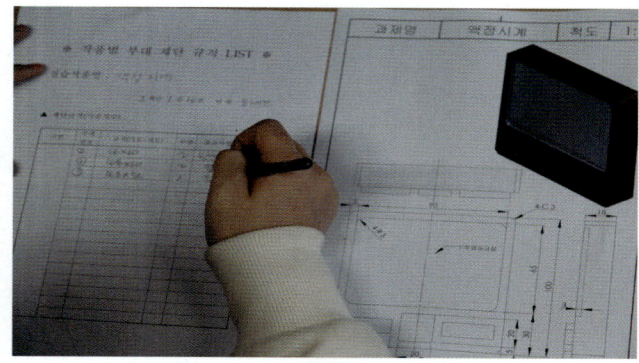

그림 7-1 《 도면검토 후 산출기록표 작성

2. 도면과 완성된 샘플 액정시계 모형을 보고 실습과정을 설명한다.

그림 7-2 ≪ 샘플 액정시계 목업제품 솔습과정 설명

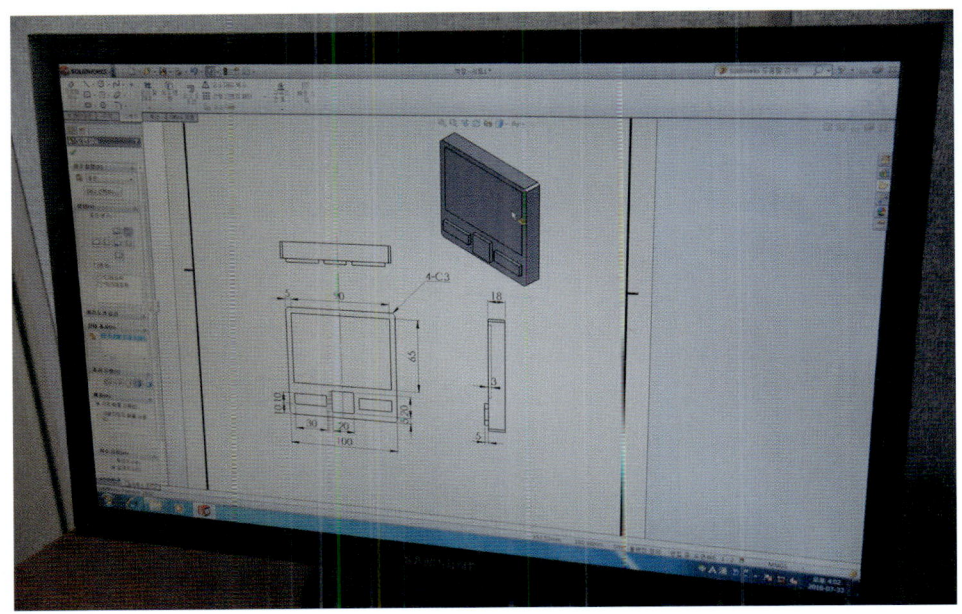

그림 7-3 ≪ SolidWorks-2D화면

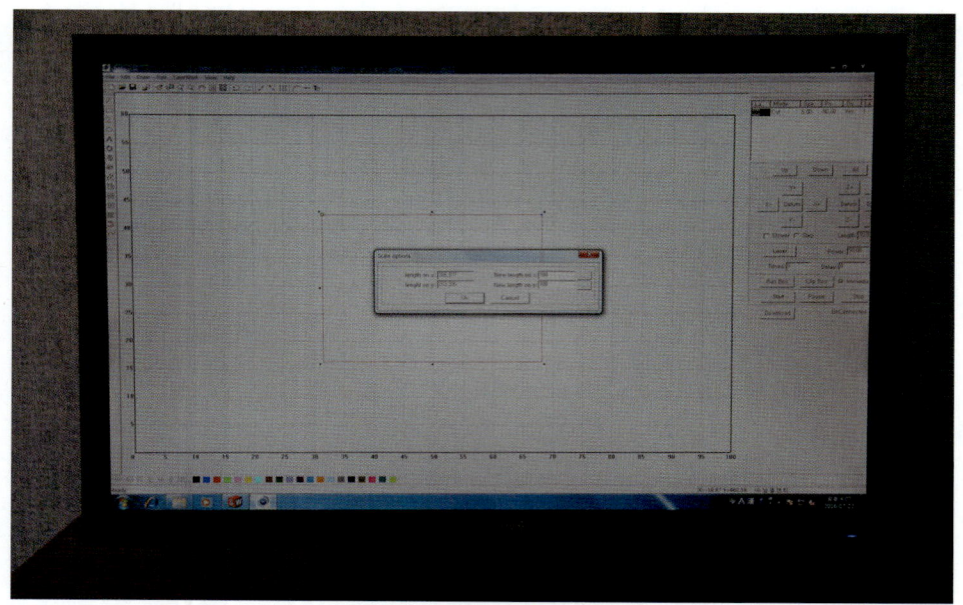

그림 7-4 ≪ Soonam's Laser UVCE 1.3화면

그림 7-5 ≪ 레이저 가공 ①

그림 7-6 ≪ 레이저 가공 ②

3. 본체를 준비한다.(레이저가공소재)

가. 뒷면 아크릴판 100×100mm×3t의 크기로 1장을 준비한다.
나. 정면 액정판이 들어갈 아크릴판 100×100mm×3t, 코너 부분은 4-R5의 부재 1장을 준비한다.
다. 칩 부스러기가 있는 부재는 셋트줄로 다듬질한다.

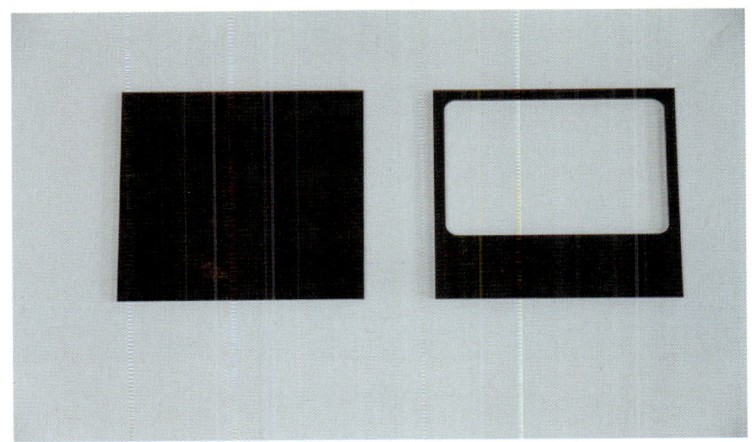

그림 7-7 ≪ 본체 100×100mm 완료된 쿠재(정면/뒷면)

4. 액정판을 준비한다.

가. 부재 90×65mm×3t의 투명아크릴판을 준비한다.

그림 7-8 ≪ 정면에 들어갈 액정판

5. 본체 테두리 판을 준비한다.

가. 좌·우측면 테두리 판(아크릴판 100×14mm×3t) 2장을 준비한다.

나. 위·아래 테두리 판(아크릴판 94×14mm×3t) 2장을 준비한다.

그림 7-9 《 본체 테두리 판 부재

6. 버튼을 준비한다.

가. 아크릴판 30×10mm×5t의 크기로 부재 2개를 준비한다.

나. 아크릴판 20×20mm×5t의 크기로 부재 1개를 준비한다.

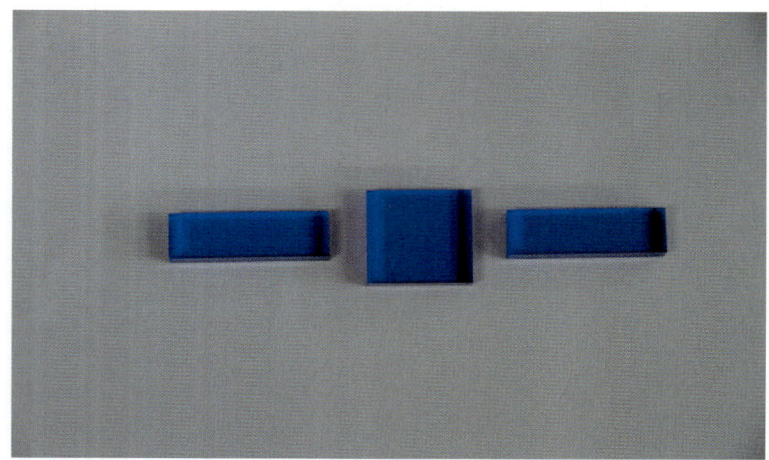

그림 7-10 《 본체 정면에 접착할 버튼

7. 받침대를 준비한다.

가. 투명아크릴판 92×75mm×3t의 크기로 부재 1장을 준비한다.

그림 7-11 《 본체 액정판에 접착할 아크릴 뒷면

8. 조립(접착)한다.

가. 이미 제작된 위·좌측면 터두리판을 본체 정면 모서리선에 맞추어 접착해서 붙인다.

그림 7-12 《 본체 정면(위·좌) 테두리 측면판 접착

나. 본체 정면 액정판이 들어갈 뒷면에 받침대를 안쪽으로 접착해서 붙인다.

그림 7-13 ≪ 본체 정면 아크릴 받침대 접착

다. 우측·아랫면 테두리판을 접착해서 붙인다.

그림 7-14 ≪ 본체 정면(우·아래) 테두리 측면판 접착

라. 뒷면(아크릴판 100×100mm×3t)을 접착해서 붙인다. 박스형의 상자가 완성된다.

그림 7-15 《 뒷면 아크릴판 부재 접착

마. 버니어캘리퍼스와 강철자 이용해서 버튼 20×20mm×5t를 가운데 치수에 맞추어 접착해서 붙인다.(※버니어캘리퍼스와 강철자이용)

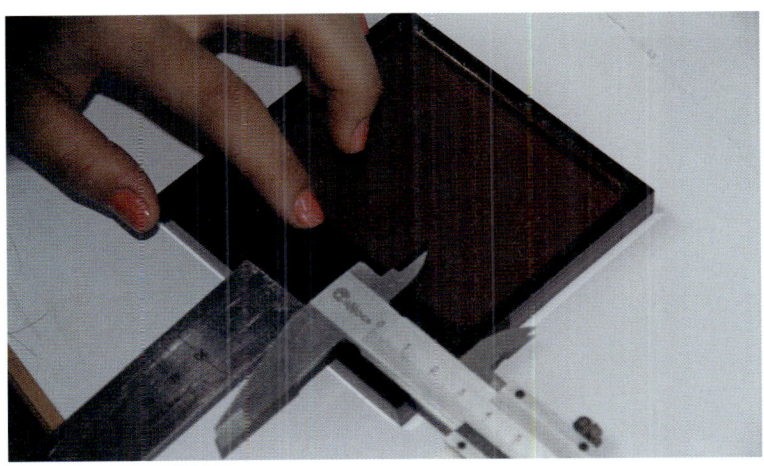

그림 7-16 《 본체 정면 가운데 버튼 접착

바. 버튼 30×10mm×5t를 좌·우측 치수에 맞추어 접착해서 붙인다.

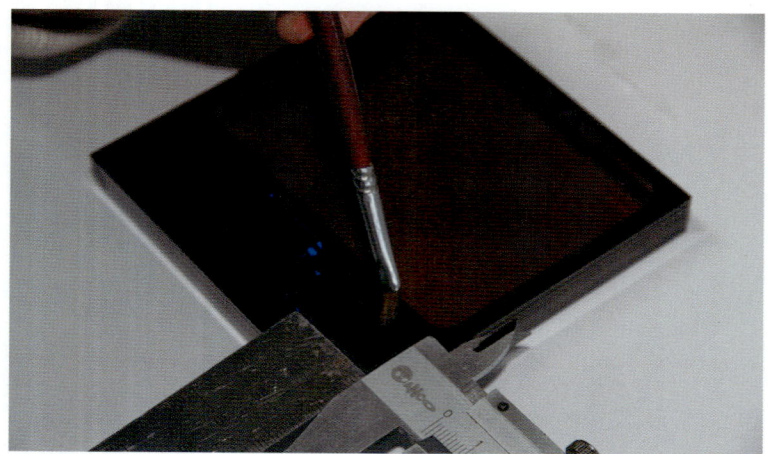

그림 7-17 ≪ 본체 정면 좌·우 버튼 접착

9. 다듬질한다.

가. 몸체를 디스크샌더를 이용하여 45° 각도로 코너 4-C3으로 다듬질 가공한다.

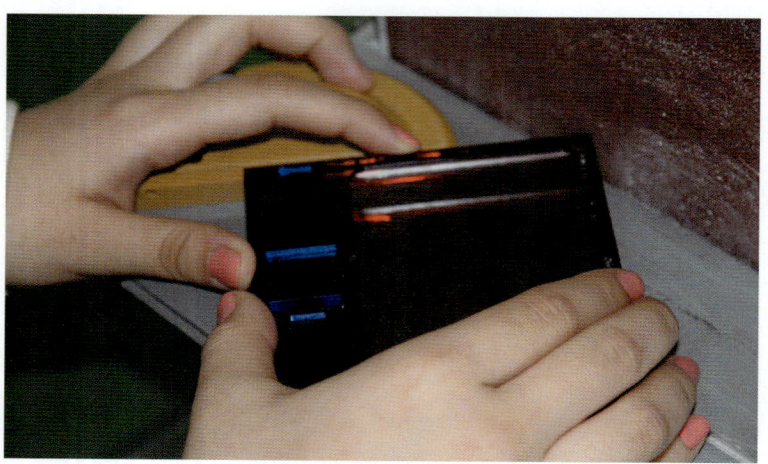

그림 7-18 ≪ 본체 모서리 코너 모따기 가공

10. 액정판을 붙인다.

가. 액정판을 정면 90×65mm×3t(코너 부분은 4-R5)을 양면테이프를 이용하여 붙인다.

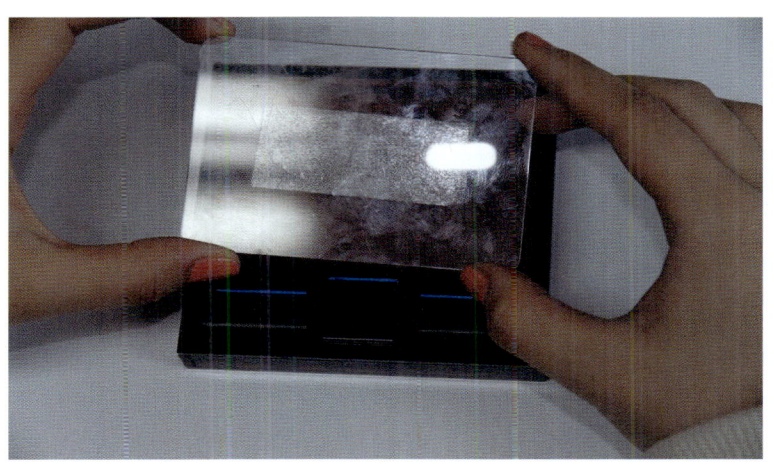

그림 7-19 《 본체 정면 양면테이프 이용 부재 부착위치

11. 검사한다.

가. 조립상태를 점검한다.
나. 치수의 일정함을 검사하고 형성평가지에 개인별 점수를 기록한다.
다. 모둠별로 개인별 점수를 합해서 평균점수를 기록한다.

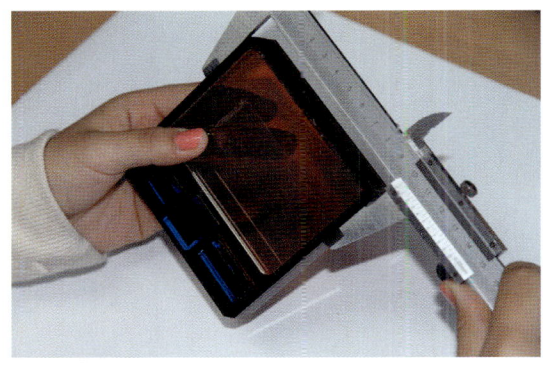

그림 7-20 《 완성된 액정시계 목업작품 치수측정

그림 7-21 《 완성된 액정시계 목업작품 형성평가

12. 정리정돈을 한다.

가. 사용한 공구를 공구함에 가지런히 정리한다.
나. 발생된 칩 부스러기를 진공청소기로 제거한다.
다. 공기 압축기 및 레이저장비의 전원을 차단한다.

◉ 안전 및 유의사항

1. 레이저 장비에 사전의 지식 없이 임의로 분해를 하지 않는다.
2. 장비 주변에 강한 전류 또는 자력 등의 유발하는 것을 멀리해야 한다.
3. 장비의 주변은 항상 깨끗한 상태를 유지시켜야 한다.
4. 반사경 사이에 절대로 손을 넣어서는 안된다.
5. 오동작이 있을 경우에는 조작반의 Stop버튼을 누르거나 Emergency S/W(비상스위치)를 눌러 장비의 전원을 차단해야 한다.
6. 작업이 진행 중일 때는 작업자는 절대로 자리를 떠나면 안 된다.
7. 코너 라운드가공이 정확치 않을 경우 서로가 맞지 않는 경우가 생긴다.
8. 두께가 얇은 부재를 사용하므로 실습하기가 어렵다. 부재와의 이음새를 세심하게 살펴야 한다.
9. 각종 공구 및 기계는 다른 용도로 사용하지 않는다.
10. 디스크샌더 사용 시 분진이 눈에 들어가지 않도록 보안경을 착용한다.
11. 투명 아크릴 가공을 할 때 흠집이 나지 않도록 한다.

평가

1. 도형의 이해와 전개도, 투상의 정확성 및 실습태도
2. 재료의 정밀한 재단 및 가공, 수평·수직의 안정성, 정확한 접착 및 조립, 거칠기, 완성도

1-1 모둠 평가판

모둠	성취기준 상 80~100점	성취기준 중 60~80점	성취기준 하 0~60점
김○○ 김○○ 송○○			
소○○ 권○○			
엄○○ 고○○			
민○○ 방○○			
손○○ 송○○			
이○○ 홍○○			

형성평가지

평가 항목	평가 요소	평가내용	자기평가					득 점
기 능	전체폭	부재를 폭에 맞춰 조립(접착)을 위한 노력의 정도는?	10	8	6	4	2	
	전체높이	부재를 높이에 맞춰 조립(접착)을 위한 노력의 정도는?	10	8	6	4	2	
	C가공	C가공의 ±0.5mm의 이내의 형상의 정도는? (4개소)	10	8	6	4	2	
	맞춤부위	치수간격, 틈새 등의 시각적 결함요소를 정밀하게 맞추기 위한 노력의 정도는?	10	8	6	4	2	
	외 관	제품조립(접착)면의 전체 외관의 정도는?	10	8	6	4	2	
	형상 바르기	표면 형상바르기를 향상시키기 위한 노력의 정도는?	10	8	6	4	2	
	시 간	주어진 제한시간 내에 과제를 완성하였는가?	10	8	6	4	2	
태 도	안전수칙	작업태도가 성실하였는가?	10	8	6	4	2	
		공구 및 측정기의 Setting은 정확히 하였는가?	10	8	6	4	2	
		주변의 정리정돈과 안전에 유의하며 작업하였는가?	10	8	6	4	2	
득 점								
평 가 (성취 기준)	〈성취기준 조건〉 • 입체표현 요소를 구체적으로 적용하여 제작하면(80~100점) 상 • 입체표현 요소를 적용하여 제작하면(60~80점) 중 • 입체표현 요소를 부분적으로 적용하여 제작하면(0~60점) 하							

소재산출기록표

[실습작품명 : 액정시계]

■ 재단규격(가공치수)

※ 단위 : mm

소재명	규격(가로×세로×두께)	수량	참고사항(비고)
정면			
뒷면			
테두리판 (좌·우)			
테두리판 (위·아래)			
버튼(가운데)			
버튼(좌·우)			
액정판			
액정(뒷판)			

제2절 도어락 모형 제작하기

1. 실습지도서 도면(과제명 : 도어락 모형 제작하기) 2D Drawing

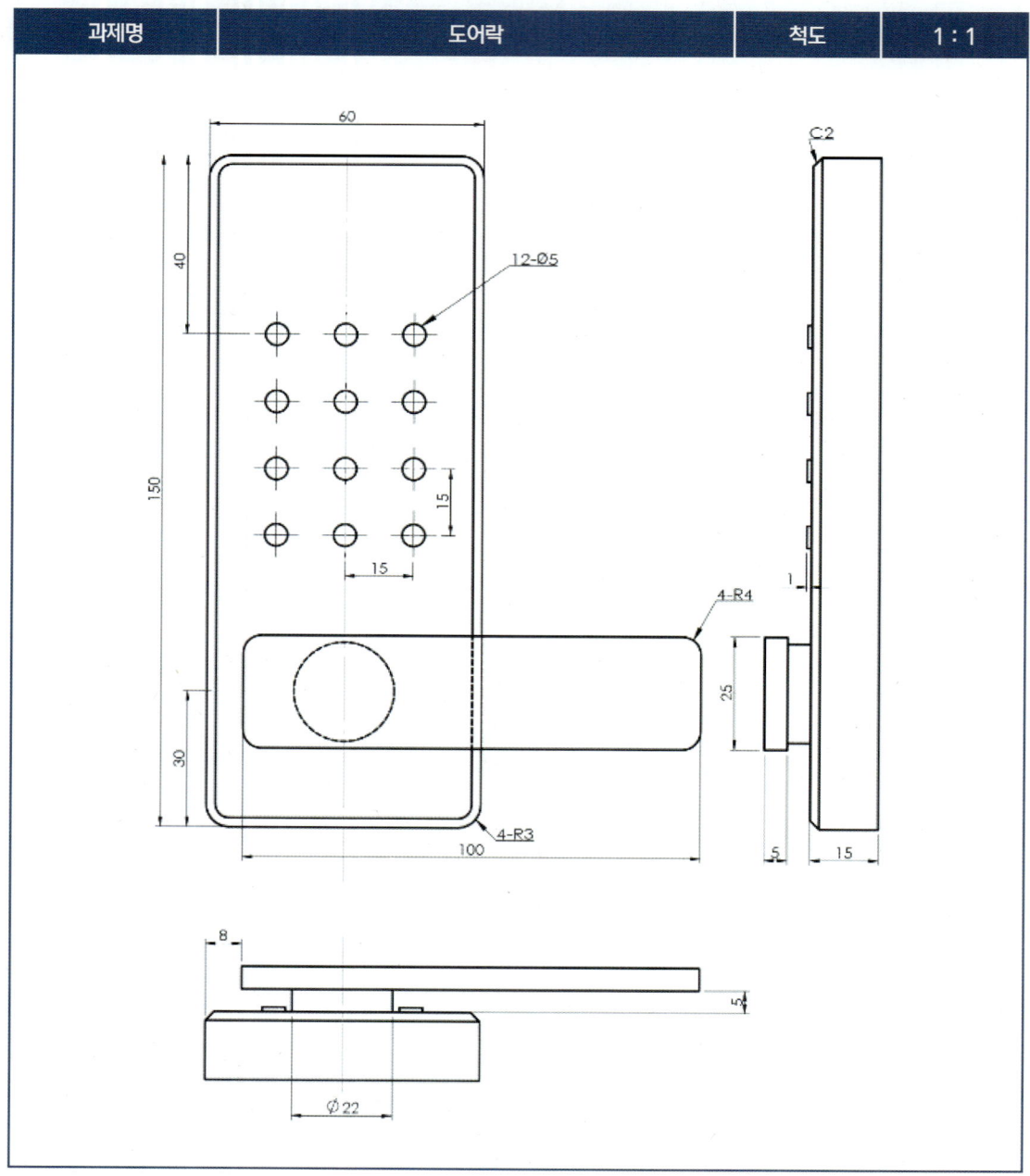

2. 실습지시서 도면 도어락 3D Modeling

과제명	도어락	척도	1:1

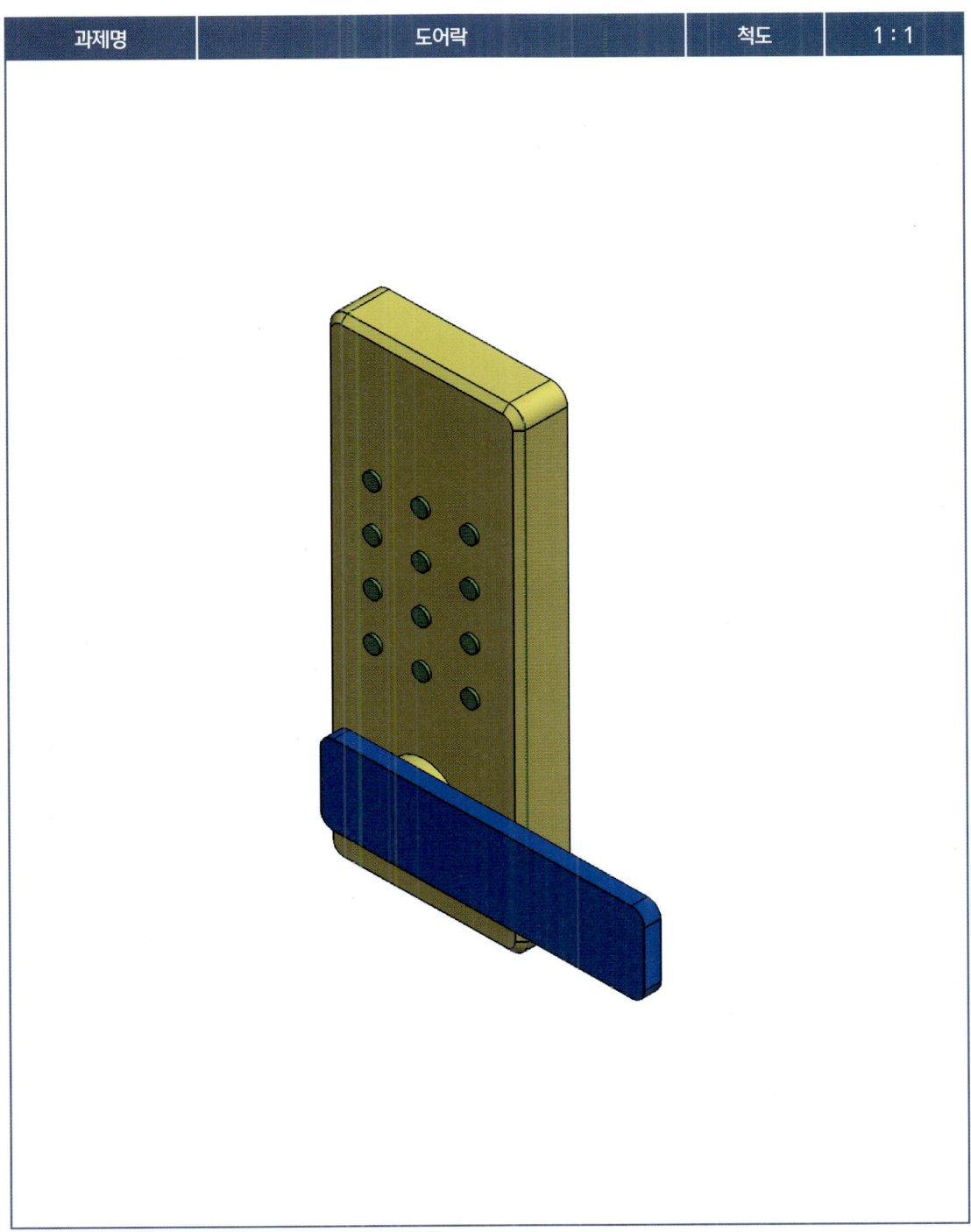

> **제품모델링 & 모형제작 실습**

◯ 학습목표
1. 도면을 보고 소재 산출을 알 수 있다.
2. 가공방법에 따라 제품목업 제작을 할 수 있다.
   - 재료산출과 모따기 가공을 정확히 가공할 수 있다.
3. 레이저가공기를 다룰 수 있어야 한다.
4. 제품의 완성품을 보고 측정 및 형성평가를 할 수 있다.
5. 2D 및 3D 모델링을 할 수 있다.
6. 레이저 가공 S/W를 응용할 수 있다.

◯ 사용 재료
투명아크릴 판(여러 종류의 Color 아크릴 판), 아크릴접착제(클로로포름), 양면테이프, 평붓

◯ 기계 및 공구
컴퓨터, 모델링·가공 S/W, 레이저가공기, 디스크샌더, 태장대, 수평바이스, 직각자, 강철자, 셋트줄, 버니어캘리퍼스, 하이트게이지, 반지름 게이지

◯ 시청각 자료
도면, 실물샘플모형

◯ 작업 순서

1. **작업준비를 한다.**

   가. 공구를 점검하여 작업대 위에 정리하여 놓는다.
   나. 재료를 지급받고 도면을 검토한다.
   다. 작품별 부재 산출 기록표(가공치수)에 작성한다.

2. **도면을 보고 샘플 도어락 모형제작 실습과정을 설명한다.**

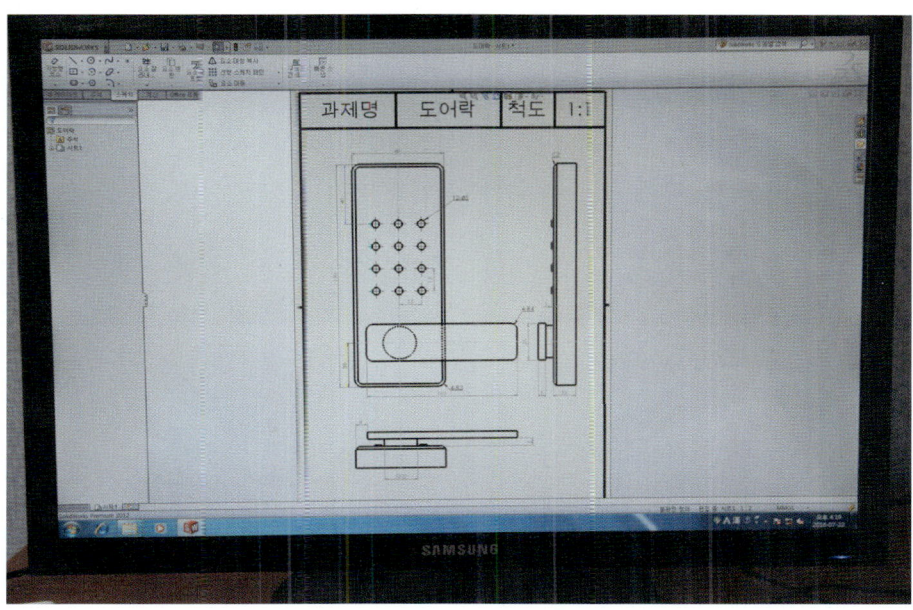

그림 7-22 《 SolidWorks-2D화면

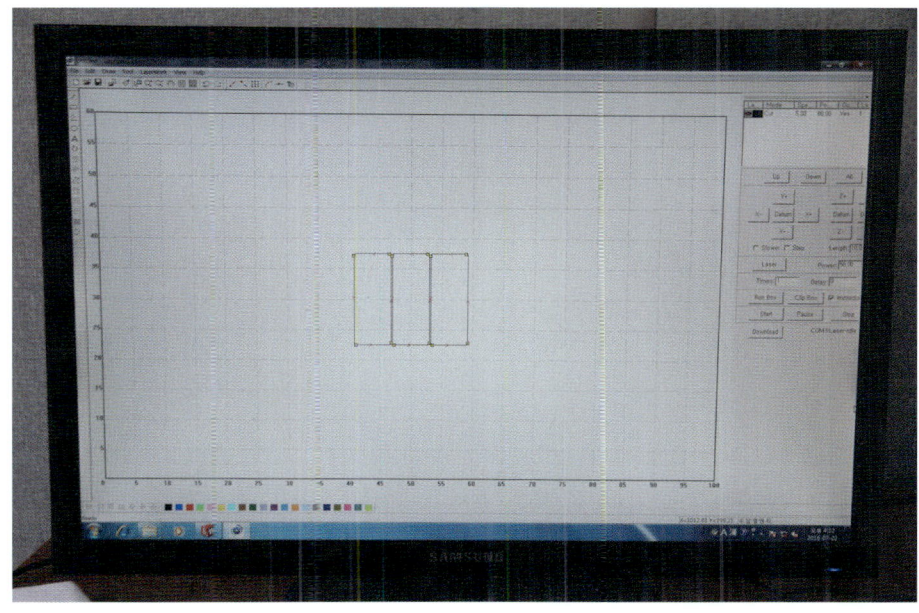

그림 7-23 《 Soonam's Laser UVCE 1.3화면

그림 7-24 « 레이저 가공 ①

그림 7-25 « 레이저 가공 ②

3. 본체를 준비한다(레이저가공소재).

가. 아크릴판 150×60mm×5t, 코너 부분은 4-R3으로 레이저 가공한 부재 3장을 준비한다.

나. 칩이 발생된 있는 부재는 셋트줄로 다듬질한다.

그림 7-26 « 본체 150×60mm 완료된 부재(정면/뒷면)

4. 손잡이를 준비한다.

가. 아크릴판 100×25mm×5t, 코터 부분은 4-R3으로 레이저 가공한 부재 1장을 준비한다.

나. 모서리 부분을 사포대를 이용해서 다듬질한다.

그림 7-27 《 정면에 부착할 손잡이

5. 손잡이 연결 고정구를 준비한다.

 가. 원형 부재 아크릴Ø22×5t 1개를 준비한다.
 나. 칩이 발생된 부재는 셋트줄로 다듬질한다.

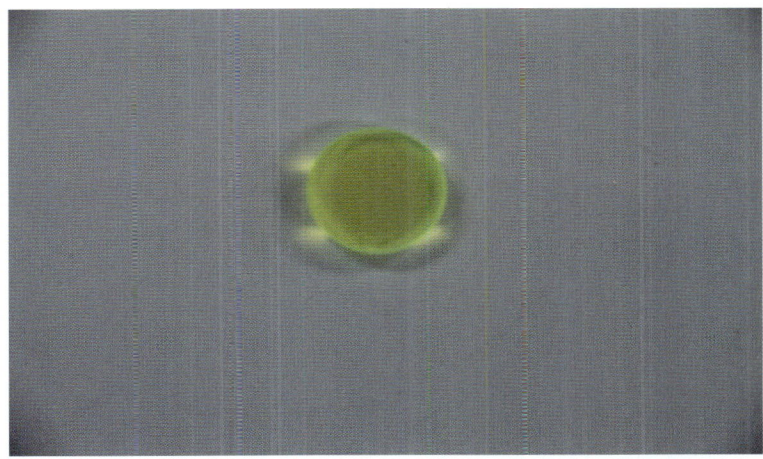

그림 7-28 《 손잡이에 연결시켜 고정할 고정구

6. 버튼을 준비한다.

가. 레이저로 가공한 원형 버튼 Ø5×5t 12개를 준비한다.
나. 칩이 발생된 부재는 셋트줄로 다듬질한다.

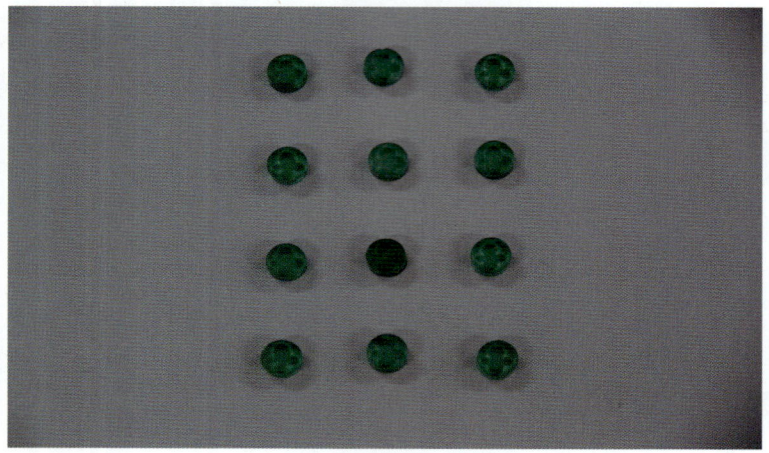

그림 7-29 《 본체 정면에 접착할 버튼

7. 정면 본체의 부재를 모따기 가공을 한다.

가. 정면 버튼이 들어갈 아크릴판 150×60mm×5t 1장을 준비한다.
나. 디스크샌드를 이용한 부재 테두리를 모따기 C2로 가공한다.

그림 7-30 《 본체 정면 부재 모따기 가공

8. 조립(접착)한다.

가. 맨 뒷판 부재 5t를 중간에 들어갈 부재 5t와 접착한다.

그림 7-31 ≪ 뒷판 부재와 중간부재의 접착

나. 이미 제작된 본체 정면 윗부분에 들어갈 부재를 뒷판 부재의 모서리 선에 맞추어 접착한다.

그림 7-32 ≪ 본체 정면 부재 접착

다. 정면 12-Ø5의 버튼을 도면 치수에 맞게 접착해서 붙인다.

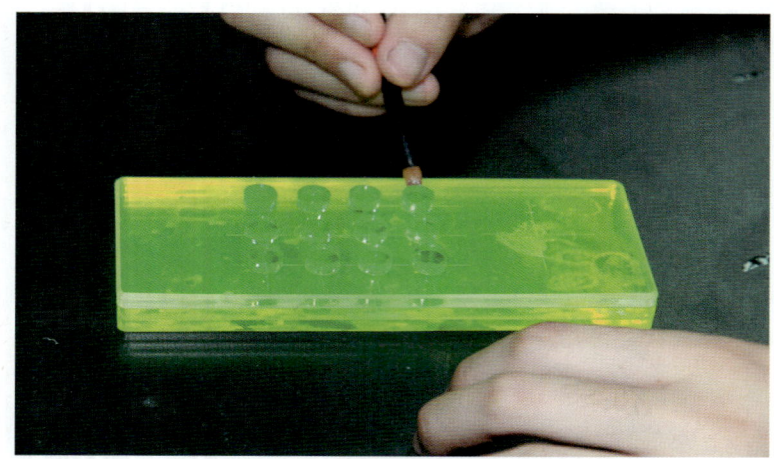

그림 7-33 《 본체 정면 버튼 부재 접착

라. 손잡이 연결 고정구 Ø22×5t의 부재를 본체 정면 정확한 위치에 견고히 접착해서 붙인다.

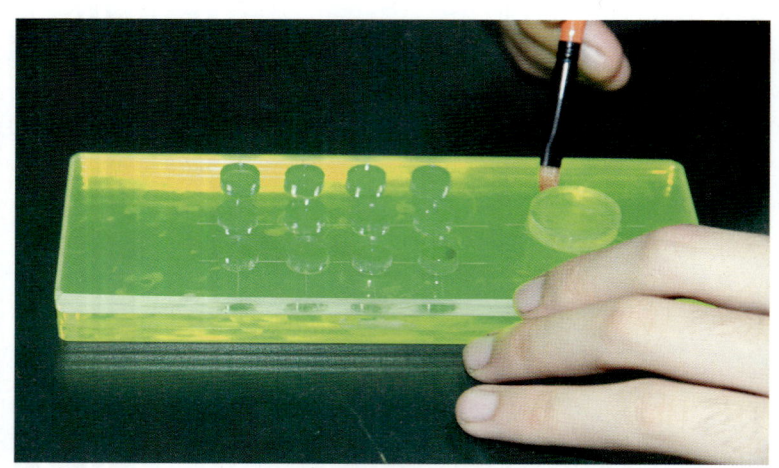

그림 7-34 《 정면 손잡이 연결 고정구 부재 접착

마. 손잡이 100×25mm×5t를 도면의 치수에 맞추어 연결 고정구에 접착해서 붙인다.

그림 7-35 《 본체 정면 손잡이 접착

9. 다듬질한다.

가. 몸체를 사포대를 이용하여 다듬질 가공한다.

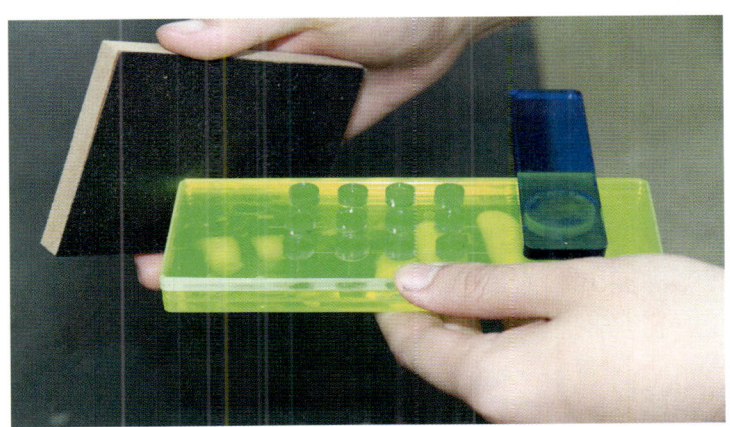

그림 7-36 《 본체 코너 부분 다듬질 가공

10. 검사한다.

가. 조립상태를 점검한다.
나. 치수의 일정함을 검사하고 형성평가지에 개인별 점수를 기록한다.
다. 모둠별로 개인별 점수를 합해서 평균점수를 기록한다.

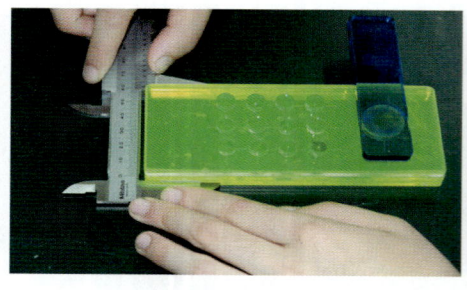
그림 7-37 《 완성된 도어록 목업작품 치수측정

그림 7-38 《 완성된 도어록 목업작품 형성평가

11. 정리정돈을 한다.

    가. 사용한 공구를 공구함에 가지런히 정리한다.
    나. 발생된 칩 부스러기를 진공청소기로 제거한다.
    다. 공기압축기 및 레이저장비의 전원을 차단한다.

◎ 안전 및 유의사항

1. 레이저 장비에 사전의 지식 없이 임의로 분해를 하지 않는다.
2. 장비 주변에 강한 전류 또는 자력 등의 유발하는 것을 멀리해야 한다.
3. 장비의 주변은 항상 깨끗한 상태를 유지시켜야 한다.
4. 반사경 사이에 절대로 손을 넣어서는 안된다.
5. 오동작이 있을 경우에는 조작반의 Stop버튼을 누르거나 Emergency S/W(비상스위치)를 눌러 장비의 전원을 차단해야 한다.
6. 작업이 진행 중일 때는 작업자는 절대로 자리를 떠나면 안 된다.
7. 코너 라운드가공이 정확치 않을 경우 서로가 맞지 않는 경우가 생긴다.
8. 두께가 얇은 부재를 사용하므로 실습하기가 어렵다. 부재와의 이음새를 세심하게 살펴야 한다.
9. 각종 공구 및 기계는 다른 용도로 사용하지 않는다.
10. 디스크샌더 사용 시 분진이 눈에 들어가지 않도록 보안경을 착용한다.
11. 투명 아크릴 가공을 할 때 흠집이 나지 않도록 한다.

평가

1. 도형의 이해와 전개도, 투상의 정확성 및 실습태도
2. 재료의 정밀한 재단 및 가공, 수평·수직의 안정성, 정확한 접착 및 조립, 거칠기, 완성도

2-1 모둠 평가판

모둠	성취기준 상 80~100점	성취기준 중 60~80점	성취기준 하 0~60점
김○○ 김○○ 송○○			
소○○ 권○○			
엄○○ 고○○			
민○○ 방○○			
손○○ 송○○			
이○○ 홍○○			

형성평가지

평가 항목	평가 요소	평가내용	자기평가					득 점
기능	전체폭	부재를 폭에 맞춰 조립(접착)을 위한 노력의 정도는?	10	8	6	4	2	
	전체높이	부재를 높이에 맞춰 조립(접착)을 위한 노력의 정도는?	10	8	6	4	2	
	C가공	C가공의 ±0.5mm의 이내의 형상의 정도는? (4개소)	10	8	6	4	2	
	맞춤부위	치수간격, 틈새 등의 시각적 결함요소를 정밀하게 맞추기 위한 노력의 정도는?	10	8	6	4	2	
	외 관	제품조립(접착)면의 전체 외관의 정도는?	10	8	6	4	2	
	형상 바르기	표면 형상바르기를 향상시키기 위한 노력의 정도는?	10	8	6	4	2	
	시 간	주어진 제한시간 내에 과제를 완성하였는가?	10	8	6	4	2	
태도	안전 수칙	작업태도가 성실하였는가?	10	8	6	4	2	
		공구 및 측정기의 Setting은 정확히 하였는가?	10	8	6	4	2	
		주변의 정리정돈과 안전에 유의하며 작업하였는가?	10	8	6	4	2	
득 점								
평 가 (성취 기준)	〈성취기준 조건〉 • 입체표현 요소를 구체적으로 적용하여 제작하면(80~100점) 상 • 입체표현 요소를 적용하여 제작하면(60~80점) 중 • 입체표현 요소를 부분적으로 적용하여 제작하면(0~60점) 하							

소재산출기록표

[실습작품명 : 도어록]
■ 재단규격(가공치수)

※ 단위 : mm

소재명	규격(가로×세로×두께)	수량	참고사항(비고)
정면			
뒷면			
중간면			
손잡이			
손잡이 연결 고정구			
버튼			

제품모델링 & 모형제작 실습
제품응용모델링 기능사 실기 대비서 NCS 1~5기준

초판 　 인쇄 | 2016년 9월 25일
초판 　 발행 | 2016년 9월 30일
개정1판 발행 | 2023년 1월 5일

저　　자 | 윤범규
발 행 인 | 조규백
발 행 처 | 도서출판 구민사
　　　　　(07293) 서울특별시 영등포구 문래북로 116 604호(문래동3가, 트리플렉스)
전　　화 | (02) 701-7421(~2)
팩　　스 | (02) 3273-9642
홈페이지 | www.kuhminsa.co.kr
신고번호 | 제2012-000055호(1980년 2월 4일)
I S B N | 979-11-6875-082-1 　　[13550]

값 28,000원

※ 낙장 및 파본은 구입하신 서점에서 바꿔드립니다.
※ 본서를 허락없이 부분 또는 전부를 무단복제, 게재행위는 저작권법에 저촉됩니다.